JN062269

ホワイトハッカーの教科書

The textbook of the white hacker

IPUSIRON

C&R研究所

●本書の内容についてのお問い合わせについて

　この度はC&R研究所の書籍をお買いあげいただきましてありがとうございます。本書の内容に関するお問い合わせは、「書名」「該当するページ番号」「返信先」を必ず明記の上、C&R研究所のホームページ(https://www.c-r.com/)の右上の「お問い合わせ」をクリックし、専用フォームからお送りいただくか、FAXまたは郵送で次の宛先までお送りください。お電話でのお問い合わせや本書の内容とは直接的に関係のない事柄に関するご質問にはお答えできませんので、あらかじめご了承ください。

〒950-3122 新潟県新潟市北区西名目所4083-6　株式会社 C&R研究所　編集部
FAX 025-258-2801
『ホワイトハッカーの教科書』サポート係

はじめに

　本書を手に取っていただき、本当にありがとうございます。

　本書では「ホワイトハッカーになるためにはどうしたらよいのか」という問いについて掘り下げます。ホワイトハッカーに憧れる人がたくさんいるのは日本だけではありません。海外でも多くの若者がホワイトハッカーになりたいと願っています。つまり、全世界でのテーマであるということです。

　ハッカー志願者や初心者に向けた本は国内外にいくつか存在します。しかしながら、その多くは技術的な話に終始しています。スキルアップ法やメンタル面について取り扱っている本はごくわずかしかありません。

　そういった背景もあり、本書の企画が生まれました。私の体験談に加えて、現役のホワイトハッカーやセキュリティ専門家の体験談を参考にしています。ただし、多くの成功談には再現性のあるものと偶然によるものがあり、それを見極めるのはとても困難です。そこで、私なりに吟味した上で、再現性のあるアプローチを抽出しました。そのために常識的あるいは無難なアプローチばかりに思えるかもしれませんが、万人向けの内容になっているはずです。極端な方法や突飛な方法も一部紹介していますが、それらは本書の中においてあくまでスパイスのようなものにすぎません。

　満点を取る方法ではなく、平均点を取る方法を紹介しています。平均点というと簡単に実現できるように思えますが、人生という長い期間継続するのは容易なことではありません。特定の期間だけ満点となる行動をしても十分ではありません。学びは永遠であり、ずっと平均点を維持しなければならないのです。

　本書を最後まで読めば「ホワイトハッカーになるためにはどうしたらよいのか」という問いについての１つの答えが得られるはずです。

本書の概要

本書の概要は次の通りです。

◆ 想定する読者

本書が対象として想定する主な読者は、超初心者から初心者までになります（図0-01）。

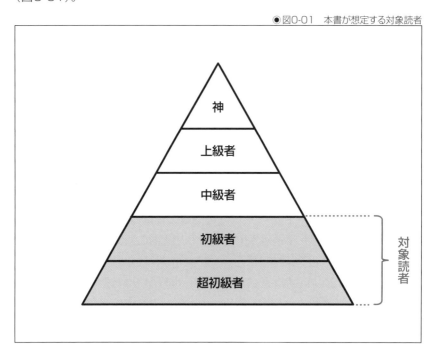

上記はコンピュータスキルの観点によるものですが、これとは別として次の事項に該当する人にとっても右に示すことを実現できるという意味で役に立つはずです。

- 映画や小説でハッカーに憧れている方……現実世界のハッカーについて理解できる。
- セキュリティに興味を持ち始めた方……「何から手を付けるべきかまったくわからない」という疑問を解決できる。
- セキュリティ会社に勤めたい方……セキュリティエンジニアに向けてのスキルアップの方向性やアプローチを再確認できる。
- 趣味でセキュリティを楽しみたい方……スキルアップにおける新しいヒントが得られる。

- 日々のスキルアップで消耗している方……息抜きがてら本書を読むことで、モチベーションを上げられる。また、今までやってきたことが正しかったと確信でき自信につながる。
- 教壇に立っている方……初心者から勉強法に関する質問があれば「本書を読め」で済ませられる。
- 単純にタイトルに惹かれた方……雑談やSNSで本書を話題にできる。

◆ 自己のスキルアップの方法を確立することが最も重要である

　ホワイトハッカーになるための方法は一通りではありません。そして、ホワイトハッカーと一言でいっても、さまざまなタイプがあります。最終的になりたいと願うハッカー像は人それぞれ違うはずです。

　本書ではホワイトハッカーを目指す上でのさまざまなアプローチを紹介しています。紹介した内容によっては自分に合う、合わないといったものがあることでしょう。最も重要なのは、自分の適性に合った目標を定め、それを実現するためのスキルアップ法を確立することです。自分の人生のことであり、最後は自己責任で選択し、行動するしかありません。

◆ 本書で紹介した方法がすべてではない

　本書の内容には私の独断と偏見が混じっています。もちろん本書で紹介されていない、有効なスキルアップ法も多数あるはずです。つまり、私の言葉だけを信じる必要はありません。むしろ積極的にあなたが信頼に値すると思う専門家たちの声にも耳を傾けてください。

◆ 本書に込めた願い

　今回の企画をいただいたとき、最初はコンピュータのスキルアップ法を列挙していけば1冊ができあがると安直に考えていました。確かにこの考えのもと執筆したとしても完成したでしょうが、執筆する過程でそういう気持ちは徐々になくなりました。

　スキルアップ法を列挙した本であっても、ある一定の評価を受け、それなりの売上になるかもしれません。しかし、それでは誰が書いても同じような本になってしまいます。

私は20年以上サイト運営と執筆活動を続けていますが、私宛に「ハッカーになりたいのですがどうすればよいですか」「おすすめのセキュリティ本を教えてください」といった質問が数えきれないほど届いています。実際に質問するという行動を起こした人でさえこれほど多いということは、潜在的に同様の疑問を抱く人はその数倍以上いると推測できます。その中には何らかの方法で、無事に初心者から脱した人がいることでしょう。その一方で、コンピュータを嫌いになってスキルアップを挫折した人もいるはずです。本当はコンピュータに対する適性があったにもかかわらず、まったく別の道に進んでしまった人もいるかもしれません。

　こうしたことを考えたとき、「1人でもコンピュータの面白さに気付いてくれたら」「セキュリティ業界に進む人が1人でも増えてくれたら」と思い始め、本書の執筆に取り組む姿勢が変わりました。真剣にこのテーマについて語る機会はこれで最後かもしれないという覚悟のもと執筆して、できあがったのが本書になります。

　商業的には「ホワイトハッカーになれば年収1000万円」「誰でもホワイトハッカーになれる」といった内容を謳った方が成功するでしょう。しかし、本書はそういったことはしません。そういった偽りを鵜呑みにして、読者に人生を無駄に費やしてほしくないからです。

　私自身の人生において、コンピュータの学びについてたくさんの後悔があります。読者の皆さんには同様の間違いをしてほしくないため、あえて私の思想や考えを本書に盛り込んでいます。はっきりいえば私はホワイトハッカーでも何でもありませんし、当然ながらハッカーでもありません。自称したことはこれまでに一度もありません。セキュリティ業界において現役で活躍しているわけでもなく、セキュリティコミュニティで啓蒙活動しているわけでもありません。運よく20年間ハッキング関連本を書き続けてこられただけにすぎません。しかし、それが弱みでもあり、強みでもあると自覚しています。そういった背景があるため、周囲からの非難を恐れることなく、今回の本を出版できたわけです。

本書の内容は聞こえのよいことばかりではありません。そのため、本書の内容に対して賛否両論あることが想像できます。全員の意見が同じになるわけではないので、それでもよいのです。疑問を呈し、考えることが重要なのです。

　本書を通じて純粋にセキュリティの魅力を感じ、将来的にセキュリティ業界で活躍する人が1人でも多く誕生すれば大成功だと思っています。ホワイトハッカーにあこがれていることを公言する必要はありません。心の奥底で願いつつ、日々スキルアップに切磋琢磨してください。残念ながら、必ず叶うと約束はできません。むしろどんなに努力しても、叶うことの方が少ないことでしょう。しかし、たとえホワイトハッカーになれなくても、充実した人生を過ごせるはずです。

2022年4月

IPUSIRON

目次 *contents*

● CHAPTER-03

ホワイトハッカーを目指すために
知っておくべきこと

CHAPTER-04

ホワイトハッカーになるための教材

⚓ CHAPTER-05

ホワイトハッカーの成長

CHAPTER
01
ホワイトハッカーとは

>>> 　本章の概要

　本章では本書のテーマであるホワイトハッカーについて焦点を当てます。最初はハッカーの定義を明確にします。そして、ホワイトハッカーはどういったことをするのか、世界中でホワイトハッカーの需要が高いことを説明します。最後にホワイトハッカーに近い用語であるエシカルハッカーを紹介します。

情報セキュリティとは

📦 情報セキュリティの定義

NIST(National Institute of Standards and Technology)は情報セキュリティを「機密性、完全性、可用性の確保を目的として、情報および情報システムを未承認のアクセス、利用、開示、中断、変更、または破壊から保護すること」と定義しています[1]。ここで登場する機密性(Confidentiality)、完全性(Integrity)、可用性(Availability)は情報セキュリティの3要素と呼ばれ、それぞれの頭文字を取り「情報セキュリティのCIA」と表現されます(表1-01)。

●表1-01　情報セキュリティの3要素

要素	説明
機密性	情報へのアクセスを認められた者だけが、その情報にアクセスできる状態を確保すること。たとえば、復号鍵を持たない第三者には暗号化された文書の内容を漏洩させない
完全性	情報が破壊、改ざん、消去されていない状態を確保すること。たとえば、銀行から他行宛てに振り込む際に、送金先や送金額を改ざんされないようにする
可用性	情報へのアクセスを認められた者が必要なときに遅延なく情報にアクセスできる状態を確保すること。たとえば、ネットワークに何らかの障害が発生した際に、正規のユーザーがサービスにアクセスできなくなってしまうことを防ぐ

📦 セキュリティの3分類

一般にセキュリティというとデジタル機器や通信などのテクノロジーを中心として考えられがちです。しかし、現実世界における攻撃ではテクノロジーに関するものだけでなく、人的要因や物理的要因もかかわってきます。

セキュリティは保護する対象によって、表1-02のように分類できます。

●表1-02　セキュリティの3分類

分類	説明
サイバーセキュリティ	悪意のあるサイバー攻撃から保護し、それらを復旧する活動。インターネット、企業内ネットワーク、家庭内LAN、物理・仮想ネットワーク、その他すべてのコンピュータシステムなど
フィジカルセキュリティ(物理的セキュリティ)	窃盗・破壊行為・火災・自然災害といった脅威から物理的に保護する活動。錠前、物理インフラ、監視カメラ、サーバー、ネットワーク機器など
ヒューマンセキュリティ(人的セキュリティ)	攻撃者からの誘導尋問や詐欺的行為から保護する活動。サイバーとフィジカルを結び付ける人、顧客、従業員、ユーザーなど

[1]：https://csrc.nist.gov/glossary/term/information_security/

🗃 攻撃や防衛に完璧はない

優秀な人はいますが、それでも人間であり完璧ではありません。人間の代わりにプログラムが担当していたとしても同様です。なぜならプログラムは人間が開発したものであり、バグや脆弱性[2]を完全になくすことは非常に困難であるためです。

完璧な攻撃はなく、ミスを犯したり痕跡を残したりする可能性があります。防衛側はそれをとらえて、防衛や追跡に活かします。逆に完璧なセキュリティもありません。攻撃側はその隙を突くことになります。

攻撃や防衛は一度だけで終わりというものではありません。新しい攻撃法が考案されると同時に新しいセキュリティの技術や製品が登場します。運用を継続していく過程で弱点が生じることもあります。

以上より、セキュリティの世界において攻撃側・防衛側の両方とも完璧を実現するのは不可能です。相手の行動を事前に想定して対応策を練り、運用後に不完全さを発見したら、その都度、対応していくことになります。セキュリティの世界にも銀の弾丸[3]は存在しないのです。

1

ホワイトハッカーとは

---

[2]：セキュリティ上の弱点のことです。
[3]：銀の弾丸は狼人間や悪魔を撃退する際に用いられる道具として西洋の物語に登場します。フレデリック・ブルックスは
『No Silver Bullet - essence and accidents of software engineering』という論文の中で、魔法のように
すぐに役に立ちプログラマーの生産性を倍増させるような特効薬はないことを「銀の弾丸はない」とたとえました。

ハッカーとは

🔹 ハッカーの本来の意味

「ホワイトハッカー」には「ハッカー」という用語が含まれているので、まずはハッカーについて説明します。

「ハッカー」という用語は、ニュース記事、映画・小説、書名などさまざまな場面で目にします。読者には映画や小説のハッカーに憧れて、ホワイトハッカーを目指そうと考えている人もいるかもしれません。作中では黒いパーカーを着て薄暗い部屋でパソコンを高速で操作する若者がよく登場します[4]。しかし、これは映画の中だけの話であり、現実社会のハッカーがそういった姿をしているわけではありません。

「ハッカー」という用語にはさまざまな解釈があり、正しい意味を把握しておく必要があります。ハッカーの意味が曖昧なままだとホワイトハッカーの意味も正確に理解できなくなるからです。

ハッカーにはさまざまな意味がありますが、その中で代表的なものは次の通りです。

1 コンピュータについて深い技術力を持ち、技術的な課題を解決する者。

2 コンピュータに没頭しプログラムを組む者。

3 最小の努力で最大の効果を生み出そうとする者。

4 特定の分野の専門家、または熱狂者。たとえば、UNIXハッカー、電話ハッカー、天文学ハッカーなど。

🔹 ハッカー文化の歴史

簡単にハッカー文化の歴史について解説します。元来ハッカーには「斧1つだけで家具を作る職人」「冷蔵庫の余り物で手早く料理を作る人」といった意味があり、機転が利いてちょっとした仕事を得意とする人物のことを指しました。その後、雑な仕事で課題を解決するという意味はなくなり、逆に高度な技術力や知識で課題を解決するという意味を持つように変わっています。

---

[4]：Googleで「ハッカー」を画像検索すると、黒いパーカーの姿でパソコンを操作する姿ばかりヒットします。

　ハッカーという言葉の起源については諸説がありますが、一般にマサチューセッツ工科大学(MIT)の文化から生まれたとされています。MITでは知的かつ精錬されたイタズラのことをハック(hack)と呼び、それを行う者をハッカー(hacker)と呼びました。年に数回キャンパスでハックが行われ、芸術的なハックも多くMITの関係者たちを楽しませてくれています[5][6]。

　たとえば、1994年のある朝にMITのシンボルとなっているドームにパトカーが登場して大勢を驚かせました。このパトカーは本物ではなく、実物大の模型だったのです。犯人は誰だかわかっていませんがマナーをわきまえており、パトカーの解体方法を公開しています。本来は校則を破っていることになりますが、MITや撤去する担当課たちは犯人探しなどせず、ハック行為に対して好意的にとらえています。

　遊び心から創造物を生み出すことに対して寛容である校風が、MIT出身者から多くの偉人が誕生する根源といわれています。

　ところで、上記で説明したハックは誰も思い付かないことで皆を驚かせようとするイタズラを意味していました。これがコンピュータに対しても使われるようになったのは、MITの技術鉄道模型クラブ(TMRC:Tech Model Railroad Club)であるとされています。1960年代に米デジタル・イクイップメント社が世界初のミニコンピュータPDP-1をMITに寄贈し、技術鉄道模型クラブはこのPDP-1をいじり倒したというエピソードが残っています[7]。ここからコンピュータを解析したり、応急処置で技術的な対応したりする人たちをハッカーと呼ぶように変化していきました。

　その後、プログラミングを楽しむ人、特定の専門的能力がある人、普通のコンピュータユーザーであれば知らずに済むシステムの内部について知る喜びを感じる人などをハッカーと呼ぶようになりました。

---

[5] : 「IHTFP Hack Gallery: Welcome to the IHTFP Gallery!」(http://hacks.mit.edu/Hacks/)
[6] : 『歴代MIT学生による「素晴らしきイタズラ」の数々:ギャラリー』(https://wired.jp/2013/03/27/mit-hacks/)
[7] : 『ハッカーズ』(工学社刊)では1950〜80年代までのハッカー文化について詳細に書かれています(https://www.kohgakusha.co.jp/books/detail/978-4-87593-100-3/)。冒頭では技術鉄道模型クラブやハッカー倫理についても触れられています。第4章でもおすすめ本として紹介しています。

インターネットが普及し始めると、コンピュータやネットワークのセキュリティの問題が表面化しました。当時コンピュータに侵入する者の一部にはシステム管理者に脆弱性を教えたりするような文化がありました。当然コンピュータに侵入するには、一般人より高度なスキルを持っており、そういった人たちはコンピュータに詳しいという意味でハッカーに属しているといえます。

しかし、ハッキング[8]を悪意のために使う者も増え始めて社会問題となります。このような者たちをハッカーとしてマスコミが報道したことにより、ハッカーといえばコンピュータシステムに不正に侵入したり、プログラムを不正に改変したりといった悪行を重ねる姿を連想されやすくなってしまいました[9]。

現在では「ハック」「ハッカー」「ハッキング」が他の用語と組み合わせて使われています。たとえば、「ライフハック」(lifehack)は仕事の質や効率、生産性を高めるための工夫のことです。「ハッカースペース」(hacker space)は、ハッカーやハッカー志願者たちが集まり、資源や知識を共有して何かを作り上げる場所のことです。ものづくり愛好家をメイカー(maker)、ものづくりに特化した場所をメイカースペース(maker space)と呼びます。

● ハッカーとクラッカー

本来ハッカーという用語にはネガティブな意味は含まれていないにもかかわらず、マスコミの誤用によりネガティブなイメージが浸透してしまいました。この問題を解決するために、悪意のある不正行為をクラッキング(cracking)、そしてクラッキングを行う者をクラッカー(cracker)と呼び分けようとする試みが出てきました。この主張に基づいて、ハッカーとクラッカーを改めて定義すると次のようになります。

- ハッカー………コンピュータに精通した者。善悪の観点はない。ハッカーの定義1に相当する。
- クラッカー……コンピュータやネットワークシステムに不正侵入し、悪意を持ってデータを盗んだり破壊したりする者。

---

[8]：ハッカーは行為者を指し、ハッキングはその行為を指します。
[9]：攻撃という意味でのハッキングであれば、世界初のハッキングは1903年まで遡ります。プライベートな無線通信を実現するマルコーニの無線機に対して、危機感を覚えたイギリスの通信会社が無線通信を乗っ取ったという事件です。「A History of Hacking - IEEE - The Institute」(https://web.archive.org/web/20150907184322/http://theinstitute.ieee.org/technology-focus/technology-history/a-history-of-hacking/)。

しかし、この定義では若干紛らわしい点があります。クラッカーは不正行為や破壊活動をするわけですが、ハッカーに相当する実力を持っていなくても破壊活動を実現できてしまいます。その一方で、ハッカーに相当する実力を持ちながら、不正行為をする者もいます（ハッカーでもありクラッカーでもある）。このことから、ハッカーとクラッカーは完全に分けられず、一部が重複します。

さらに、マスコミがハッカーという用語を用いる場合はクラッカーを指すことが多いですが、ごくまれにポジティブなニュースにおいてハッカーという用語を使うことがあります。たとえば「ハッカーが創造的なアイデアで成果物を発表した」「ハッカーがシステムを守った」といったようにです。

以上をまとめたのが図1-01になります。

●図1-01　ハッカーとクラッカーの区別

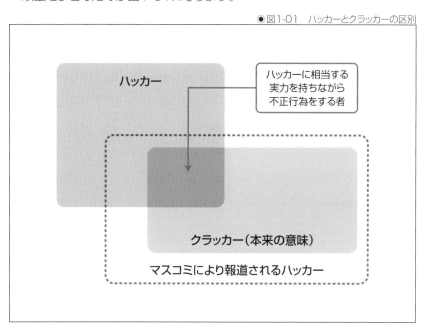

現代ではハッカーとクラッカーを厳密に区別するのはナンセンスとして、あえて区別しないことがたびたびあります。また、より善悪を区別しやすくするために、ホワイトハッカーやブラックハッカーという言葉が使われることが多くなってきました。

ハッカー関連用語

　ハッカー文化においてはスキルの有無、スタンスによってさまざまな呼ばれ方があります。ここでは代表的な用語を紹介します。興味を持った用語があれば各自調べてみてください。いずれの用語も研究に値するテーマといえます。

◉表1-03　代表的なハッカー関連用語

用語	説明
クラッカー（kracker）	ソフトウェアをリバースエンジニアリング[10]して悪用する者。不正行為を行うクラッカー（cracker）とは異なる
フリーカー（phreaker）	電話機や電話システムに精通したハッカー
ウィザード（wizard）	ハッカーの中でも高度な技術力を持つ者
グル（guru）	ウィザードと同義として使われることもあるが、創造主・指導者といった尊敬すべき人物に使われる。つまり、高度な技術力を持つというより、歴史に残る偉大な何かを作り出した人を指すことが多い
スクリプトキディ（script kiddy、script kiddie）	他人の作ったプログラムやスクリプトを使って、不正行為を行うクラッカー
ギーク（geek）	コンピュータに強い関心を持ち、マニアックな技術や知識を持っている人。社交性がある
ナード（nerd）	コンピュータに強い関心を持ち、マニアックな技術や知識を持っている人。ギークの類語だが、ナードはギークより社交性に欠ける
ヴァンダル（vandal）	サービスを直接的に破壊するのではなく、サービス上でのやり取りを妨害する者。掲示板荒らし、チャット荒らし、スパム投稿、メールボムなどが該当する
ワナビー（wannabe）	ハッキング行為に興味を持つ者。ハッカー志願者。元来、侮蔑する意味はないが、スキルがないハッカー気取りをする者、知ったかぶりする者を指す場合には蔑称になる。「I wanna be a hacker.」が語源（「wanna」は「want to」の俗な表現）
ニュービー（newbie）	コンピュータに興味を持ち始めた初学者。新人
ヌーブ（noob）	初心者に対する蔑称。ニュービーは単なる初心者であるが、ヌーブは勉強しようとしない初学者を指すことが多い

---

[10]：製品の動作やコードを解析することで、その製品の仕組みを知ることです。悪用という意味では、ソフトウェアのプロテクト機能を突破することがその代表です。

SECTION-03

ホワイトハッカーとは

❖ ホワイトハッカーの意味

ハッカーの意味についてを説明したので、本題となるホワイトハッカーの意味について考えていきます。

ホワイトハッカー（white hacker）とは一般にセキュリティを専門とし、法令に遵守できる知識を持ち合わせて、倫理観を持った上で善良な方面に専門スキルを活かすハッカーのことです。サイバー攻撃や不正アクセスを防ぐことを目的として、脆弱性を発見したりセキュリティ対策を行ったりします。

映画やドラマの世界ではサイバー攻撃を行う攻撃者と闘う正義の味方が登場することがあります。最終的に犯人を突き止めて懲らしめるシーンがよく描かれますが、これは本当の意味でのホワイトハッカーではありません[11]。本来のホワイトハッカーが行うべき行為は攻撃に対する防御であり、懲らしめる行為はそれを逸脱しています。捜査や逮捕は警察の仕事であり、ホワイトハッカーがやることではありません。

セキュリティエンジニアとはサーバー関連の業務や情報セキュリティを主に担当するIT技術者を指します。ITインフラの中で、サーバー構築や運用、保守などを担当し、セキュリティを十分に考慮したシステムの設計・運用、あるいは外部からの侵入や攻撃を防ぐための調査・対策などを行います。一方、ホワイトハッカーはすでに構築されたサーバーやネットワークに対する攻撃を防ぐ仕事が中心ですが、両者の仕事には重なる部分が少なくありません。

[11]: 映画やドラマのシナリオがいけないといっているわけではありません。コンピュータを駆使する正義の味方に憧れてホワイトハッカーを目指す人は少なからずいます。セキュリティに興味を持つきっかけとしては何でもよく、スキルアップの過程でホワイトハッカーの正しい意味を理解できるはずです。

23

　図1-02に注目してください。セキュリティエンジニアとハッカーが重なっているところにホワイトハッカーが位置しています。ハッカーを包む枠はセキュリティエンジニアだけでなくIT技術者の枠から外れていますが、これは非IT技術者のハッカーが少数ながら存在するためです。

　なお、これは各グループの関係性を表す図[12]であり、領域の大きさが割合を意味しているわけではありません。

　2020年のIT技術者は世界に推定約2137万人、日本では約107万人いるといわれています[13]。そして、セキュリティエンジニアは約37万人いるといわれています[14]。ホワイトハッカーの人口についての統計データはありませんが、セキュリティエンジニア500人のうち1人とすれば740人となり、妥当な数といえます。

● 図1-02　ホワイトハッカーとセキュリティエンジニア

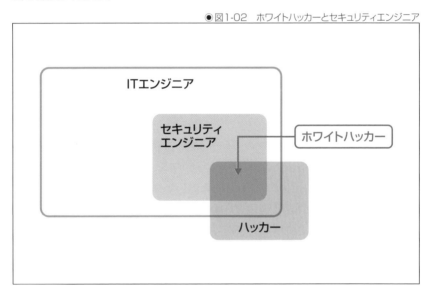

---

[12]：グループの包含関係を表す図（数学の集合論で扱われるベン図）です。
[13]：https://www.athuman.com/news/2020/2161/
[14]：「我が国のサイバーセキュリティ人材の現状について」（平成30年12月）（https://www.soumu.go.jp/main_
　　　content/000591470.pdf）。ここでいうサイバーセキュリティ人材とはセキュリティに精通する人材のことで
　　　す。以降、セキュリティ人材と略します。

ホワイトハットとブラックハット

◆ ホワイトハットとブラックハットは対の関係

　セキュリティ界にはホワイトハット(white hat)やブラックハット(black hat)という用語があります。ホワイトハットハッカー(white hat hacker)は法令に遵守できる知識を持ち合わせて、倫理観を持った上で善良な方面に専門スキルを活かすハッカーのことです。それに対して、ブラックハットハッカー(black hat hacker)は倫理観が欠如しており、専門スキルを悪意のある攻撃に活かすハッカーのことです。

　ここでいう「ハット」(hat)はツバのある帽子のことで、概念として使われる場合は役割や職務を示します。ホワイトやブラックは帽子の色であり、役割が違うことを意味します。古い西部劇映画では正義の味方である主人公は白い帽子、悪役が黒い帽子を被っていることが多く、これが由来になっています。

　日本ではホワイトハッカーという表現がよく使われていますが、英語圏ではホワイトハットハッカー(white hat hacker)という表現の方が多く使われています。ホワイトハットハッカーが正式名称ですが、ホワイトハッカーと略されることもあり、日本では略称が普及してしまったのです。

　同様の考えから、ブラックハットハッカー(black hat hacker)を日本式に表現すればブラックハッカーになりますが、実際のところセキュリティ業界ではあまり使われていません。初心者向けのサイトではホワイトハッカーの説明の際に対の概念としてブラックハッカーという言葉を使っている傾向にあります。

　本書ではタイトルや本文でホワイトハッカーという用語を多用しているので、以降ではブラックハットハッカーではなくブラックハッカーという用語を積極的に使うことにします[15]。

　ブラックハッカーが法を犯すような行動を取る理由として、次のようなさまざまな目的が挙げられます。「金銭を稼ぐため」「政治的に主張したいことがある」「自分の力を見せつけて自己顕示欲を満たしたい」「いたずらやうさばらしをしたかっただけ」「知的好奇心を満たすために行動したが結果的に法を犯した」などです。

---

[15]：ブラックハッカーという用語が浸透して、将来的に使われていくきっかけになればと思います。

　以上をまとめると図1-03のようになります。ホワイトハットとブラックハットはセキュリティに特化しており、どちらもハッカーに属します。また、ハッカーに属すクラッカーはブラックハットに対応することがわかります。ハッカーの善悪を表現するためにはハッカーとクラッカーではなく、ホワイトハットとブラックハットで説明したほうが誤解されにくいといえます[16]。

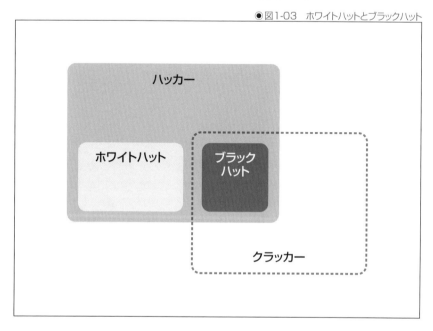

◉図1-03　ホワイトハットとブラックハット

🔲 グレーハットはホワイトハットとブラックハットの中間の存在

　ホワイトハットハッカーとブラックハットハッカーは単純に行動の善悪で定義されましたが、実際のところセキュリティやハッキングの世界では白黒がはっきりしない場面が多々あります。たとえばサイバー戦争において、A国とB国が対立関係にあったとします。A国から見れば、敵国のB国は悪玉であるわけでブラックハットハッカーになります。逆にB国から見れば、A国がブラックハットハッカーになります。このように立場によっても、善と悪が変わってしまうのです。「正義の反対は別の正義」と表現されることもあり、正義とは相対的なものといえます。

---

[16]：後述するグレーハットのように完全に誤解がなくなるわけではありませんが、それでも誤解は減ります。

　また、同一人物であっても、常に善悪の行動が一貫するとは限りません。通常は標的の許可を得た上で脆弱性を見つける一方で、憎む標的に対しては不正な手段で脆弱性を見つけるかもしれません。このように善悪を明確に分けられない行動を取るハッカーを一般にグレーハットハッカー（gray hat hacker）といいます。善玉であるホワイトハットと悪玉であるブラックハットの中間に位置する存在であるため、白色と黒色を混ぜてできる灰色（グレー）になぞらえたわけです。

　サイバー犯罪を経験があれば現在更生していてもグレーハットハッカーに含められることがあります。厳格なホワイトハッカーは少しでもブラックハッカーと関係を持ったり情報を得たりする行為を軽蔑します。彼らの解釈では、当然ながらグレーハットハッカーも軽蔑の対象に含まれます。しかし、ブラックハッカーやグレーハットハッカーが有益な情報を公開し、ホワイトハッカーがそれを利用するという状況も十分にありえます。大半のホワイトハッカーは過去の行動より今の行動を重要視しています。過去にサイバー犯罪にかかわっていたとしても更生して有益な情報を発信し続ければ、認められるはずです。

💎 他にもグリーンハット、ブルーハット、レッドハットがある

　帽子の色の種類を広げて、グリーンハット、ブルーハット、レッドハットという概念が誕生しました。

◆ グリーンハットハッカー

　グリーンハットハッカー（green hat hacker）はハッカー志願者や初心者ハッカーのことを指します。つまり、ハッカーになりたい意志はありますが、現時点ではハッカーとしての十分な専門知識を身に付けていない者のことです。

◆ ブルーハットハッカー

　ブルーハットハッカー（blue hat hacker）には複数の意味があります[17][18]。1つ目はMicrosoft社に招かれたWindowsの脆弱性を発見するセキュリティ専門家という意味です。これはMicrosoftの社員バッジが青色であるに由来しています。

[17]：「Different Types of Hackers: The 6 Hats Explained」（https://sectigostore.com/blog/different-types-of-hackers-hats-explained/）
[18]：「BlueHat Hackers?」（https://msrc-blog.microsoft.com/2006/03/30/bluehat-hackers/）

2つ目はMicrosoft社や同社製品に限定せずにソフトウェアをリリースする前に脆弱性を発見する、組織外かつ非フルタイムのセキュリティ専門家という意味で使われます。1つ目と2つ目の意味で使われる場合はホワイトハッカーに属します。

3つ目は報復を企てるハッカーという意味で使われます。腕試し、金銭欲、名声、政治的主張があるわけでなく、個人・雇用者・機関・政府から受けた不正行為に対する個人的な報復を目的にしています。マルウェアに感染させたり、データを流出させたりして標的に損害を与えます。この意味で使われる場合はブラックハッカーに含まれることになります。

◆ レッドハットハッカー

レッドハットハッカー(red hat hacker)はLinuxシステムをハッキングする者と、セキュリティ界の自警団の2つの意味があります。

ホワイトハッカーはブラックハッカーからの攻撃からシステムを守り、痕跡を発見すれば警察に通報します。一貫して倫理的な行動を取り、ブラックハッカーに対して反撃することはありません。一方、2つ目の意味でのレッドハットハッカーはブラックハッカーに対して積極的に反撃します。場合によってはブラックハッカーのシステムを破壊することさえ躊躇しません。

以上では6色の帽子の概念を紹介しましたが、よく使われるのはホワイトハットとブラックハットであり、たまにグレーハットを見かけるぐらいです。最低でもこの3色を押さえておけばよいでしょう。帽子の色にたとえるという流れは今後も続くと想像でき、将来的に帽子の色がさらに増えるかもしれません。

セキュリティ専門家に関連する用語はたくさんある

🔷 セキュリティ専門家の代表例

　ホワイトハッカーになるための一般的な方法の1つは、セキュリティの専門職に就き、職務と独学で技能を磨くことです。現役のホワイトハッカーたちの多くは、セキュリティ専門家としての経験を活かして、セキュリティの仕事に就いています。

　セキュリティの世界は幅広く、多岐の専門分野に細分化できます。つまり、セキュリティ専門家にもいろいろなジャンルがあります。すべてを紹介できませんので、IT業界でよく使われる用語をピックアップして解説します。また、一部の用語については他の用語と内容が重複しますが、それは業務内容を厳密に分けられないためです。

●表1-04　セキュリティ専門家の代表例

用語	説明
セキュリティエンジニア	情報セキュリティを専門に担当するIT技術者。インフラエンジニア[19]、ソフトウェアエンジニア[20]、システムエンジニア[21]からセキュリティエンジニアに転身することもある
セキュリティアナリスト	攻撃手法を分析したり、セキュリティインシデント[22]に対処したりする
ペネトレーションテスター	コンピュータシステムに実際に攻撃して脆弱性がないかどうかを調べる。詳細は第5章を参照
バグハンター	システムやプログラムの脆弱性を発見・報告する。詳細は第5章を参照
セキュリティ研究者	情報セキュリティを専門とする研究者。大学、研究所、シンクタンク[23]など、アカデミア(アカデミックな場所)で活動することが多い。セキュリティエンジニアと被る場合もある
暗号学者	現代の暗号技術を専門とする研究者。数学的に安全性を証明された暗号を作る暗号学者と、暗号解読のアルゴリズムや暗号技術のアルゴリズムを改良・高速化する暗号学者の2つに大別される

🔷 SOCとCSIRT

　SOC(Security Operation Center)はインシデントの検知を目的としたチームです。「ソック」と呼びます。絶え間ない攻撃に備えるため、24時間365日体制でログを取得・分析し、攻撃の兆候を早期に発見しようとします。そして、攻撃の状況を可視化したものをレポートとして報告し、必要なセキュリティ対策について提言します。

---

[19]：ITインフラの設計・構築・運用・保守を担当するエンジニアのことです。
[20]：ソフトウェアの開発工程において、設計・プログラミング・テストを担当するエンジニアのことです。
[21]：ソフトウェアの開発において、上流工程を担当するエンジニアのことです。
[22]：コンピュータに関するセキュリティ事故のことです。以降、インシデントと略します。
[23]：さまざまな分野の専門家を集めて、調査研究・分析・提言・システム開発などを行う研究機関のことです。

CSIRT（Computer Security Incident Response）はインシデントの対応に重きを置いたチームです。「シーサート」と呼びます。インシデントが発生したら、その原因を解析し、影響範囲を明確にするとともに、被害を最小限にしようとします。

攻撃手法は日々進化しており、SOCとCSIRTは最新かつ高度なセキュリティ知識を必要とします。

社内のセキュリティ部門では、日常的にシステムのセキュリティを管理したり、社員にセキュリティの啓蒙活動を行ったりします。社内でインシデントが発生すれば、割り当てられた役割に応じて分析したり、情報交換したりします。それぞれの役割で要求されるスキルは異なります。

■ レッドチームとブルーチーム

軍隊の演習において、攻撃する側をレッドチーム（red team）、防御する側をブルーチーム（blue team）といいます。これらの用語はセキュリティの世界に転用され、レッドチームとブルーチームに分かれてコンピュータシステムを調査することをレッドチーム演習といいます。

レッドチームは攻撃側であり、コンピュータシステムに対して実践的な攻撃を行います。一方、ブルーチームは防御側であり、セキュリティ対策を分析し、社内に導入しているセキュリティ製品やサービス、ポリシーの有効性を評価します。たとえば、CSIRTやSOCに相当します。

組織ではサイバー攻撃に備えてコンピュータシステムを守り、社員に対してセキュリティを教育します。実際に攻撃がないことはよいことですが、そういった日々が続くとサイバー攻撃を対岸の火事のように感じ、油断やマンネリにつながっていきます。毎年の火災訓練が毎回同じ内容で飽きてしまうのと同様です。

こうした問題を解決するために、レッドチーム演習が有効です。組織のコンピュータシステムが最新攻撃に耐性があることを確認できるとともに、サイバー攻撃に対する社員の意識を向上できます。

◆ レッドチーム演習とペネトレーションテストの違い

　ペネトレーションテストとはコンピュータシステムに対して外部から実際に攻撃して、脆弱性がないかどうかを調べることです[24]。既知の脆弱性や攻撃手法を用いて侵入を試みます。日本語では侵入実験あるいは侵入テストと呼ばれています。ペネトレーションテストの主な目的は脆弱性の発見です。

　一方、レッドチーム演習はリスクシナリオに基づいて組織の情報セキュリティの耐性や機能を評価し、改善を提案することを目的とします。そのためにはペネトレーションテストのように実際に攻撃して脆弱性を調査することもありますが、それだけではありません。セキュリティの3分類で示した、サイバーセキュリティ、フィジカルセキュリティ、ヒューマンセキュリティの観点に着目してセキュリティを調査します。たとえば、OSINT[25]、ソーシャルエンジニアリング[26]、フィッシング攻撃、組織の制度の弱点を突くなど、さまざまな攻撃を仕掛けます。

　以上より、ペネトレーションテストはサイバー攻撃の限定的なテストであり、レッドチーム演習はより実践的な総合的なテストといえます。

◆ ホワイトチームとパープルチーム

　レッドチーム演習ではレッドチームとブルーチームが基本となりますが、ホワイトチーム（white team）やパープルチーム（purple team）という用語が用いられることもあります。

　ホワイトチームはレッドチームとブルーチーム間の攻防における審判役です。たとえば、レッドチームが事前に規定した攻撃のルールを逸脱して、攻撃を行っていないかを監視します。

　パープルチームは独立したチームではなく、レッドチームとブルーチームから成るチームです。レッドチームとブルーチームはどちらも最終的にセキュリティを強化することを目標としますが、レッドチーム演習の過程において両チームとも秘密を共有したがりません。たとえば、レッドチームは攻撃手法や侵入ルート、ブルーチームは攻撃の検知法や防御法を隠そうとします。そこで、パープルチームは適時それぞれの情報を片方に与えて、レッドチーム演習としての効果を最大化しようと試みます。

1
ホワイトハッカーとは
2
3
4
5

---

[24]：ペネトレーションテストについては284ページで詳細を述べています。
[25]：OSINT（Open Source Intelligence）とは一般に公開されているオープンな情報を情報源として機密情報を収集することです。
[26]：ソーシャルエンジニアリング（social engineering）とは人間の心理的な盲点、行動のミスに付け込んだ攻撃のことです。

31

サイバーセキュリティのフレームワーク

　これまでの解説を読んでいただければ、セキュリティに関連する職業や役割が多岐に渡ることがわかったはずです。たとえば、CSIRTといっても所属人数の規模によっては、役割が分担されます。各役割によって要求される知識やスキルが異なります。

　その詳細を知るためには人材育成のフレームワークが役立ちます。フレームワークにはサイバーセキュリティ人材に求められる役割、業務、知識、技術、能力が定義されています。サイバーセキュリティに限定すると、次のフレームワークが有名です。

- セキュリティ知識分野(SecBoK)人材スキルマップ[27]
- NICEフレームワーク(NIST SP800-181)[28]

　セキュリティ知識分野人材スキルマップはJNSA[29]が策定したフレームワークであり、日本語で情報がシンプルに書かれています。

　一方、NICEフレームワークはNIST(アメリカ国際標準技術研究所)が策定したフレームワークであり、英語で詳細に書かれています。

　組織のセキュリティを向上させるために社員のトレーニングだけでは不十分です。いくら社員を訓練しても、セキュリティ意識の改善しない社員や、運悪くセキュリティ上のミスをしてしまう社員が一人はいるものです。セキュリティに対する意識が高い社員であっても、その日嫌なことがあったり、うっかりしたミスをしたりすることもありえます。その結果、標的型攻撃[30]やフィッシング攻撃の付け入る隙になるのです。こうした問題を解決する方法の1つがフレームワークやガイドラインを採用することです。本書ではフレームワークをセキュリティの成熟度を把握するために活用します。

　フレームワークでは組織のセキュリティを全体的に向上させる方法(計画やフィードバックなど)が体系化されています。

---

[27]：セキュリティ知識分野(SecBoK)人材スキルマップ(https://www.jnsa.org/result/skillmap/)
[28]：「The Workforce Framework for Cybersecurity(NICE Framework)」(https://www.nist.gov/itl/applied-cybersecurity/nice/nice-framework-resource-center/workforce-framework-cybersecurity-nice/)
[29]：NPO日本ネットワークセキュリティ協会のことです(https://www.jnsa.org/)。ネットワークセキュリティに関する啓発、教育、調査研究及び情報提供に関する事業を行っています。
[30]：機密情報を盗むことを目的として、特定の個人や組織を狙った攻撃のことです。業務に関連するメールを装って不正プログラムを送り付けるといった手口などが挙げられます。

🔰 セキュリティ知識分野人材スキルマップにおける役割

ここでは、JNSAのセキュリティ知識分野人材スキルマップにおける役割に注目します。組織が保有すべきセキュリティ部門（特にCSIRT）の役割とその業務内容が示されています[31][32][33]。

◆ CISO（最高情報セキュリティ責任者）

社内の情報セキュリティを統括します。セキュリティ確保の観点から、必要に応じてCIO（最高情報責任者）、CFO（最高財務責任者）と対峙します。

◆ PoC（Point of Contact）

自組織内外の連絡窓口になり、情報連携を行います。社外向けの対象としてはJPCERT/CC[34]、NISC[35]、警察、監察官庁、NCA[36]、その他CSIRTが挙げられます。社内向けの対象としてはIT部門調整担当内の法務、渉外[37]、IT部門、広報、各事業部などが挙げられます。

◆ ノーティフィケーション

組織内を調整し、社内の関連部署へ情報発信します。社内システムに影響を及ぼす場合にはIT部門と調整を行います。

◆ コマンダー

自社のインシデントを全体的に統制します。重要なインシデントについてはCISOや経営層と情報連携します。また、CISOや経営者の意思決定を支援します。

◆ トリアージ

事象の対応における優先順位を決定します。

1
ホワイトハッカーとは

---

[31]：JNSAのセキュリティ知識分野（SecBoK）人材スキルマップ「公開資料2:SecBoK2021_V1.0」（https://www.jnsa.org/result/skillmap/data/02_SecBoK2021.xlsx）
[32]：「CSIRT人材の定義と確保（Ver.1.0）」（http://www.nca.gr.jp/activity/imgs/recruit-hr20151116.pdf）には各役割の詳細（必要スキル、キャリアパス、関係図）が載っています。以降に示す役割はこの文献から引用して、日本語の表現を若干変更しています。
[33]：「CSIRT人材の定義と確保（Ver.1.5）」（http://www.nca.gr.jp/activity/imgs/recruit-hr20170313.pdf）
[34]：JPCERTコーディネーションセンターの略称です（http://www.jpcert.or.jp/）。不正アクセスの被害に対応するために設立された情報提供機関です。コンピューターセキュリティ関連の情報を発信しています。国内で発生したインシデントの報告が掲載されています。
[35]：内閣サイバーセキュリティセンターのことです（https://www.nisc.go.jp/）。日本政府が内閣官房に設置した組織です。JPCERT/CCと共に、日本における実質的なナショナルCSIRTの役割を果たしています。
[36]：日本シーサート協議会（Nippon CSIRT Association）のことです（https://www.nca.gr.jp/）。日本で活動するCSIRT間の情報共有および連携を図るとともに、組織内CSIRTの構築を促進・支援するコミュニティです。
[37]：外部と連絡・交渉することです。

◆ インシデントハンドラー

インデントを処理します。セキュリティベンダーに処理を委託している場合は、指示を出して連携・管理します。状況はインシデントマネージャーに報告します。

◆ インシデントマネージャー

インシデントハンドラーに指示を出し、インシデントの対応状況を把握します。対応履歴を管理するとともにコマンダーへ状況を報告します。

◆ リサーチャー

セキュリティイベント、脅威情報、脆弱性情報、攻撃者のプロファイル情報、国際情勢の把握、メディア情報を収集して、キュレーターに引き渡します。単独機器を分析しますが、相関的な分析はしません。

◆ キュレーター

リサーチャーの収集した情報を分析し、それを適用すべきかを選定します。リサーチャーと合わせてSOCとする場合がよくあります。

◆ セルフアセスメント・ソリューションアナリスト

自社の事業計画に合わせてセキュリティ戦略を策定します。導入されたソリューションの有効性を確認し、改善計画に反映します。

◆ 脆弱性診断士

OS、ネットワーク、ミドルウェア[38]、アプリケーションの安全性を検査し、診断結果を評価します。

◆ 教育・啓発

社内のリテラシーの向上や底上げのために教育および啓発活動を行います。

◆ フォレンジックエンジニア

システム的な鑑識、精密検査、解析、報告をします。インシデントはシステム障害と異なり、攻撃者が存在します。攻撃者は証拠隠滅を図るため、証拠保全とともに消されたデータを復旧し、足跡を追跡します。

---

[38]：コンピュータの基本的な制御を行うOSと、各業務処理を行うアプリケーションの中間に位置して、仲立ちするソフトウェアのことです。

◆ インベスティゲーター

内外からの犯罪を捜査します。動機の確認、証拠の確保、次に起こる事象の推測を行います。論理的に捜査対象を絞ることが要求されます。

◆ リーガルアドバイザー

システムにおいてコンプライアンスおよび法的観点から遵守すべき内容に関する橋渡しを行います。

◆ IT企画部門

社内のIT利用に関する企画・立案を行います。必要に応じて、ITの利用状況の調査・分析を行います。

◆ ITシステム部門

社内のITプロジェクトを推進するとともに、アプリケーションシステムの設計・構築・運用・保守などを担当します。

◆ 情報セキュリティ監査人

情報セキュリティのためのリスクマネジメントが効果的に実施されるように、リスクアセスメントに基づく適切な管理策の整備、運用状況について、基準にしたがって検証または評価します。そして、保証を与えたり助言を行います。

1
ホワイトハッカーとは

ホワイトハッカーの需要

🔹 日本はセキュリティ人材が不足している

IPA[39]が発表しているデータによれば、サイバー攻撃は年々進化しています。表1-05に示すのは2022年のサイバー攻撃のトップ10です[40]。標的が個人か組織かによって、攻撃手法は大きく異なります。

◉ 表1-05　2022年のサイバー攻撃のトップ10

順位	個人が標的の場合のサイバー攻撃	組織が標的の場合のサイバー攻撃
1位	フィッシングによる個人情報などの詐取	ランサムウェアによる被害
2位	ネット上の誹謗・中傷・デマ	標的型攻撃による機密情報の窃取
3位	メールやSMSなどを使った脅迫・詐欺の手口による金銭要求	サプライチェーンの弱点を悪用した攻撃
4位	クレジットカード情報の不正利用	テレワークなどのニューノーマルな働き方を狙った攻撃
5位	スマホ決済の不正利用	内部不正による情報漏えい
6位	偽警告によるインターネット詐欺	脆弱性対策情報の公開に伴う悪用増加
7位	不正アプリによるスマートフォン利用者への被害	修正プログラムの公開前を狙う攻撃(ゼロデイ攻撃)
8位	インターネット上のサービスからの個人情報の窃取	ビジネスメール詐欺による金銭被害
9位	インターネットバンキングの不正利用	予期せぬIT基盤の障害に伴う業務停止
10位	インターネット上のサービスへの不正ログイン	不注意による情報漏えいなどの被害

このようにサイバー攻撃の脅威は増していますが、日本においてセキュリティ人材の不足はより深刻化しています。2014年のサイバーセキュリティ基本法[41]が公布されて以来、日本国内ではセキュリティ人材の育成に取り組んでいますが、2016年におけるセキュリティ人材の不足数は13万人であり、2020年には19万人にまで拡大しています[42]。セキュリティ人材が充足していると答えた企業は全体の10%未満、まったくいないと答えた企業は約30%以上という調査結果があります[43]。

[39] : 情報処理推進機構のことです(https://www.ipa.go.jp/)。情報処理の促進に関する法律に基づき、IT社会推進のための技術や人材についての振興を行う、経済産業省所管の独立行政法人です。

[40] : 「情報セキュリティ10大脅威 2022」(https://www.ipa.go.jp/security/vuln/10threats2022.html)。過去の10大脅威も公開されていますので、余裕があれば調べてみることをおすすめします。攻撃にも流行があることがわかります。

[41] : サイバーセキュリティに関する施策を総合的かつ効率的に推進するため、基本理念や国の責務、サイバーセキュリティ戦略を始めとする施策の基本となる事項を規定したものです(https://elaws.e-gov.go.jp/document?lawid=426AC1000000104)。

[42] : 「我が国のサイバーセキュリティ人材の現状について(平成30年12月)」(https://www.soumu.go.jp/main_content/000591470.pdf)

[43] : 「IT人材白書2020」(調査年:2019年度)の「15情報セキュリティ専門技術者の確保状況/育成、獲得・確保方法」(https://www.ipa.go.jp/files/000085255.pdf)

　また、主要先進国は耐サイバー戦に備えてホワイトハッカーを含むセキュリティエンジニアの確保に努めていますが、日本は世界的に後れを取っており世界トップ10に含まれないといわれています。

🔷 セキュリティエンジニアの求人

　日本ではセキュリティ人材の需要が高まっています。より高度なスキルを持つホワイトハッカーであれば、職場や活動の場を自分で選べる立場でいられます。

◆ IT企業

　セキュリティ企業では当然ながら常にセキュリティ人材を募集しています。セキュリティ企業によって、要求するスキルは異なります。セキュリティ製品を開発しているところもあれば、アウトソーシングで請け負ったセキュリティ業務をこなすところもあります。脆弱性診断、データ復旧などを専門的に行う企業もあります。やりたい分野が決まっているのであれば、企業選びに注意してください。

　日本ではセキュリティ業務をアウトソースする企業が多い傾向にありますが、一般のIT企業でもセキュリティ人材の確保を急務としています。セキュリティ業務をアウトソースしても、その報告書や分析結果を読み取るためにはセキュリティの知識がなければなりません。また、直接セキュリティに関連しないソフトウェアを開発する場合でもセキュリティの観点で問題とならないように設計しなければなりません。他には社内システムにおける不正アクセスを監視する、不良社員による内部犯行を抑止するなど、やるべきことは多数あります。

◆ 警察庁

　現代社会では犯罪の手口が高度化・多様化します。特にサイバー犯罪、財務犯罪、薬物犯罪の捜査では高い専門性を要求されます。

　これらの犯罪捜査に対応するために、警察庁では特別捜査官の職員を募集しています。特別捜査官には財務捜査官、サイバー犯罪捜査官、科学捜査官、国際犯罪捜査官があります（表1-06）。

◉表1-06　特別捜査官の種類

種類	説明
財務捜査官	財務諸表の分析や経理帳簿の解読を手がけ、背任・脱税などの犯罪捜査にあたる
サイバー犯罪捜査官	科学捜査の最前線を担当する。専門分野が分かれており、関連する犯罪捜査を支援する。化学系であれば、薬物事案の違法行為や製造工程を解明する。IT系であれば、各種デジタル機器を解析(デジタルフォレンジック)したり、解析ソフトウェアを開発したりする
国際犯罪捜査官	国内外にまたがる事件を担当する。堪能な語学力を要求される

　参考としてサイバー犯罪捜査官の求人で要求されるスキルを紹介します。

　サイバー犯罪捜査官(警部補、4級職)の場合は「職務経験が5年以上」かつ「情報処理に関する高度な知識および技能を認定する国家試験またはこれに相当する資格を有すること」としています。ここでいう試験はIPAの上位資格(旧テクニカルエンジニア試験や新スペシャリスト試験以上)、技術士(情報工学部門)などが該当します。

　一方、サイバー犯罪捜査官(巡査部長、3級職)の場合は「職務経験が3年以上」かつ「情報処理に関する応用的知識及び技能を認定する国家試験等に合格」としています。ここでいう試験とはIPAの応用情報技術者試験などが該当します。

　以上の内容は一般からの募集でしたが、それとは別に警察庁内でもサイバー事件の捜査力の増強のために動いています。2022年に政府はサイバー犯罪対策の強化を目的とした警察法改正案を閣議決定し、警察庁内にサイバー警察局、関東管区警察局にはサイバー特別捜索隊を新設しました。

　サイバー警察局は庁内の職員で構成ており、情報収集やウイルスの解析といったサイバー事件の捜査支援のほか、人材育成を担当します。また、サイバー特別捜査隊はITに詳しい都道府県警察の出向警察官や、同庁の技術系職員で構成されます。

　インターネットには国境がなく、サイバー犯罪は今後も増えていくことは明らかです。つまり、サイバー犯罪捜査とデジタルフォレンジックの需要は高まりつつあります[44]。

---

[44]：民間組織であっても、これらのジャンルには大きなチャンスがあることを示唆しています。

◆ デジタル庁

　デジタル庁は2021年9月に発足したばかりの組織です。2021年11月の時点での主なミッションとして、国の情報システム、地方共通のデジタル基盤、マイナンバー制度、準公共、データ利活用を挙げています。直接セキュリティのキーワードは出ていませんが、政策の1つとしてサイバーセキュリティを掲げています。その内容は政府全体として、国民目線に立った利便性の向上の徹底とサイバーセキュリティの確保の両立の観点から、情報システムの設計・開発段階を含めたセキュリティの強化を図るといったものです。このことからも今後はセキュリティ人材を募集することを想像できます。

◆ 防衛省・自衛隊

　自衛隊のサイバー攻撃対処態勢として、陸上自衛隊にはシステム防護隊、海上自衛隊には保全監査隊、航空自衛隊にはシステム監査隊が存在しました。

　しかしながら、宇宙、サイバー、電磁場といった新たな領域の利用が急速に拡大したため、令和元年以降の防衛計画の大綱では、陸・海・空における対応を重視してきたこれまでの安全保障の在り方の根本的変更を掲げ、宇宙・サイバー・電磁場といった新たな領域における能力の強化を優先するとしました[45]。それに伴い、自衛隊指揮通信システム隊にサイバー防衛隊が加えられ、サイバー防衛能力の根本的強化と人員体制の拡充を目指しています。

　元々のサイバー関連部隊は監視・調査を担当し、技能レベル[46]はLv3でした。一方、新設されたサイバー防衛隊は調査・研究を担当し、技能レベルとしてLv4〜5を要求します。参考としてサイバー防衛隊の求人から技術力に関するものを抜き出すと、「職務経験が13年以上」かつ「IPAのITスキル標準がレベル3以上、またはこれに相当する民間資格を保有すること」となっています。

　こちらの方面の道を歩むのであれば、民間でも通用するスキルやキャリアを意識して仕事に従事してください。それと同時に、民間では扱わない特殊な装置や道具があれば積極的に触れておきましょう。自衛隊の職から離れたら一生触れる機会がないかもしれません。

---

[45]：「防衛省統合幕僚監部」(https://www.mod.go.jp/j/saiyou/ippan_senmon/shokai/pdf/gyoumu_setsumei
　　　_toubaku.pdf)

[46]：防衛省・自衛隊が必要とするサイバー人材を定義するため、省で定めたサイバーセキュリティのスキルレベルです。
　　　Lv1からLv7まであり、数値が高い方がより高度なスキルを要求します。現在の防衛省・自衛隊の任務を遂行する
　　　ためには、Lv1からLv5までの人材が必要です。

● IT技術者からセキュリティエンジニアへのキャリアパス

セキュリティ未経験[47]のプログラマーやインフラエンジニアがセキュリティエンジニアに転職したいというケースもあるでしょう。

特にプログラマーであれば開発経験をペネトレーションテストに活かせるため、ペネトレーションテスターを目指しやすいといえます。また、インフラエンジニアであればインフラ環境の運用や設計の経験がSOC業務に活かせます。開発やインフラにかかわった経験を活かすという前提で考えると、3年以上の職務経験が目安になってきます。

セキュリティ業務が未経験であったとしても、独学でセキュリティを学んでいることをアピールできれば転職できるチャンスはあります。たとえば「自宅にWebサーバーを構築して新しく発表される脆弱性を検証している」「勉強会やCTF[48]に参加して、○○のジャンルを得意としている」「○○と○○の本を読み、セキュリティの資格を取得した」など、具体的な話であればなおよいでしょう。

---

[47]：セキュリティに関する業務に直接かかわっていないという意味です。
[48]：セキュリティに関する問題を解くことで技術や知識を競う合う競技です。詳細は246ページを参照してください。

ホワイトハッカーについての誤解

📖 ホワイトハッカーは職業ではない

　ホワイトハッカーという言葉ばかり先行してしまい、多くの誤解があるように感じられます。ここではその誤解をいくつかピックアップしてみます。

　まずホワイトハッカーは職業ではないということです。ホワイトハッカーの主な役割はブラックハッカーが行うサイバー犯罪などに対応することです。たとえば、国や企業のWebサーバーに対して不正なアクセスがあった場合、ホワイトハッカーは調査や防御措置を実施します。また、普段はネットワークやエンドポイント[49]を監視・診断するなどして、あらゆる攻撃に対処できるよう情報セキュリティを高めます。ホワイトハッカーとはそういった役割を持つ者の呼称であり、職業ではありません。医者や弁護士は士業（高度な専門性を持つ資格職業）であり資格や免状を要しますが、ホワイトハッカーにはそういったものはありません。

　ところで、2021年調査による中高生の将来なりたい職業ランキングは表1-07〜表1-10のようになっています[50]。特に中高生男子の大半はIT関係が占めています。注目すべき点は将来なりたい職業として挙げた理由です。YouTuberなどの動画投稿者を挙げた学生は「憧れの人がいるから」「活動している人を見て自分もやりたいと思ったから」「楽しみながら収入を得られそうであるため」、IT技術者やプログラマーを挙げた学生は「自分の趣味であるため」「IT技術者の父親に憧れたから」と答えています。つまり、ホワイトハッカーという用語が世間に浸透し、若者たちが憧れるような存在になれば、将来なりたい職業としてホワイトハッカーが登場するという未来もありえるでしょう。そうなれば、ホワイトハッカーが職業として扱われ始めて、意味が変化していくかもしれません。

---

[49]：ネットワークにつながるデジタル機器の中で終端に位置するもののことです。
[50]：ソニー生命保険株式会社「中高生が思い抱く将来についての意識調査2021」(https://www.sonylife.co.jp/company/news/2021/nr_210729.html)

◉表1-07　中学生・男子のなりたい職業ランキング

順位	職業	割合
1位	YouTuberなどの動画投稿者	23.0%
2位	プロeスポーツプレイヤー[51]	17.0%
3位	社長などの会社経営者・実業家	15.0%
4位	IT技術者やプログラマー	13.0%
5位	ゲーム実況者	12.0%

◉表1-08　中学校・女子のなりたい職業ランキング

順位	職業	割合
1位	歌手・俳優・声優などの芸能人	17.0%
2位	YouTuberなどの動画投稿者	16.0%
3位	絵を描く職業	14.0%
3位	美容師	14.0%
5位	ボカロP[52]	11.0%
5位	デザイナー	11.0%

◉表1-09　高校生・男子のなりたい職業ランキング

順位	職業	割合
1位	YouTuberなどの動画投稿者	15.3%
2位	社長などの会社経営者・実業家	13.5%
3位	IT技術者やプログラマー	13.3%
4位	公務員	12.0%
5位	教師・教員	9.5%

◉表1-10　高校生・女子のなりたい職業ランキング

順位	職業	割合
1位	公務員	11.5%
1位	看護師	11.5%
3位	教師・教員	10.3%
3位	歌手・俳優・声優などの芸能人	10.3%
5位	保育士・幼稚園教諭	9.8%

ホワイトハッカーは自称するものではない

　ホワイトハッカーの条件については第2章で解説しますが、技術力・倫理・法律・素質の4条件が挙げられます。この4つの条件を満たしたとしてもホワイトハッカーを自称するものではなく[53]、周囲からハッカーとして認められて初めてホワイトハッカーになります。

[51]：ビデオゲームを使ったスポーツ競技のプロプレイヤーのことです。
[52]：音声合成ソフトで曲を制作し、動画投稿サイトに投稿する音楽家のことです。
[53]：ホワイトハッカーだけに限らず、ハッカーについても同様に自称するものではありません。

技術力に秀でていたとしてもいきなりホワイトハッカーとして名を馳せるわけではありません。セキュリティ専門家として活躍し、その延長線で偉業とされる成果物（ソフトウェア、技術書、論文など）があったり、対外的な活動などで社会やコミュニティに貢献したりします。周囲の多くの人たちにそうした活動を認められることで、ようやくホワイトハッカーと評価される資格を得られたことになります。

注意してほしいのは、資格を得られたとしても、必ずしもすぐに認められるとは限らないことです。偉大な業績を残せば、歴史的に後世で高く評価されることは間違いありません。しかし、コミュニティにおいて規律を守らなかったり他人が嫌がる行為をしたりすれば、生前中に認められにくくなります。よって、特に日本において生前中にホワイトハッカーとして認められたければ、「謙虚さを示す」「うぬぼれない」「間違いがあれば素直に認める」「知ったかぶりをしない」「人に敬意を払う」「評価を分け合う」「約束を守る」「責任感を持つ」などといったことを意識する必要があるでしょう。

⬛ ホワイトハッカーの年収はいろいろ

ホワイトハッカーの年収についての具体的な統計データはほとんどありません。推測になりますが、その理由として「ホワイトハッカーは職業ではないこと」「絶対数が限られていること」が挙げられます。

エンジニアの年収についてはさまざまなデータがあります。日本においてシステムエンジニアの平均年収は500万円〜650万円、セキュリティエンジニアの平均年収は500〜800万円といわれています[54][55][56]。

[54]：ここで示したのはデータの一部であり、当然ながらばらつきはあります。また、年齢・地域の差などがありますし、フリーランスか大手企業かどうかによっても変わってきます。データの分布によっては平均ではなく中央値のデータの方が実態に近いですので、詳細を知りたいのであれば統計データを参照してください。
[55]：厚生労働省「賃金構造基本統計調査 職種DB第1表（2019）」（https://www.e-stat.go.jp/dbview?sid=0003084610）。この資料によると、システムエンジニアの平均年収は569万円になります。
[56]：経済産業省が平成29年に公表した「IT関連産業の給与等に関する実態調査結果」によると、一般的なIT技術者に分類される「IT運用・管理（顧客向け情報システムの運用）」の平均年収は608万円、セキュリティエンジニアの平均年収は758万円です。

データサイエンス、AI・人工知能、IoT[57]、AR/VRといった先端的なIT業務に従事するエンジニア（先端IT従事者）は、そうでないエンジニア（先端IT非従事者）に比べて年収が高いこともわかっています[58][59]。先端IT非従事者の最も多い年収区分は500〜600万円ですが、先端IT技術者は1000〜1500万円となっています[60]。

また、大手のコンサルタント会社であれば年収1000万円超ということもあります。ホワイトハッカーはそれ以上の価値があるため、一般のセキュリティエンジニアよりは大幅に年収が大きいと想像できます。

一方、海外では倍以上の年収を期待できます。GAFAM[61]であれば新卒1年目で2000万超、4年目ぐらいで3000万円超といわれています。スキルと語学がある人は海外のIT企業を検討することをおすすめします。

次にフリーランスについて見ていきます。フリーランスのソフトウェア開発者であれば、年収1000万円超というケースもよくあります。セキュリティソフトウェアの開発であれば別ですが、フリーランスで脆弱性診断の仕事を取るというのはなかなか難しいといえます。依頼主から見ればフリーランスよりセキュリティ企業の方が圧倒的に信頼性が高く見えるためです。信頼のおけない相手に自社のシステムの脆弱性や秘密情報を明かしたいとは思いません。しかしまったくチャンスがないというわけではありません。近年はフリーランスのセキュリティエンジニア向けの案件も増えているといいます。「セキュリティ企業で実務経験を積んでから独立する」「セキュリティコミュニティで知名度を上げてからフリーランスになる」「法人化して地道に信頼性を高めていく」ということになります。

---

[57]： IoT（Internet of Things）を直訳すると「モノのインターネット」という意味になります。従来は情報・通信機器がコンピュータネットワークに接続されていましたが、近年はさまざまな物体（モノ）に通信機能を持たせてネットワークに接続するようになりました。たとえば、モノにセンサーやカメラを取り付ければモノの動きや状態がわかり、遠隔測定を実現できます。また、モノ同士でデータを共有させることで、人間やサーバーを介在せずに自動制御・自動認識を実現できます。2025年にはIoT機器の数が世界で416億台に達する見込みであると発表されています。

[58]： IPA「DX推進に向けた企業とIT人材の実態調査」（2020年）＞「Reスキル・人材流動の実態調査及び促進策検討」の調査結果（https://www.ipa.go.jp/files/000082053.pdf）

[59]： 経済産業省「我が国におけるIT人材の動向」（2021年）（https://www.meti.go.jp/shingikai/mono_info_service/digital_jinzai/pdf/001_s01_00.pdf）

[60]： 上記2つ（[58]と[59]）の資料には、先進的なIT領域のスキルアップに対して消極的であるという興味深いデータが載っています。具体的にいうと、先端IT技術者の月平均自己負担額は1万2780円であり、先端IT非技術者は3920円です。そして、先端IT技術者の勉強時間は平均週2.7時間であり、先端IT非技術者は1時間になります。

[61]： IT企業の5社であるGoogle（Alphabet）、Amazon、Meta（旧Facebook）、Apple、Microsoftのことです。「ガーファム」と呼びます。GAFAM（5社）の時価総額が日本の東証1部（2000社以上）の合計を上回っていると2020年に報告されました。このことからも影響力が強いことがわかります。

バグハンター[62]であれば時間や場所に左右されないため、フリーランスと相性がよいでしょう。スキルさえあれば十代の若者であってもなれます。海外ではホワイトハッカーのトップランカーに1億円以上の報酬が支払われているケースもあります。TechRepublicによると、Bugcrowd[63]における報奨金ランキングの上位50名の平均年報酬額は約1600万円（14万5000ドル）です[64] [65]。

　元々はセキュリティエンジニアからスタートし、セキュリティ会社の経営者となったというケースもあります。ベンチャー企業が上場すれば、大株主であるその経営者は大資産を築けるでしょう。ストックオプション制度[66]で上場前から自社株を保有していた社員も、その恩恵を得られます。

　他にはセキュリティイベントの運営や教育現場で活躍している人がいます。書籍の執筆、マスコミ出演などといった手段でセキュリティの情報を発信している人もいます。近年は日本でもセキュリティについてYouTubeで動画配信する人が増えており、活躍の場はどんどん広がっています。

　以上より、ホワイトハッカーであれば高収入と短絡的に考えるのではなく、スキルを活かしてこそ高収入を実現できるのです。

1
ホワイトハッカーとは

---

[62]：公開されているプログラムのバグや脆弱性を発見・報告するセキュリティ専門家のことです。詳細は290ページを参照してください。
[63]：https://bugcrowd.com/programs/
[64]：「15 skills you need to be a whitehat hacker and make up to $145K per year」（https://www.techrepublic.com/article/15-skills-you-need-to-be-a-whitehat-hacker-and-make-up-to-145k-per-year/）
[65]：バグハンターの活動が副業であったとしても、世界の上位ランカーでこの年収では夢がないと思う人もいるかもしれません。しかし、稼ぐことが主目的であれば、最初から別の仕事を選択すべきでしょう。
[66]：会社が決めた価格で自社株を購入できる権利のことです。

エシカルハッカーとは

◆ エシカルハッカーはホワイトハッカーとほぼ同義

エシカルハッカー(ethical hacker)とは高い倫理観と道徳心を持ったハッカーのことです。エシカルハッカーはIT資産を所有する者や組織から事前に承認を得た上で、実際に悪意のある攻撃者の戦略に基づいて攻撃します。その結果、攻撃者よりも先にセキュリティ上の問題点を発見でき、予防策や解決策を提案します。

エシカル(ethical)とは「倫理的」「道徳上」という意味の用語であり、「エシカル○○」といった場合には法的な縛りがなくても倫理的かつ道徳的な行動を行うことを指します。たとえばエシカルハッキング(ethical hacking)というと倫理的なハッキング行為を意味します。

エシカルハッカーとホワイトハッカーはほぼ同義であり、一般に日本ではホワイトハッカー、海外ではエシカルハッカーあるいはホワイトハットハッカーがよく使われています。本書では基本的にホワイトハッカーという用語を用いることにします。

◆ エシカルハッカーになるには

エシカルハッカーの条件としては、ハッカーでありながら倫理的かつ道義的でなければなりません。さらに、ホワイトハッカーと同様に原則として自称するものではなく、他人から評価されるものです。

エシカルハッカーになるために資格や学位は必要ありませんが、海外にはエシカルハッカーと銘打った教材が多数存在します。注目度を高めるために「エシカルハッカー」という用語を教材のタイトルや説明に使っているにすぎません。それらの教材をすべて学んだとしてもエシカルハッカーになれる保証はまったくありません。しかしながら、教材の中身がスキルアップのために役立つのであれば、目くじらを立てる必要はないでしょう。

　話を戻しますが、エシカルハッカーになりたいと思うのであれば、自分の選んだ分野の知識を深めることが最も大切です。その上でセキュリティコミュニティに貢献し、信頼を高めるように努めます。あなたの可能性を見出してくれる人が1人でもいてくれればよいのです。雇用者の立場でエシカルハッカーを強く求めることがありますが、その理由は専門知識と機密情報を任せられる人材だからです。言い換えれば、あなたがこの2つを証明できれば、エシカルハッキングの仕事を得るチャンスは十分にあるといえます。

🔲 エシカルハッカーに転身できるか

　過去の事例を見ると、サイバー犯罪者やブラックハッカーが罪を悔いて、エシカルハッカーに転身するということがありました[67]。攻撃手法を知っているだけでなく攻撃者の心理を理解しているためエシカルハッカーに向いているのです。そして、サイバー犯罪者たちのコミュニティを渡り歩く術も知っており、サイバー犯罪に立ち向かえるだけの経験があるわけです。

　その一方で、近年では情報セキュリティの人気が高まり、サイバー犯罪の経験がなくても、エシカルハッカーを目指そうとする人が増えてきています。ハッカー向けに提供されている認定や資格のほとんどは、過去に犯罪歴を持つ者に対して何らかの制限があります。

　たとえば、情報処理安全確保支援士[68]という国家資格では、欠格事由についての内容が盛り込まれています（第19条の一号に書いてある「第八条各号」）[69][70]。

第八条

次の各号のいずれかに該当する者は、情報処理安全確保支援士となることができない。

一　成年被後見人又は被保佐人

二　禁錮以上の刑に処せられ、その執行を終わり、又は執行を受けることがなくなった日から起算して二年を経過しない者

三　この法律の規定その他情報処理に関する法律の規定であって政令で定めるものにより、罰金の刑に処せられ、その執行を終わり、又は執行を受けることがなくなった日から起算して二年を経過しない者

---

[67]：エシカルハッカーに転身した元サイバー犯罪者を採用するかどうかは企業や組織によります。海外は日本に比べてそういった事例が多い傾向にあります。
[68]：情報処理安全確保支援士については第4章でも紹介しています。268ページを参照してください。
[69]：『国家資格「情報処理安全確保支援士」制度について』(https://www.ipa.go.jp/siensi/whatsriss/index.html)
[70]：「情報処理安全確保支援士の欠格事由」(https://www.ipa.go.jp/files/000055149.pdf)

二号は死刑・懲役・禁固に関係する内容です。死刑・懲役・禁固の刑が確定して2年経過しないと、支援士に登録できないということです。そして、支援士登録済みの状態で死刑・懲役・禁固の刑に処されれば支援士を取り消されてしまいます。たとえ執行猶予がついても禁固以上であれば取り消されます。

三号は罰金刑に関する内容です。「この法律の規定その他情報処理に関する法律の規定であって政令で定めるものにより」という箇所が重要であり、ITに関する法令に違反して罰金刑を受けた人は支援士を取り消されるということです。

CHAPTER
02
ホワイトハッカーに
必要なもの

▶▶ 本章の概要

　前章ではセキュリティ業界に多大なる貢献をし、周囲から評価されて初めてホワイトハッカーになるという話をしました。セキュリティ業界に貢献するに至るまでには努力や時間だけでなく、特定の能力や素質を必要とします。

　本章ではホワイトハッカーにとって必須とされる4条件について焦点を当てます。ホワイトハッカーを目指すにあたり、具体的に何を伸ばすべきかを把握できるでしょう。

ホワイトハッカーに
年齢・性別・学歴は関係ない

🔹 年齢は関係ない

若者は学校生活という縛りがありますが、生活基盤が補償されていれば若いほどスキルアップの点では有利になります。若い人ほど一般に学習効果が高いためです。逆に年齢が高くてもお金に余裕があり仕事や家族が円満であれば、スキルアップやセキュリティの研究に時間を費やせます。

日本での事例は少なめですが、中国では優秀な中学生・高校生が企業からの依頼で仕事をしているといいます。

🔹 資格は不要

資格を保有しておけば、相応のスキルを持つことの証明になり、資格や学歴で評価する人物に対しては有利に交渉できます。セキュリティ関係の資格はたくさん存在し、第5章でもその一部を紹介しています。

資格は基礎的かつ体系的な知識を得るにはよい手段といえますが、セキュリティ業界は進歩が早いため、仕事の内外で常に学び続けていないと後れを取ってしまいます。つまり、資格を持っていることが最新事情に通じていることの証明には必ずしもなりません。まして資格を保有していてもホワイトハッカーを名乗れるわけではありません。

たくさんの資格を取得しているセキュリティエンジニアもいますが、更新しないというケースもよく聞きます。それでも業務に支障がないということは、資格を取得するための勉強に最も意味があったことを示唆しています。

🔹 どこでもできる

1台のPCがあれば、ハッキングの実験やプログラミングができます。環境がないから勉強できないという言い訳は通用しません。ノートPCであれば、場所を問いません[1]。日本中を旅しながらでもスキルアップはできるのです。

バグハンターとして活動するのであれば、国や年齢の縛りさえありません。十代の若者でもセキュリティの分野で活躍できるチャンスがあるのです。

---

[1]：実機を使った実験は別です。広い自室や自宅、物を置くスペースを確保できる研究室や会社があれば、そうでない人と比べて実験しやすい環境にいることを意味します。

学位は不要だが役に立つ

　世の中には資格や学位を持っていないホワイトハッカーはいますし、同様にセキュリティエンジニアもたくさんいます。しかし、就職・転職時に希望する企業によっては、人事を通過するのに役立つことがあります。また、研究者や大学教授としてアカデミアで活躍したいのであれば、学位を必要とします。

　あなたがすでに二十歳以上の有職者であれば、大学の学位を取ることより仕事での実績を積む方がはるかに重要です。仕事に少し余裕が出て、そのときにどうしても学位を取りたいと思うのであれば、会社に勤めながら社会人学生として大学や大学院に入学すればよいでしょう[2] [3]。

　一方、コンピュータを専攻すると決めている十代であれば、高専や大学に進学するのが現実的な選択肢といえます。大学であれば、情報系の学部あるいは数学科が候補に挙げられます。大学に通う4年間は長いように思うかもしれませんが、遊ぶにしろ勉学に励むにしろ実際に過ごすとあっという間にすぎ去ります。無駄に消費して後で後悔しないようにしてください。まとまった時間を確保できる大学生活では、コンピュータサイエンスと数学に重点を置いて基礎固めすることをおすすめします。会社に勤め始めると仕事に追われて学術書をじっくりと読む時間がなかなか取りにくくなるからです。

　学問に対して興味を抱き、より探求したければ、大学院に進学して学問に打ち込むことを検討してください。コンピュータサイエンス、情報セキュリティ、数学に関する修士号・博士号を取得すれば、強固なる基盤を築けることは間違いありません。

特殊な職歴は有利に働くことがある

　就職・転職の場面において、一部の会社は（面接以前の）履歴書の段階で、特定の資格や実務経験を持っているかどうかを採用の判断材料に使っています。特に日本の大企業、非セキュリティ会社、公的機関にその傾向が強く現れます。

---

[2]：私が通っていた学校では何人かの社会人学生がいました。夜間講義があり、社会人学生に理解のある学校を選択すれば、会社に勤めながらでも通学しやすいでしょう。
[3]：キャリアチェンジのために基礎学問を集中して学び直したいのであれば、大学3年次編入という選択肢もあります。大学1年からの入学では一般教養や語学の必修科目の単位取得に追われますし、大学院では研究に追われて基礎を学ぶ時間が限られます。

対してセキュリティ会社であれば、セキュリティについて理解のある人物[4]による面接が行われるため、過去に所属した企業は参考程度に見られ、職務経験や実力および専門的な成果[5]を評価する傾向にあります。

海外のケースになりますが、軍人、特別捜査官、諜報機関の職歴があれば、採用担当者の目に留まりやすくなります。

🐟 活動の場はたくさんある

セキュリティエンジニアの全員がセキュリティ企業に勤めているわけではありません。どのIT企業であっても大なり小なりセキュリティに配慮しなければなりません。つまり、大半のIT企業にはセキュリティエンジニア、あるいはセキュリティの担当者が存在します。

学校(大学・大学院)、研究所といったアカデミアで活動するセキュリティ専門家もいます。フリーランスで活躍している人もいれば、法人化してセキュリティ事業を拡大している人もいます。本業とは別に副業や趣味としてセキュリティを楽しむ愛好家も存在します。

📦 まとめ

結論としてはホワイトハッカーを目指すにあたり、年齢・性別・学歴などの縛りはないということです。セキュリティに興味があれば、今の仕事や境遇に関係なくひたすらセキュリティのスキルアップに打ち込めばよいのです。

しかしながら、勘違いしてはいけません。資格や学位はホワイトハッカーになるために持っていてはいけないということではなく、持っていても直接関係しないというだけにすぎません。ホワイトハッカーであっても人として実生活を営むわけであり、資格や学位を完全に否定するのではなく、世渡りに便利であれば多いに活用してしまえばよいのです。結果的に、時間やお金を確保できれば、セキュリティに時間や情熱をより費やせます。

逆に専門的な成果物は絶対的に必要です。ホワイトハッカーの成果物として、著作物、ソフトウェアやサービス、オープンソースプロジェクト、セキュリティコミュニティの貢献などが挙げられます。アカデミアで活躍しているセキュリティ専門家であれば、論文などの研究成果も重要な成果物です。

---

[4]: セキュリティ会社であれば技術者はもちろん、人事部や経営陣もセキュリティに理解があるはずです。
[5]: たとえば、GitHubは成果の一種であり、ソフトウェア開発者の履歴書の1つとして評価されます。

ホワイトハッカーの4条件

ホワイトハッカーになるための条件

　ホワイトハッカーは自称するものではありません。次の表2-01に示す4つの条件を最低条件として備え、その上で周囲の専門家たちから評価されることでホワイトハッカーという立場を得られます。

●表2-01　ホワイトハッカーの4条件

条件	内容
①技術力	セキュリティの専門分野に関して卓越した技術力を要する
②倫理	ホワイトハッカーはセキュリティの分野を専門とするため、どうしても攻撃手法を習得することになる。その知識やスキルを悪事に転用してはならない
③法律	法律に則り、実践力を身に付けたり、セキュリティに関する依頼を遂行したりしなければならない。そのためには国内外のサイバー犯罪に関する法律を熟知しておく必要がある
④素質	好奇心、情熱、発想力、洞察力、柔軟性、判断力、問題解決能力、論理的思考力、継続力を要する

　4つの条件の中で最も重要なのは条件①です。これがなければ話が始まりません。そして、条件④がなければ、いくらスキルがあっても大成できません。つまり、条件①と④を満たすことでハッカーの最低条件を満たしたことになります。

　セキュリティに精通したハッカーが、残りの条件②と③を満たすことで、ホワイトハッカーの最低条件を満たしたことになります。

　以降では4つの条件を1つずつ順を追って解説していきます。

SECTION-11
ホワイトハッカーの条件①
——技術力

🔹 抜きん出た技術力

ホワイトハッカーはセキュリティ専門家の中でも群を抜く知識とスキルを要求されます。幅広いだけでなく、深い知識を身に付けていなければなりません。

近年はサイバー犯罪が高度化しており、複数の技術を組み合わせた攻撃が報告されています。そのため、ホワイトハッカーは特定の専門スキルだけでなく、その他の技術についての技術力を要求される場面が多くなっています。

昔はコンピュータネットワーク（以降、ネットワークと略す）といえば有線が主流でしたが、現在は無線が当たり前のように使われています。有線と無線は両方ともネットワーク技術に属しますが、まったく異なる技術が使われています。つまり、現代では有線と無線が混在しているため、それぞれの技術の違いを理解した上でセキュリティを講じなければなりません。

以上のように、要求されるスキルが多様化すると同時に活躍できる場面が広がっています。

🔹 必須となるIT技術

セキュリティを専攻するにあたりセキュリティ技術に注力することはよいことです。しかし、総合的な技術があれば、長期的な視点で優秀なセキュリティエンジニアになりやすく、結果的にホワイトハッカーへの近道になります。

そして、デジタルの世界にはリアルの世界と同様に一定の法則や本質的な物事があります。流行に左右されず、10年後、20年後にも通用するような基礎学問がそれに相当します。こうした技術や知識は一生ものの財産になるので、意識的に吸収してください。

ここではホワイトハッカーに必須となるIT技術をジャンル別に紹介します。

◆ ネットワークスキル

　コンピュータの世界におけるネットワークとは、複数のコンピュータ機器がデータを送受信するために複数の経路で接続されたものです。その経路は有線のこともあれば無線のこともあります。攻撃の大半は遠隔から行われます。

　ネットワークの仕組みを知ることで、防衛と検知という観点で防衛策を講じられます。

　したがって、ハッカーになるために最も重要なスキルの1つとしてネットワークのスキルが挙げられます。たとえば、TCP/IP、IPアドレス、MACアドレス、IPv4、IPv6、サブネット、DHCP、NAT、ルータ、VLAN、クラウド、OSIモデル、ARP、HTTP、DNS、無線LANなどは、いずれもコンピュータを扱う上で重要なネットワーク用語です。用語の意味を即答できなければ、今すぐにネットワークの本を読んでください。最終的に、本の巻末にある索引に載っている全用語を即答できることを目指します。

◆ コンピュータスキル

　コンピュータを使いこなすための知識や能力のことです。生活の大半をコンピュータに費やすことになるため、一般的な操作がおぼつかなければ作業効率が悪くなってしまいます。必要とされるコンピュータスキルはたくさんありますが、代表的なものをピックアップしてレベル別に分けると表2-02のようになります[6]。

●表2-02　レベル別のコンピュータスキル

レベル	コンピュータスキルの具体例
レベル1	ファイルの圧縮・解凍、ソフトウェアのインストール、インターネットの活用、ショートカット、タッチタイピングなど
レベル2	PC環境のカスタマイズ、代表的な基本ソフトウェア（MS Office、Adobe、各種ブラウザなど）の操作や設定変更など
レベル3	プログラミング環境や仮想環境の構築、コマンドラインによる操作など
レベル4	自動バックアップ、日常業務の自動化・効率化など

　これらの知識はハッカー以前の必須スキルであり、ハッカーを目指さなくてもPCを将来的に使っていくのであれば身に付けておくべきものです。

---

[6]：ここでのレベルはコンピュータスキル内での話であることに注意してください。レベル4のコンピュータスキルを持っていたとしてもPC上級者ではありません。

◆Linuxスキル

　Linuxとは狭義にはLinuxカーネルを指し、広義にはLinuxディストリビューションを指します。

　カーネルとはOSの中核的なプログラムであり、メモリ管理、プロセス管理、スケジューリングと割り込み、デバイス管理、システムコールとセキュリティといった役割を担っています。リーナス・トーバルズ（Linus Torvalds）氏が開発したのがLinuxカーネルです。

　カーネルだけあっても、そのままではユーザーがすぐに使えません。カーネルだけではコマンドを実行できず、起動さえできません。

　OSとして機能するように必要なプログラム群（シェル[7]、ライブラリ、コンパイラ、テキストエディタ、ブートローダーなど）をまとめた形でパッケージが配布されています。これをLinuxディストリビューションといいます。本書でLinuxといった場合はLinuxディストリビューションを意味するものとします。

　世界中にはLinuxを採用したマシンがたくさんあり、特にサーバー用途で使われています。そのためLinuxを標的にした攻撃も多種多様存在し、防衛側としてはLinuxを熟知していなければなりません。また、プログラミング環境やセキュリティツールを揃えやすく、日常使いのOSとしてLinuxを愛用しているハッカーもたくさんいます。

◆プログラミング

　ハッカーになるために最も重要なスキルの1つです。コンピュータの世界におけるプログラムとは、さまざまな命令を実行するためにコンピュータが理解できるコードのことです。そのプログラムを作る行為をプログラミングといいます。

　画面に「Hello, world!」を表示するだけの単純なプログラムもあれば、何千・何万行で構成された特定の企業で使われる業務アプリケーションもプログラムです[8]。誰でも知っているWordやExcelといったソフトウェアもMicrosoft社が開発したプログラムであり、それを動かす基盤であるOS（Windows、macOS、Linuxなど）もプログラムそのものです。つまり、コンピュータに処理をさせるためにはプログラムを作るか、誰かが作ったプログラムを利用するしかないのです。

[7]：OSと対話するためのインターフェイスを提供するプログラムのことです。ユーザーがコマンドを入力すると、シェルはOSのカーネルとやり取りして、カーネルのプログラムを呼び出します。
[8]：ソフトウェアはプログラムの集合体であり、ワープロソフトなど特定の作業を目的としたアプリケーションと、OSに分類されます。いずれにしても、すべてプログラムの集合体になります。

　コンピュータと仲よくなりたければ、プログラミングの知識が必要不可欠です。プログラミングができれば、オリジナルのソフトウェアを開発できます。また、誰かが作った優れたソフトウェアを改良できます。セキュリティの観点からいえば、ソフトウェアのプログラムを読むことで、バグや脆弱性を発見できます。

◆ ハードウェアの知識

　コンピュータはCPU、モニター、マウス、キーボード、データ記憶装置、マザーボードといった部品から物理的に構成されています。ソフトウェアに対して、こうした物理的なものをハードウェアといいます。ハードウェアの知識があれば、PCを自分で作ったり、故障があっても直したりできます。

　セキュリティの観点からいえば、ソフトウェアのセキュリティが堅牢であっても、ハードウェアのセキュリティが甘い状況が多々あります。昔は電話を専門としたハッキングの分野[9]があり、電子回路の知識が必須でした。近年ではネットワーク機器、IoT機器、スマホ、小型コンピュータ[10]、センサー機器、ロボットといった多種多様なデジタル機器がネットワークに接続されています。

　ハードウェアの知識を学ぶのであれば、電子工学、ロボット工学、メカトロニクスといった理工学書を参考にするとよいでしょう。

◆ リバースエンジニアリング

　製品の動作やコードを解析して、その製品の仕組みを知ることです。昔からあった技術ですが、年々その重要性を増しています。昔のアンダーグラウンドの世界ではプロテクト機能の突破に悪用されたこともありました。たとえば、コピー防止機能の解除、無料利用制限の解除、機能制限版のフル機能化などが該当します。現在はマルウェアが流行しており、マルウェアの解析でリバースエンジニアリングが活躍しています。また、ソフトウェアのバグや脆弱性を調査する目的でリバースエンジニアリングすることがあります。

　リバースエンジニアリングの書籍が登場するたびにセキュリティ界で話題になるため、セキュリティエンジニアにとって関心のある分野に間違いありません。

---

[9]：電話に精通するハッカーをフリーカー（phreaker）と呼びます。
[10]：近年ではRaspberry Pi、Arduino、micro:bitなどの手のひらサイズのコンピュータが人気です。

2

ホワイトハッカーに必要なもの

◆ デジタルフォレンジック

　コンピュータやITインフラに残されたデジタルの犯罪データや証拠を収集する技術のことです。収集した情報は、犯人の特定、事件の立証に役立ちます。たびたびフォレンジックと略されます。

　デジタルフォレンジックは解析対象によって分類されます。ネットワークであればネットワークフォレンジック、モバイル端末であればモバイルフォレンジック、コンピュータそのものやデジタルデータの記憶媒体であればコンピュータフォレンジックと呼びます。

　警察庁は科学捜査官を募集していますが、業務内容にデジタルフォレンジックが含まれています。押収した容疑者のPC、スマホ、記憶媒体などから証拠を見つけ出すためです。

　デジタルフォレンジックは政府機関や警察機関といった特別な組織だけのものではなく、民間企業でもサービスとして提供します。セキュリティ会社が不正調査のために消去データを復元しようと試みることがあります。データ復旧業者は故障したコンピュータからデータを救出しますが、これもデジタルフォレンジックの応用といえます。

◆ 暗号技術の知識

　暗号化とは平文(読める形式のメッセージ)を暗号文(第三者にとって内容を理解できないメッセージ)に変換する技術です。暗号化を使うことで通信を盗聴されたとしてもメッセージの内容が漏洩しません。

　暗号技術には暗号化の他にデジタル署名[11]、ハッシュ関数[12]、メッセージ認証コード[13]などがあります。インターネットではさまざまな暗号技術が使われており、さまざまなサービスを実現しています。インターネットでのセキュリティを語る上で暗号技術を避けては通れません。

◆ データベーススキル

　データベースはデータを集めて使いやすい形に整理した情報の塊です。データベースであれば情報の検索や蓄積が容易になります。Webサービスの多くはデータベースとつながっており、そこで多くの重要な情報(個人情報、機密情報など)を管理しています。データベースには攻撃者にとってのお宝が眠っているわけです。攻撃者がデータベースを攻略しようとすることは自然な発想であり、防衛側はデータベースのセキュリティが重要なテーマとなります。

---

[11]：契約書のサインのデジタル版の技術です。ユーザー認証とデータ認証を実現します。
[12]：あたかもランダムであるような値を出力する特殊な関数です。データの改ざんの検証に応用できます。
[13]：送られてきたデータが改ざんされていないことを検証できる技術の一種です。

◆ コンピュータサイエンス

　コンピュータサイエンスは理学・工学・数学の3分野にまたがる学問領域です。コンピュータサイエンスの中にはさまざまな専門分野があります。たとえば、科学技術計算、人工知能、計算言語学や自然言語処理、コンピュータグラフィックス（CG）、コンピュータシステム、ソフトウェア工学、プログラミング理論（言語がどうあるべきかなど）、アルゴリズム理論、離散数学、ネットワーク科学などです。

　コンピュータサイエンスの学問がコンピュータやインターネットの技術を支えています。つまり、コンピュータやインターネットの知識を深掘りしていけば、コンピュータサイエンスの知識を要するときが必ず来ます。

◆ ハッキングスキル

　ホワイトハッカーはブラックハッカーに対抗するために、攻撃手法について同等あるいはそれ以上に精通していなければなりません。攻撃手法を知らなければ適切な防衛手段を講じられないためです。

　たとえば、サーバー侵入、Webセキュリティ、ウイルスやマルウェアの解析、標的型攻撃、モバイル機器の解析、ネットワーク盗聴、パスワード解析、DoS攻撃[14]、ソーシャルエンジニアリングなどが挙げられます。

　ハッキングスキルを学ぶ方法はたくさんあります。ハッキング関連本は人気で、国内外で多数出版されています。ハッキングの動画コンテンツも今はすぐに見つけられます。さらに、CTFや脆弱性報奨金制度[15]など、合法的にハッキングを試せる場が増えてきています。

◆ その他のセキュリティスキル

　ホワイトハッカーは脆弱性を見つけ出し、その対策を検討します。そのためには、セキュリティに関する専門知識が必要です。インシデントを検知したら、攻撃者や攻撃手法を調査します。システムやネットワークのログを確認し証拠を集めます。攻撃者の活動の詳細なタイムラインを作成します。セキュリティ対応チームとビジネスチームの間でインシデント対応を調整します。そして、今後同様の活動をどう防ぐのかを説明するレポートを作成します。

[14]：DoS攻撃（Denial of Service attack）とは標的の端末のサービスを停止させるサイバー攻撃の総称です。サーバーやアプリケーションの脆弱性を突いたり、大量のデータを送りつけたりして攻撃を実現します。
[15]：プログラムのバグや脆弱性を発見・報告すると、報奨金が出る制度のことです。詳細は291ページを参照してください。

◆ 物理的セキュリティ

　施錠されたドアや入室管理システムを突破されてしまうと、守っているコンピュータに直接触れられてしまいます。ネットワーク越しでなく直接コンピュータを操作すると、あらゆるセキュリティを簡単に回避できるのです。PCケースを開けて記憶媒体を奪ったり、USBから不正なデータを入力したりできます。

　攻撃者は物理侵入、鍵開け、盗聴・盗撮、追跡[16]、トラッシング（ゴミ漁り）などを駆使して、攻撃を実現しようとします。つまり、防衛側の立場で考えると、ネットワークセキュリティだけでなく、物理的セキュリティについての可能性も考慮しなければなりません。

◆ ハッキングツールやセキュリティソフトウェアの知識

　ハッキングやセキュリティに関する、優れたソフトウェアはたくさん存在します。それらを使いこなすことで効率的かつ効果的に目的を達成できます。代表的なツールとして、Nmap[17]、Wireshark[18]などが挙げられます。こうしたツールの多くは、攻撃と防衛の両面において有益です。

　ほとんどのハッカーは自分がよく使うツールのセットを持っています。場合によっては、特殊なツールを使いこなしたり、オリジナルのツールを独自に作ったりすることもあります。

---

[16]：デジタルデバイスを用いた尾行・張り込みを含みます。
[17]：コマンドで操作する、高機能なポートスキャナーの一種です（https://nmap.org/）。標的の端末が提供しているポートを調べる際に用いられます（この行為をポートスキャンという）。フリーで使用でき、さまざまなOSで動作します。世界で最も広く普及しているポートスキャナーといえます。
[18]：パケットキャプチャーの一種です（https://www.wireshark.org/）。ネットワーク上を流れるデータをリアルタイムに取得して調査できます。フリーで使用でき、日本語にも対応しています。

2
ホワイトハッカーに必要なもの

ホワイトハッカーの条件②
――倫理

📦 自らを律する倫理

　セキュリティエンジニアは機密情報や個人情報にアクセスできるため、情報を売るといった犯罪の誘惑に駆られることがあります。人が簡単に悪に染まりやすいことは経験的に知っていることでしょう。高度な技術力を持つハッカーたちもその例外ではありません。ホワイトハッカーとしての条件を満たすにもかかわらず、誘惑に負けてブラックハッカーに成り下がった例もあります。そうしたことから、ホワイトハッカーには強い正義感と高いモラルが求められます。そして、悪の道に進まないための自己制御力がなければなりません。

　ほとんどのブラックハッカーは最初から悪だったわけではありません。最初は「社会をよくしたい」「自国をよくしたい」と考えていたかもしれません。しかし、日常生活において周囲の人や政府に幻滅したり、不遇な境遇によって考えが歪んだりします。他にも、悪の道に進んでしまうきっかけはいろいろあります。経済的な問題、劣等感、家庭内のストレス、周囲から評価されない状況など、現状の不満が蓄積していくと悪に染まりやすくなります。場合によっては、犯罪者コミュニティから金銭的な誘惑を受けたり、弱みに付け込まれて脅されたりすることもあります。直接的に犯罪者コミュニティに属していなくても、知り合いとして接したり、グレーな行動を取っていたりするうちに犯罪に対する抵抗感が薄れていきます。

　心理学的に「疑問を持たない」「主張・意見を持たない」「言われた仕事を淡々とするだけ」「流れに身を任せる」といったタイプの人は、悪いことをしたという自覚なしに上司の指示によって悪事を働く傾向があるということが知られています。

　悪の道に入ることを防ぐには「精神的によい影響を与える環境に身を置くこと」「思考し続けること」「軸となる倫理観や人間性を身に付けること」が効果的です。自分は大丈夫だと思っていても、悪に染まってしまう恐れがあることを常に意識し続けてください。

ホワイトハッカーを目指す過程で成果物を発表していくと、それらのいくつかは周囲から称賛されることでしょう。その結果、セキュリティコミュニティに認知され、社会に露出する機会が増えてきます。有名になればなるほど、さまざまな仕事や依頼といったチャンスが舞い込んできます。これは喜ぶべきことかもしれませんがデメリットもあります。特にグレーハットとして活動したり、攻撃手法を公開するようなウェブサイトを運営していたりすると、反社会的な依頼が舞い込んでくることがあります。こうしたちょっとした手伝いや案件を入り口にして、どんどんと反社会的組織との接点が増えて深みにはまる事例をよく聞きます。

ホワイトハッカーを目指すのであれば、こういったメールが来ても相手にせずに淡々とスキルアップに励み、刺激し合える人たちと交流してください。

ところでホワイトハッカーへの道を邁進する姿は他の人からみると人生を謳歌しているように見えます。すると、そうした人に対して妬みを持つ人が少なからず出てきます。彼らは自分だけが不遇であったり窮屈であったりすることがどうしても許せないのです。露骨に批判するわけでなく、道徳といった理由を用いてあなたを引きずり降ろそうとしてきます。相反する相手の主義や思想を変えようと説得しようとしても切りがなく、貴重な人生を無駄に消費してしまいます。世界には70億人以上いて、違った考えの人間は必ず存在し、否定する人の存在は避けられません。最も無難な対応策はスルーすることです。そして、自分がそうならないように反面教師にしてしまうのです。

COLUMN
犯罪色の強い依頼が届いたらどうするか

　私はもともとアンダーグラウンドサイトを運営しており、加えて「ハッカー」という用語の付くタイトルの本を数多く執筆していたという事情から、反社会的な依頼メールがたびたび届きます。最近ではSNSのメッセージ機能でコンタクトしてくるケースが増えています。もしこうした依頼が来ても、基本的に返答する必要はありません。

　次の内容は私の下に実際に届いたメールの内容です。

- 「ある人物を特定したいので、○○万円でやってくれませんか」
- 「集団ストーカーから携帯電話が盗聴されて困っています。○○万円で助けてくれませんか」
- 「裏ROMの開発を手伝ってください」
- 「彼女が浮気しているか気になります。スマホで遠隔操作したり、LINEの内容を盗み見たりする方法を教えてください」
- 「匿名性が高いサーバーを構築したいので手伝ってください」
- 「開けられない金庫があります。○○万円で開けてください」

　こうした依頼のほとんどは依頼額が数十万円と小さい傾向にあります。逆に依頼額が大きければ、本気度が高くより危険といえるので、絶対にかかわらないようにしてください。

　一見すると犯罪と無関係そうなサーバー構築の依頼であっても、違法サイト、著作権侵害サイト、アダルトサイト、フィッシングサイトに悪用される恐れがあります。児童ポルノがコンテンツである可能性さえあり、想像以上に危険です。

2

ホワイトハッカーに必要なもの

ホワイトハッカーの条件③
——法律

🟦 サイバー犯罪に関する法律の知識

サイバー攻撃からシステムを守るためには攻撃の手口やその守り方を理解する必要があり、そういった知識を習得するには実践するのが一番です。ホワイトハッカーであれば、法令に遵守した上で他人に迷惑をかけないように安全な環境を構築して、実践を学ぶ必要があります。許可なく決して他人のシステムを攻撃して実践力を身に付けようとしてはいけません。

近年のサイバー攻撃は多種多様になっており、コンピュータに対する侵入や遠隔操作、データに対する改ざんや破壊活動だけではありません。人間の心理を突いた詐欺的行為、スパイ活動、業務妨害、サーバールームへの侵入、デジタル機器の盗難や器物損壊もあります。こうした攻撃に対抗するには技術的な手法に加えて、法律的観点によって防衛することが有効です。

以上より、コンピュータやインターネットに関係する法律について理解し、関連するサイバー事件について知っておくことは、ホワイトハッカーとして活動する上で必須事項となります。法律を味方にすれば、結果的にあなたの身を守ること、そして家族や知人の身を守ることにもつながります。

情報セキュリティ関連の法律・ガイドラインとして、次の法律が挙げられます[19]。

- サイバーセキュリティ基本法
- 不正アクセス行為の禁止等に関する法律（通称、不正アクセス禁止法）
- 不正指令電磁的記録取等に関する法律（通称、ウイルス作成罪）
- 電子署名及び認証業務に関する法律
- 電気通信事業法
- 電波法
- 有線電気通信法
- 特定電子メールの送信の適正化等に関する法律
- 著作権法
- その他の法律（電子計算機使用詐欺、電子計算損壊等業務妨害、名誉棄損、わいせつ物頒布など）

---

[19]：総務省「情報セキュリティ関連の法律・ガイドライン」(https://www.soumu.go.jp/main_sosiki/joho_tsusin/security/basic/legal/index.html)

🔷 日本で起きた代表的なサイバー事件

法律を学ぶ過程で、実際のサイバー事件の歴史について知ることはとても参考になります。次に示す事件は、過去の日本で起きた代表的なサイバー事件です。

◆ Winny事件

Winny事件はファイル共有ソフトのWinnyの開発者が著作権侵害行為幇助の疑いで逮捕・起訴された事件です。最高裁判決により無罪になりました。Winnyの利用者だけでなく、開発者が逮捕・起訴されたことで多くの注目を浴びた事件です。

◆ 岡崎市立中央図書館事件

岡崎市立中央図書館事件（通称、Librahack事件）は岡崎市立中央図書館に大量アクセスをしたとして、クローラープログラムの開発者が逮捕された事件です。開発者が作成したプログラムは一般的な範囲内でのアクセスであり、図書館のシステム側の不具合が原因だったことがわかっています。

◆ Wizard Bible事件

Wizard Bible事件は読者投稿型のWebマガジン「Wizard Bible」にコンピュータウイルスのプログラムが公開されているとしてサイト運営者が家宅捜索された事件です。略式命令により罰金50万円の有罪が確定しました。問題とされた読者投稿のプログラムは単純なネットワークプログラムだったのではないかと指摘する専門家も多数いました。

◆ Coinhive事件

Coinhive事件は仮想通貨のマイニングツールCoinhiveをWebサイトに無断で設置していたとして警察から21人が検挙された事件です。うち1人が裁判で争い、2022年1月に最高裁判所で無罪が確定しました。

◆ アラートループ事件

アラートループ事件はブラウザを不正操作するリンクを掲示板に投稿したとして警察から5人が摘発を受けた事件です。うち2人は不起訴処分となりました。実際のところ、リンク先のプログラムはJavaScriptのアラート機能を利用したジョークプログラムであり、セキュリティ関係者やIT技術者を中心に警察の捜査に疑問の声が湧き起こりました。

　ここで挙げた事件は、事件の顛末や結末が物議を醸し出した事件ばかりです。事件の当事者は悪意がなかったわけですが、警察・検察側は法律に反していると判断し検挙したわけです。

　ホワイトハッカーはセキュリティ界隈で活動しており、他のIT技術者と比較して業務内容からすると逮捕されるリスクが大きくなります。よって法律の正しい知識を身に付けることで、自身を守る必要があるのです。また、ホワイトハッカーは世界を相手に活動するため、海外のサイバー関連法についても把握しておくことが好ましいといえます。

　サイバー犯罪関連法の問題点について警鐘を鳴らすため、2021年に『Wizard Bible事件から考えるサイバーセキュリティ』[20]の執筆プロジェクトのクラウドファンディングを立ち上げました。反響が大きく2日間で目標の600人に到達し、プロジェクトがスピード成立して、2021年12月には書籍を一般販売しました。この本ではサイバー犯罪関連法とその問題点について明らかにしています。実践的な予防策や自衛策についても解説しているので、興味があればぜひ手に取ってみてください（図2-01）。

◉図2-01　『Wizard Bible事件から考えるサイバーセキュリティ』

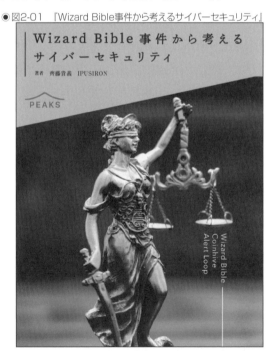

[20]：『Wizard Bible事件から考えるサイバーセキュリティ』（PEAKS刊）（https://book.wizardbible.org/）

ホワイトハッカーの条件④
——素質

📖 ホワイトハッカーに必要な素質

　最後はホワイトハッカーにとって必要な素質を紹介します。ホワイトハッカーとして認められるには、何らかの偉業を成し遂げる必要があります。技術力はその偉業を解決する術であり、偉業に至るプロセスでは素質の有無が大きく影響します。

　たとえば、研究テーマとすべき課題は至るところにあります。それに気付くか、気付いたときに追求するか、そして結果が出るまで追求し続けられるか、各プロセスで関係する素質は異なります。好奇心がなければ気付くきっかけさえ生まれず、情熱がなければ追求できず、柔軟性・洞察力・問題解決能力がなければ改善策を見い出せず、継続力がなければ最後までやり遂げられません。ホワイトハッカーに必要とされる素質は次のようにたくさんあります。

- 好奇心
- 洞察力
- 問題解決能力
- 情熱
- 柔軟性
- 論理的思考力
- 発想力
- 判断力
- 継続力

　すべての素質が優れていれば理想的ですが、そのような完璧な人はほとんどいません。優れた素質が1つでもあれば、足りないとされる素質をカバーできます。

　素質には幼少期から少年期までの過程で培ったものが強く影響しますが、青年期以降でも日々の努力で改善できます[21]。よい素質を持っていても正しく活用しなければ宝の持ち腐れになってしまいます。日々のスキルアップと同時に、素質の向上を意識してください。

---

[21]：「成長できないという固定思考は限界を作ってしまう」「成長できるという成長思考だと学習に効果が出る」ということが心理学的に知られています。

後は運次第です。ホワイトハッカーの4条件を完璧に備えていたとしても、不運であればホワイトハッカーになる前に命を落とす可能性があります。生前中に評価されなかった歴史上の偉人は多数います。生前中に見向きされないどころか、批判されていた人物さえいます。時代の先を行きすぎてたという例もありますが、単純に運による事例もあります。つまり、成し遂げた結果に対して、世間から称賛されるのか、批判されるのかは運によるところが大きいのです。

◆ 強い好奇心

多くの現役ハッカーたちは声を揃えて、好奇心を一番重要な素質として挙げています。好奇心なしでは何も効果的に学べないと主張するハッカーもいます。

「機械の構造がどうなっているかを知りたい」「システムがなぜ動作するかを知りたい」「一般に知られていない裏技を知りたい」という気持ちは好奇心そのものです。スキルアップでは誰かに背中を押されることなく、行動を起こさなければなりません。強い好奇心があれば、自然に行動できるはずです。

また、好奇心は新しいことを学ぼうとする熱心さに直結します。サイバーセキュリティであれば、より安全に、より効率的に、より便利に動作させるにはどうしたらよいのだろうと常に疑問を投げかけるのです。

強い好奇心があると、自分の関心ごとだけでなく、それ以外のことや新しい分野にも興味を持ちます。歴史を学ぶと、無関係と思われた分野が密接に絡み合っていたという事例がたくさんあることに気付かされます[22]。

専門分野以外にも興味を持ったり、まったく関係ない趣味があると、燃え尽き症候群を防ぐためにも有効です。

◆ 情熱を燃やし続ける

現役ハッカーによっては最も重要な素質に情熱を挙げています。ホワイトハッカーになる過程では研究したり、ものづくりしたりします。簡単に目標を達成できるものではなく、何度も困難な課題にぶつかります。それでもくじけずに没頭するためには「その分野が好き」という強い情熱が必要です。没頭できれば学習効率が格段と上がります。健康には注意すべきですが、睡眠や食事を忘れてしまうぐらい没頭できれば最高の状態といえます。

[22]：数学史や科学史を扱った一般向けの本で、こうした意外性のある事例がたくさん紹介されています。

現状のスキルに関係なしに「誰よりも好き」と胸を張っていえるぐらいのスタンスでスキルアップを続けてください。技術で劣っていても、心で勝っていてほしいものです。

◆ 発想力と洞察力で着想を得る

システムからバグや脆弱性を完全になくすことは非常に困難です。巨大かつ複雑なシステムであればなおさらです。

攻撃側から見ると、未知のシステムはブラックボックスそのものです。既存の攻撃の知識で対応できなければ、新しい攻撃や脆弱性を発見しようと試みます。そのためには、システムの開発者・設計者・運営者の想定を超える必要があります。人とは違った視点を持つ発想力、および脆弱性を引き起こしやすい箇所を見抜く洞察力が活きます。

一方、防衛側でも発想力と洞察力は重要な素質です。ネットワークを流れるデータを日々監視し、攻撃されているか否かを見抜かなければなりません。ちょっとした変化を逃さない深い洞察力、定石を逸脱する攻撃を防ぐ方法を思い付く発想力が活きます。

◆ 既成概念にとらわれない柔軟性

サイバー攻撃は常に変化しています。これまでの常識やルールに縛られてしまうと、その変化に追いつけません。状況に応じて柔軟に対応することが最善といえます。

たとえば、伝統的なゲームをプレイする状況を考えてみます。長年の経験があるプレイヤーや、既存のルールや定石を熟知しているプレイヤーが有利になります。後発のプレイヤーが努力しても、先発のプレイヤーも同等以上に努力しているわけで、追いつくのは並大抵のことではありません。思い切って既存のルールとは異なる、新しいルールを作ってしまうというアプローチがあります。しかし、その新ルールはなかなか受け入れられません。新ルールで試合するためのゲームがなければ、まずはそのゲームを作ってから、そこにライバルのプレイヤーを誘い込むのです。こうすることで、有利にゲームを進められます。そして、人類史に新たなゲームが誕生したことにもなります。これこそが本当に価値あることです。

このようなアプローチはあらゆる事象で観測できます。政治の世界などはその顕著な例です。他にもビジネス、科学、およびIT技術を含む工学の世界でもそうです。

常識や既成概念を疑って破壊しようとする柔軟な思考、そして実際に行動に起こす行動力によって、新しいものが誕生するわけです。ハッカーはこうした視点を持ち合わせており、新発見や新技術でコンピュータ史に大きな影響を与えます。

◆ 非の打ち所のない判断力

ブラックハッカーとホワイトハッカーの対立構造では、基本的にホワイトハッカーが後手に回りがちです。ブラックハッカーは法律を無視してあらゆる攻撃を仕掛けてきますが、それに対して、ホワイトハッカーは法律を順守した上で攻撃手法を学び、セキュリティ会社に属していれば組織の枠内で動くしかないためです。ホワイトハッカーはこうした不利な状況であってもプレッシャーに負けない冷静な判断力を要します。

◆ 優れた問題解決能力

IT技術者の仕事の場では、さまざまなトラブルや課題に直面します[23]。こうした状況では問題解決能力を最も要求されます。まずどういった異常が起きているのかを正しく理解し、問題の原因になりうる可能性を絞り込みます。その上で個々の原因を細かく調べていき、原因を突き止めます。こうした問題解決能力は一朝一夕で習得できるものではなく、多くの経験と修羅場を潜り抜けて身に付きます。

IT技術書を読んでいてわからないことに何度も出くわすはずです。誰かに聞けばすぐに答えを得られるかもしれませんが、安直にそうした行動に走るのは避けるべきです。何度も繰り返すと「困ったときに誰かに聞けばよい」という悪い癖がついてしまいます。問題解決能力を磨くチャンスだとポジティブにとらえて、自分で調べ尽くすこと、自分で考え抜くことが大事です。それをやった人とやらない人では数年後に圧倒的な差が生じます。

---

[23]：研究レベルになると、解決法が存在するのかさえわからないことがあります。前述した発想力や洞察力を併用した上で解決法の有無を特定します。解決法が存在すると確信したら、後は問題解決能力と継続力でひたすら研究あるのみです。

◆ 優れた論理的思考力

論理的思考力とは物事を筋道立てて考えて判断する思考力のことです。対して、プログラミング思考力は論理的思考に加えて、その順序やプロセスが最適かどうかも考慮して答えを導き出す能力です。コンピュータを扱う上で論理的思考力は問題解決に直結する素質であるため、とても重要といえます。

論理的思考力を鍛えるための題材はいろいろありますが、ホワイトハッカーのためのスキルアップという観点でいえば、数学やプログラミングが最適です。数学における定理の証明は論理的思考そのものですし、計算であれば論理的思考に加えて計算力を要します。一方、プログラミングは論理的思考に加えて、その順序やプロセスが最適かどうかも考慮して答えを導き出します。

日常のあらゆる現象、周囲にあるシステムを見て、常にその背後にあるロジックを想像してください。そして、そのロジックの整合性や合理性について考えを巡らせるのです。こうして日常生活でも論理的思考力を訓練できます。

◆ 努力を継続する力

忍耐力、粘り強さ、根気強さとも言い換えられます[24]。ホワイトハッカーを目指すのであれば、技術力を一度身に付けてそれで終わりというわけではありません。IT業界は非常に速いスピードで進化しており、攻撃者たち（ブラックハッカーを含む）の攻撃法も常に変化し、より強力になりつつあります。よって、ホワイトハッカーは常に最新の技術を積極的に学び続け、高い技術力を維持するよう努力しなければなりません。

また、ホワイトハッカーとしての偉業を達成するためには、人生を懸けた遠い道のりになります。日ごろから常に頭のアンテナを高く立てておき、先見の明を養う努力を怠ってはいけません。何度も大きな障害にぶつかるはずです。そのたびに自分を奮い立たせて、継続する気概が必要です。よい意味でブレーキが壊れている人が向いているといえるでしょう。

---

[24]：人はもともと何かに向かって前進するようにできています。常に努力をして前進することで、生きている実感を得られるはずです。

❖ 素質を点数化してみよう

　素質の観点からホワイトハッカーに向いているかどうかは、各項目を○・△・×の3段階で評価し、その合計値で判定できます（表2-03、表2-04）。○を3点、△を2点、×を1点とします。つまり、最高で27点、最低でも9点になります。

● 表2-03　素質の点数化

項目	評価	点数
好奇心		
洞察力		
問題解決能力		
情熱		
柔軟性		
論理的思考力		
発想力		
判断力		
継続力		
	合計	

● 表2-04　ホワイトハッカーの素質の判定

合計値	判定結果
23〜27点	非常に向いている
19〜22点	向いている
14〜18点	まあまあ
9〜13点	普通

　19点以上であればホワイトハッカーの素質はすでに十分備わっています。低い合計値だったとしても、それはあくまで現時点での話です。本書の内容を参考にしてスキルアップすれば、低い点数の素質を改善できるはずです。

CHAPTER 03

ホワイトハッカーを目指すために
知っておくべきこと

>>> **本章の概要**

前章ではホワイトハッカーに必要なものとして、技術力・倫理・法律・素質の4条件を紹介しました。ホワイトハッカーを目指すのであれば、技術力のスキルアップをベースにして、残りの3条件を同時に身に付けることになります。

本章ではスキルアップの教材を紹介する前段階として、スキルアップにおける考え方を解説します。解説する内容を意識することで「効果的に学習できる」「スキルアップの過程での挫折を避ける」「視野を広げられる」といったことを期待できます。

ホワイトハッカーを目指す上で すべきこと

ホワイトハッカーを目指すということ

継続の重要性はほとんどの人が実生活で認識していますが、できている人の割合はそう多くありません。

たとえば、筋肉を付けたければ筋トレ、減量したければ食事制限と適度な運動を継続することになります。これは一部の人だけに限った話ではなく、ほとんどの人に当てはまる再現性のあるやり方です。再現性のある解決策を知っていながら、多くの人がそれを実現できません。関連する本・雑誌、グッズ、食品などが売れるのは、つらいことを避けたい（楽に実現したい）という心理、何かにすがりたい、加えてすぐに結果が出ないため継続の途中であきらめてしまうことの表れといえます。楽な方法で実現しようとして、結果的に失敗してしまうわけです。

解決策がわかっている課題でさえ達成できないのに、解決できるかどうかわからない課題（ここではホワイトハッカーになるためのスキルアップ）を達成するのはそれ以上に難しいことであるのは自明といえます。

漠然とホワイトハッカーになりたいと思っただけでは、何をすべきかわかりません。そこで、表3-01に示した7つのすべきことを順番通りに考察していきます。

● 表3-01　ホワイトハッカーを目指す上ですべきこと

順番	すべきこと	例
①	最終目標を決める	ホワイトハッカーになる
②	覚悟を決める	多大な時間・お金などを費やすことを覚悟する
③	目標を分割する	「セキュリティ専門家を目指す⇒暗号プロトコル[1]を専門にする⇒コミットメントプロトコル[2]」と分割する
④	期限を決める	半年でコミットメントプロトコルを理解する
⑤	方向性を具体化する	安全性証明や実装というキーワードが決まる
⑥	行動を開始する	国内の暗号本を手に取り、コミットメントプロトコルに関する記事を重点的に読む
⑦	行動を継続する	参考文献を活用して他の文献（書籍や論文）をたどる

---

[1]：従来の通信モデルでは二者間で通信する際にその二者は互いに信頼するという前提でした。攻撃者はその外部に存在し、盗聴や改ざんをしようと試みます。一方、現代の通信モデルでは攻撃者が外部ではなく、通信内（場合によっては通信相手）にいます。つまり、お互いに攻撃者ではないかを疑う状況になります。そして、外部には信頼できる第三者を設けて、問題が発生した場合に調停することを期待します。このような現代の通信モデルのように、攻撃者がプロトコル内部にいるという状況であっても、安全にプロトコルを実行するための技術を暗号プロトコルといいます。

[2]：ある値を隠した状態で約束（コミット）しておき、ある時点以降に明かす暗号プロトコルです。秘匿性と束縛性という2つの性質を持ちます。秘匿性とはある時点以前に約束した値の情報が漏れないこと、束縛性はある時点以降に約束を反故できないことです。

ホワイトハッカーを最終目標とする

漠然とIT技術のスキルアップし始める前に「なぜスキルアップするのか」を自分に問いかけてください。本書の読者の多くはホワイトハッカーになりたいという願望があると思いますので、問いに対する答えは「ホワイトハッカーになりたいから」とします。これが最終的な目標（ゴール）になります。

今のスキルがまったく足りていなくても、あるいは周囲から無理だと言われたとしても関係ありません。あなたがなりたいかどうかが最も重要なのです。

ホワイトハッカーを目指すという覚悟を決める

現状のスキルを把握します。誰かに語るわけでもないので恥ずかしがる必要はありません。そもそも誰でも最初は初心者です。もちろん、現在活躍している現役ハッカーたちも同様に最初は初心者だったのです。

本書をここまで読んだだけでもホワイトハッカーは茨の道であると認識できているはずです。ホワイトハッカーを目指す上では、泥臭いことを地道に、しかも情熱を持って継続し続けることになります。そうまでしても、周囲からホワイトハッカーとして認められるのはほんの一部です。引退しない限り一生涯学習や研究が続きます。正直なところ、次に示すものを犠牲にする覚悟がなければ、成し遂げられないほどの大きい目標です。

◆ 時間

人生の大きな割合をコンピュータやセキュリティに費やすことになります。「学校の勉強が嫌いだったので自分には無理」と思うことはありません。スキルアップと学校の勉強はまったくの別物であり、スキルアップはやればやるほど楽しくて仕方がなくなるはずです。

◆ お金

オンライン教材を活用すればある程度の倹約になりますが、完全にゼロにできるわけではありません。教材費用だけでなく、PC周辺環境（PC本体や周辺機器、PC机や椅子など）、学習を支援するもの（書見台、タブレットなど）を揃えるにもお金は必要です。

3

ホワイトハッカーを目指すために知っておくべきこと

◆ 人間関係

あなたの時間を奪う人を避けることです。家族であれば避けようがありませんが、友人であれば避けられます。人間関係の断捨離と考えてしまえばよいでしょう。

本書はホワイトハッカーをテーマに扱っていますが、本書を読んだからといって必ずホワイトハッカーを目指さなければならないわけではありません。自分の時間、お金、人生を費やすわけであり、最終的には自分で判断することになります。熟考した上でホワイトハッカーを目指すのもよいですし、趣味でセキュリティを楽しむ程度にするのでもよいのです。コンピュータとはまったく違う道を歩むという選択肢もあります。悔いのないように選択してください。

🧊 目標を分割する

目標の内容によっては達成するための期間に差があります。10年スパンの目標もあれば、1年スパン、1カ月スパンの目標もあります。10年スパンの目標を大目標、1～3年スパンの目標を中目標、1カ月～半年スパンの目標を小目標とします。

最終目標が大きすぎる場合は、この段階で目標を細分化します。最終目標を大目標に、大目標を中目標に、中目標を小目標に分割します。分割した目標を個別に達成することを目指してください。小目標を順番に達成することが望ましいですが、一般にはそううまくいきません。興味の対象が変わり、途中で別の小目標に焦点が移ることがあります。また、小目標の途中で大きな障害があり、足踏みしてしまうこともあります。そういった場合はあまり固執せず、別の小目標の達成に切り替えます。最終的に中目標、そして大目標を達成すればよいのです。

ダイエットを決意しても長続きしないのは、努力してもすぐに成果が現れないからです。それに対して、PCのスキルアップに関しては工夫次第ですぐに成長を感じらます。その最も簡単な方法は大きな目標を小さい目標に分割して、その小さい目標の達成に注力することです。小さい目標を達成するたびに前進したことを実感でき、心が満たされます。小さなことでも結果が出れば「もっと成長したい」「前進したい」という意欲が湧いてきます。小さな成功が積み重なると、自己評価が高まっていきます。

　得意ジャンルを伸ばしたいのか、それとも苦手ジャンルを克服したいのかということも目標を定める指標となります[3]。

　たとえば、ホワイトハッカーといってもさまざまな活躍の場面があります。たとえば、アカデミアで活動するセキュリティ専門家であれば、その実現には数年から十数年までの期間を要するでしょう。そこで、専門分野を「暗号理論⇒現代暗号⇒暗号プロトコル」と絞り込み、さらに一歩進めてコミットメントプロトコルを専攻するものとします。目標を抽象的であれば具体化し、範囲を絞り込むことで、目標を自然に分割できます。

期限を決める

　目標を分割する場合、期限があまり長くならないように設定します。1カ月、3カ月、半年ぐらいが無難といえます。1年かかるような目標の場合はもう少し分割したほうがよいでしょう。

　先で示した例ではコミットメントプロトコルを半年間学び続けるものとしました。半年間で新しいコミットメントプロトコルを提案することは難しいですが、過去に提案されたものを把握するのにはちょうどよい期間といえます。

　ただし、1点だけ注意すべきことがあります。期限を設けたり計画を練ったりすることは悪くはありませんが、現実において計画がうまくいかないことは多々あります。優秀か否かにかかわらず、避けられない事実です。未来は誰にもわかりません。この事実に対してしっかりと目を向けなければなりません。そこで、計画にはゆとりのあるスケジュールを組み、誤りが許される余地を設けておきます。そして、計画の実行に際して予定外のことが起これば、状況の応じて臨機応変に対応するのです。

方向性を具体化する

　小目標を達成するには一般にさまざまなアプローチがあります。セキュリティの分野では攻撃・防衛、安全性・効率性といった相対するアプローチがあります。また、サイバーセキュリティ・フィジカルセキュリティ・ヒューマンセキュリティ、設計・実装・運用といったジャンル別のアプローチがあります。

　方向性を具体化するには、わかりやすいキーワードの候補をいくつか挙げてから、1個あるいは数個に絞るのがポイントです。

[3]：日本人は悲観的になりやすい遺伝子を持つ人の割合が多いといいます。悲観的になりやすい人が苦手ジャンルを頑張っても、なかなか克服できません。それでなくても悲観的になりやすいので、最初は得意分野を選んだ方が無難といえます。

　目標と期限が明確になっていればアウトプットすべきことが決まり、方向性を具体化することでインプットすべき量や範囲が決まります。

　先の例では暗号プロトコルという小目標を決めましたが、まだ方向性が完全に具体化できていません。アルゴリズムの設計、安全性証明、実装ではまったくやるべきことが異なります。アルゴリズムの設計では、安全性と効率性をほどよく両立したプロトコルを考案します。安全性証明であれば、プロトコルが安全性の定義を満たすことを数学的に証明します。アルゴリズムの設計と安全性証明では、PCを使わずに紙と鉛筆だけで研究することになります。一方、実装であれば、暗号ライブラリの開発・改良、プロトコルを活用したサービスの開発など、実際にPCを使ってプログラミングすることになります。

🔶 行動を開始する

　方向性を具体化することで、行動すべきことが決まります。行動すべきことの例として「どんな教材を用意すべきか」「1日にやるべきことは何か」などが挙げられます。ただし、教材や道具を揃えるのに熱中して、揃えるだけ揃えて満足してしまってはいけません。そうならないためにも、すぐに行動すべきです。

　大半の人は行動の重要性をわかっていますが、実際に行動できる人は少ないといえます。モチベーションが高まるまで待つのではなく、今すぐ行動してください。明日やろうと考えずに、今日行動するのです[4]。すぐに行動することでそれが習慣化され、モチベーションの源になります。

　アメリカ合衆国の政治家であるベンジャミン・フランクリンは「今日できることを明日に延ばすな。いつかという言葉で考えては失敗する。今という言葉を使って考えれば成功する」といっています。

[4]：トルコのことわざには「明日できることは、今日やるな」というものがあります。モンテルランの戯曲『スペインの枢機卿』には「「常にすべてを明日に延ばさなくてはならない」と女王は言う。なぜなら「ものごとの四分の三は放っておいても自然と片付く」のだから」というものがあります（https://magazine.air-u.kyoto-art.ac.jp/essay/1413/）。このことわざは、本文で説明した「今日できることは今日のうちにやれ」という考えと正反対です。やるべき作業を後回しにすることで、時間が経過した分だけ多くの情報が出揃い、結果的に効率的で、よりよい仕上がりを期待できるという真意があります。理論的には正しいですが、問題はそれを実行できる人がほとんどいないことです。トルコのことわざを鵜呑みにして、行動を先送りにしてしまうと大失敗してしまいます。唯一の例外は「今やるべきことに集中するために余計なことを後回しにする」と優先順位を考えられる人だけです。

📖 継続して学び続ける

　目標を設定しても達成できる人とできない人がいます。その差は行動したか、そして継続したかによります。継続して学び続けるヒントは後で紹介しますが、「習慣化する」「後回しにしない」「毎日少しずつ成長する」「目標を達成するために集中する」といったことを心がければ、無駄な行動をそぎ落とせ、目標を達成しやすくなります。目標を達成したら、次の目標を設定します。これを繰り返していけば、最終目標が自ずと近づきます。

スキルマップで現状を把握する

❖ スキルマップとは

スキルマップとは必要とされる能力を可視化した一覧表です。スキルマップを使うことで、現状における自分のスキルの位置付けを客観視したり、対外的にスキルの有無を示したりできます。

あらゆる仕事においてスキルマップが存在し、当然ながらITの世界にもあります。特に営業が仕事を取ろうとする際に、自社の社員がどういったスキルを持っているのかを取引先に示すためにも使われています。

IT業界で使われているスキルマップはいろいろあり、国内外の組織が公表しているスキルマップもあれば、主観的なスキルマップもあります。

ITのスキル別の観点で、スキルマップを有効に活用するには次の方法が有効です。

- 超初心者 …… スキルマップを気にする必要はまったくない。
- 初心者 ………… 有識者が選定したスキルマップをざっくりと見る。
- 中級者 ………… 有識者が選定したスキルマップで習熟度を判定する。
- 上級者 ………… ハッキング関係のスキルマップでキーワードをチェックする。

超初心者であれば、スキルマップでチェックしたとしても、登場するPC用語さえ理解できないはずです。このレベルの場合はスキルマップを気にせず、PCのスキルアップに取り組んでください。

初心者であれば、有識者が選定したスキルマップが参考になります。たとえば次に示す2つのスキルマップがセキュリティ専門家やホワイトハッカーを目指す上で役に立つはずです。

- 経済産業省のITスキル標準プラス(ITSS+)
  - URL https://www.ipa.go.jp/jinzai/itss/itssplus.html
- JNSAのセキュリティ知識分野(SecBoK)人材スキルマップ
  - URL https://www.jnsa.org/result/skillmap/

しかし、スキルマップのほとんどの項目で習熟度が低ランクになってしまうので、大雑把に目を通すだけで十分です。それだけでも自分が学ぶべき分野の用語を把握できるはずです。このレベルでは体系的かつ網羅的にスキルアップすることに注力してください。

中級者であれば、有識者が選定したスキルマップを使って、各項目の習熟度を判定してください。それぞれの習熟度にはばらつきが出るはずです。このレベルになると、得意分野の習熟度を高めることで苦手分野を補完でき、業務の幅を広げられます。

上級者であれば、ハッキングに関連するスキルマップが参考になります。海外サイトで見つけやすい傾向にあるので、「hacker」「skills」「checklist」などの用語で検索します。コマンドや攻撃名を列挙されているはずです。初めて知った用語については、検索してより深い情報を調べてください。

経済産業省のITスキル標準プラス（ITSS＋）

ITSS＋の資料のうち、特にセキュリティやネットワークのスペシャリストの箇所が参考になります。ITスペシャリスト（セキュリティ）は、レベル3〜6の4段階[5]に分けられています。

2部のキャリア編は、ビジネス貢献とプロフェッショナル貢献というグループに分けられています。ビジネス貢献には、責任制（プロジェクトの経験や実績内容）、複雑性（プロジェクトに要求されたセキュリティ）、サイズ（プロジェクトの規模）の3つの観点でのチェックリストがあります。一方、プロフェッショナル貢献には教育や業界への貢献という観点でのチェックリストがあります。

このプロフェッショナル貢献の内容は参考になります。たとえば、レベル6（最大レベル）に要求されるプロフェッショナル貢献の条件として、次の内容が載っています（図3-01）。

- 「Webアプリケーション」「データセキュリティ」「ネットワークセキュリティ」「セキュリティ管理」のいずれかについて他を指導できる高度な専門性を保有し、業界に貢献している。
- 「学会、委員会などプロフェッショナルコミュニティ活動」「著書」「社外論文掲載」「社内論文掲載」「社外講師」「社内講師」「特許出願」「後進の育成（メンタリング、コーチングなど）」といった、技術の継承に対して4項目以上の実績を有する。

---

[5]：レベル数が大きいほど熟練度が高いことを意味します。

　以上のことより、ホワイトハッカーであれば上記の技術を少なくとも4項目以上を満たさなければならないことを暗に示しています。

● 図3-01　ITスペシャリスト（セキュリティ）の達成度指標・レベル6[6]

ITスキル標準V3 2011_20120326

ITスペシャリストの達成度指標

専門分野	セキュリティ	レベル6

【ビジネス貢献】
●責任性
　プロジェクトのソリューションの設計、開発、運用、保守の局面におけるセキュリティの設計、構築の技術チーム責任者として、他のITスペシャリストをリードし、顧客から要求されたセキュリティの要件（性能、信頼性、可用性など）を3回以上（内1回以上はレベル6、他はレベル5以上の複雑性、サイズ相当）成功裡に達成した経験と実績を有する。また同等のプロジェクトの提案活動にITスペシャリストとして参画し、プロジェクトを成功させた実績を有する。
●複雑性
　以下の2つ以上の条件に該当する難易度のセキュリティ設計、構築を成功裡に達成した経験と実績を有する。
　□インターネットとの接続がされており、外部からの脅威にさらされる危険性が大
　□複雑、高度なアクセスコントロール要求　　　　□複雑、高度な物理的セキュリティ要求
　□高度なプライバシ要求　　　　　　　　　　　　□高度の機密性要求
　□セキュリティ上の脆弱性が企業に多大な損害を与えるシステム
　□24時間365日の連続稼動が要求され、変更、保守、障害回復に高度な設計が必要
　□プロジェクト体制（サブコントラクト、複雑な協調関係、複数の関係者）が複雑であり調整が非常に困難
●サイズ
　以下のいずれかの規模に相当するプロジェクトを成功裡に実施した経験と実績を有する。
　□ピーク時の要員数50人以上
　□ピーク時の要員数10人以上で、上記複雑性の条件が4つ以上の難易度プロジェクト

【プロフェッショナル貢献】
　-以下のセキュリティ領域のいずれかについて他を指導することができる高度な専門性を保有し、業界に貢献している
　□WEBアプリケーション　　　　　　　　□データセキュリティ
　□ネットワークセキュリティ　　　　　　□セキュリティ管理
　-技術の継承に対して次の4項目以上の実績を有する
　□学会、委員会などプロフェッショナルコミュニティ活動　□著書　　□社外論文寄稿　　□社内論文寄稿
　□社外講師　　　　　　　　　　　　　□社内講師　　□特許出願
　-後進の育成（メンタリング、コーチングなど）

職種の概要と達成度指標　　　　　　ITS-25　　　　©2012 経済産業省, 独立行政法人情報処理推進機構

　目指すべき目標をある程度、絞り込めました。次に3部のスキル編に含まれている研修ロードマップを参考にし、具体的なスキルを特定します（図3-02）。

● 図3-02　ITスペシャリスト（セキュリティ）の研修コース群[7]

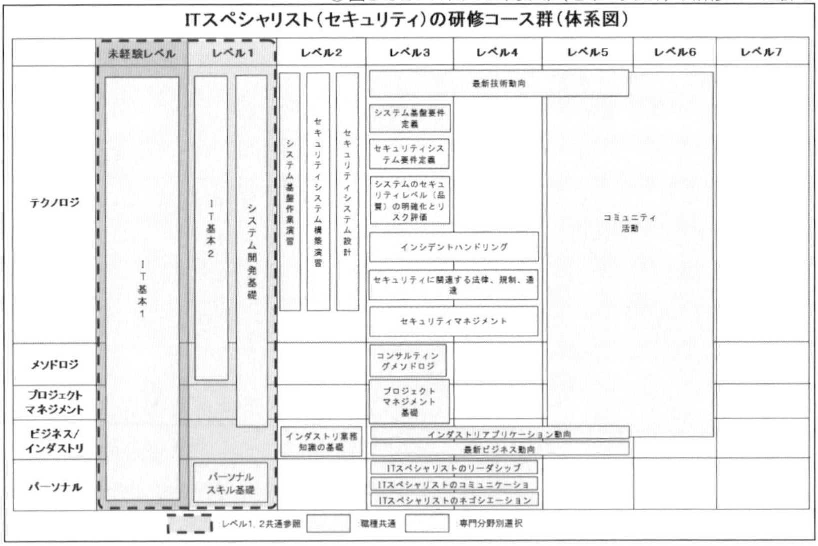

[6]：「スキル領域とスキル熟練度（6）ITスペシャリスト」（2012、経済産業省、独立行政法人情報処理推進機構）から抜粋しました。
[7]：「ITスペシャリスト（研修ロードマップ）2009.3」（ITスキル標準V3 2011_20120326、2012、経済産業省、独立行政法人情報処理推進機構）から抜粋しました。

📖 JNSAのセキュリティ知識分野（SecBoK）人材スキルマップ

第1章ではJNSAのセキュリティ知識分野人材スキルマップに載っている、組織が保有すべきセキュリティ部門の役割とその業務内容を紹介しました。この資料内には、それぞれの役割に必要とされるスキルが一覧化されています。自分がなりたい役割を選び、その実現に必要なスキルをピックアップするのに活用できます。

ここでは脆弱性診断士の必須知識・スキルの一部をピックアップすると、次が挙げられます[8]。

- データベースシステムに関する知識
- データのバックアップと復元に関する知識
- 新興の情報技術とサイバーセキュリティ技術に関する知識
- 新たに出現したセキュリティ問題、リスクおよび脆弱性に関する知識
- レポーティングスキル（難しい内容を、読み手に合わせて書き砕く能力）
- 組織の企業情報セキュリティアーキテクチャに関する知識
- 供給者や製品の信頼性に関する評価に関するスキル
- 評価結果と検出事項を含む最終的なセキュリティ評価報告書を作成する能力
- 情報技術（IT）のリスク管理についての方針、要件および手順に関する知識
- 特定されたセキュリティリスクに対する対策に関する知識
- パケットレベル解析に関する知識
- トラフィックの収集、フィルタリングおよび選択を含むフロントエンドの収集システムに関する知識
- 適切なツール（例：Wireshark、tcpdump）を使用したパケットレベル分析に関する知識
- IDS/IPSツールとアプリケーションに関する知識
- ウイルス、マルウェアおよび攻撃に対するシグネチャ実装の影響に関する知識
- ホワイトリストとブラックリストに関する知識
- セキュリティ設計の適切性の評価に関するスキル
- セキュリティイベント（事象）の相関ツールに関する知識
- システムとその運用環境で発見された弱点や不備の深刻度を評価し、特定された脆弱性に対処するための是正措置を推奨する能力
- データ秘匿（例：暗号化アルゴリズム、ステガノグラフィ）に関する知識

[8]：ロールごとの必須知識・スキルは「1（前提スキル）　職務遂行の前提として有しておくべき知識・スキル」「2（必須スキル）　職務遂行の実施に際して必要となる知識・スキル」「0.5（参考スキル）　職務遂行に際して必須ではないが、あると望ましい知識・スキル」の3つに分類されていますが、ここで抽出したのは2のみになります。なお、JNSAの「公開資料2：SecBoK2021_V1.0」を参考にしました。

- 正常な動作に見せかける振る舞いに関するスキル
- 暗号およびその他のセキュリティ技術に関連する輸入/輸出規制に関する知識
- 組織のコアビジネスとミッションの原理に関する知識
- 進化する、新興の通信技術に関する知識
- さまざまなサブネット技術（例：CIDR）を適用するスキル
- テスト&評価レポートを作成するスキル
- 組織のエンタープライズITのゴールと目的に関する知識

　これはほんの一部であるため、実際にセキュリティ知識分野人材スキルマップに目を通すことをおすすめします。脆弱性診断士には膨大なスキルが必要であることがわかります。

● スキルマップの具体的な活用法

　セキュリティ知識分野人材スキルマップに載っている全項目に目を通して、各項目に対して自分の習熟度を入れてみてください。表3-02の6段階で評価してみてください。これによりスキルの有無を可視化できます。

◉表3-02　習熟度

評価	内容
A	多くの実績を有し、後進の育成に貢献できる
B	専門的な知識を持っている
C	基本的な知識・技能を持っており、業務で利用したことがある
D	基本的な知識・技能を持っている
E	最低限の基礎知識を持っている
空欄	なし

　この作業には時間がかかりますが、やる価値は十分にあります。毎年定期的に自らのスキルをチェックし、それを記録しておきます。過去の記録と比較することで、1年間での成長を振り返られます。

　また、他の人のチェックシートがあれば、チーム内での役割分担を決定するのに活用でき、チームでの成長のために個人が伸ばすべきスキルを明確化できます。ある項目において、自分の習熟度が低くそれを伸ばそうと考えたとします。他の人がその項目の習熟度が高いようであれば、その人に具体的なアドバイスを聞くことも有効です。スキルチェックシートを見せることで、あなたのスキルに基づいた適切なアドバイスが得られやすくなります[9]。

---

[9]：ネット上で気軽におすすめ本を聞かれたりすることが多々あります。しかし、正直なところ即答できません。それは質問者に対するおすすめ本なのか、私が影響を受けたおすすめ本なのかまったく答えが変わるためです。前者の意図があったとしても、質問者のスキルがわからなければ適切な答えを返せません。そういった場面にてスキルチェックシートを見せるだけで適切な回答が期待できますし、お互い無駄なやり取りをする手間が省けます。

ホワイトハッカーになるには
知識と経験を積み上げる

🔲 独学か否か

結論からいうとスキルアップの基本は独学です。書店に行けばたくさんの
IT技術書が並んでおり、インターネット上には無料で良質の学習教材がたく
さんあります。それらを活用して今すぐ独学してください。スキルアップの序
盤から他人にアドバイスを求めたり、スクールや学校を検討したりするようで
はいけません。ただし、学習スタイルを確立してから、スキルアップを加速さ
せる手段として有料講座を活用することは効果的です。

第2章ではホワイトハッカーにとって問題解決能力という素質が重要である
と述べました。問題解決能力は生まれながらに備わっているものではなく、訓
練しなければ身に付きません。独学の過程で試行錯誤した経験は、問題解決
能力を伸ばす糧になります。つまり、独学することでスキルアップと同時に素
質の向上を図れるわけです。

最前線で活動を始めれば、自分の専門分野に関して新発見や新技術を発表
する側になります。当然ながら、独力で成果物を作り上げなければならず、誰
かに教えてもらうという手段はありません。

🔲 継続して学び続ける

スキルアップは一朝一夕では身に付きません。ハッカーの素質を持ち合わ
せている人がスキルアップに没頭すれば、1年ぐらいで頭角を現すでしょう。
しかし、それはかなり珍しいケースであり、一般的には3〜5年といった期間
をスキルアップに費やしてようやく中級者というレベルに到達できます。

マルコム・グラッドウェルは著書『天才!成功する人々の法則』(講談社刊)[10]
において「1万時間とは偉大なマジックナンバーなのだ」と主張しています。
特定の分野でスキルを磨いて一流になるには、1万時間の練習・努力・学習
が必要であるということです。これは有名な主張であり「1万時間の法則」とし
てよく知られています。スキルアップに1日10時間を費やしたとしても、単純
計算で約3年かかることになります。

1万時間で一流になったとしても、あくまでその分野の最前線に立ったにす
ぎません。ここから成果を出すにはさらに研究に邁進しなければなりません。

---

[10] : https://bookclub.kodansha.co.jp/product?item=0000188192

IT業界は日々新技術が登場していますが、ハッキングやセッキュリティの世界でも同様です。よって、最前線で成果を出したとしてもすぐに過去の話になるため、常に成果を生み出し続けなければならないのです。

ここでは継続に関するヒントをいくつか紹介します。ヒントを取り入れる時期や相性の有無を考慮した上で、学習スタイルの確立に活用してください。

◆ 基礎知識を大事にする

新技術や流行を追うことは稼ぐために重要かもしれませんが、その一方で基礎知識をないがしろにしてはいけません。基礎知識はすぐに役立つものではありませんが、普遍的な内容であり一生ものの知識です。蓄積すればするほど効果が大きく、雪だるま式に知識が強化されていきます。

一歩ずつ着実にスキルアップしたいのであれば、基礎を強化しながら、少しずつ高度な内容に挑戦します。背伸びしすぎて発展的なことに取り組んだとしても、いつの日か基礎知識が足りていないことに気付き、学び直す必要性に迫られる例はよくあります。

◆ 継続するコツは習慣化すること

新しい行動を根付かせるには、習慣化するのが手っ取り早いといえます。習慣化してしまえばモチベーションの有無に関係なく淡々とこなせるからです。継続中に気のゆるみで一時的に止めてしまうと、また継続し始めるのに時間がかかるので注意が必要です。

たとえば、誰でも毎日当たり前のように歯磨きしています。それは長年の生活において習慣化したためです。逆に歯磨きをさぼってしまうと気持ち悪く感じるでしょう。これぐらい習慣化できれば、継続が当たり前になるわけです。

継続性に関しては多くの偉人が名言・格言を残しています。プロ野球選手のイチロー選手は「特別なことをするために特別なことはしない。普段通りの当たり前のことをする」という言葉を残しています。彼が言う当たり前のこととは、練習や試合前の準備です。これらを試合の直前や気が向いたときにやるのではなく、毎日継続やることが大切だといっているわけです。これは野球だけでなく、あらゆる分野でも当てはまります。PCのスキルアップについても同様であり、まずは継続することを心掛けてください。

◆ パターンの一部にする

　新しい行動を根付かせるには、パターンの一部に組み込むことが有効です。スキルアップに集中でき、無駄な行動を避けられます。たとえば「決まった時間にこなす」「朝のルーチンに組み込む」「遊ぶ前に必ずスキルアップに励む」「スケジュールの一部に入れる」などが挙げられます。

◆ 生理的なレベルにまで落とし込めればより効果的

　習慣化できたものであってもたまには面倒に思うことがあります。それはまだ生理的なレベルにまで達していない行為だからといえます。「呼吸する」「食事する」「排泄する」といった生理的なレベルであれば人が生きているために絶対的に必要な行為であり、継続するという意識さえありません。

　たとえば、プログラミングは生理的なレベルな行為ではありませんが、それぐらい当たり前の行為であると脳をだませれば効果的です。錯覚や自己暗示などどんな手段でもよく、結果的にスキルアップにつながればよいのです。

◆ 熱中できることや好きなことを見つけたら大事にする

　得意なことと好きなことは重複するところが多々ありますが、完全に同一ではありません。最初はなかなか見つけられないかもしれませんが、スキルアップの過程で「熱中できること」や「好きなこと」に出会う機会があります。些細なことでも大事にしてください。それはあなたと相性のよいものであり、集中的に学ぶことで学習効率を高められます。

◆ 必ずスランプは訪れる

　学び始めたころは「未知のことを知るのが楽しい」「知らない用語ばかりで全然進まずに苦痛」のようにさまざまな体験をしますが、やればやるほど知識は増えていきます。しかし、ある程度、学習が進むと、成長を感じにくくなる時期が訪れます。そのことに気付くかどうかは人それぞれです。没頭していれば気付かないかもしれません。気付いたとしても、好きなことであれば継続しやすく、自ずと解決することもあります。

問題はそれをスランプとして認識して、焦ってしまうことです。そのときは落ちついてこれまでやってきたことを振り返ってください。自己成長を感じられた記憶があるはずです。そして、夢や目標を改めて見つめ直してください。諦めるのは簡単ですが、もう少し頑張れば壁を突破できるところまで来ているのかもしれません。結局のところ成長が鈍化する時期は必ずあると認識して、継続するしかありません。

◆ 効率は二の次、まずは実行

スキルアップに没頭している状態であれば、周りの意見に影響されずに自由にインプットとアウトプットをしてください。効率を考える必要ありません。自分のレベルより高度な内容に挑戦してもかまいません。失敗を含めてすべての経験が糧になります。

効率性を求めるのは、資格の勉強のように限られた時間で結果を出さなければならない場合や、中級者以降でスキルの伸びに悩み始めた場合でも遅くありません。最も典型的な失敗パターンは、スキルアップを実行する前から効率を求めるという行為です。実体験において失敗と改善のサイクルを繰り返すことで、自分に合った効果的なスキルアップ法を見つけられます。

◆ ハードルを低くする

なかなか行動に移せないのであれば、ハードルを低くすることが有効です。たとえば「1日1行を書く」「1ページだけでも読む」「1用語だけでも覚える」といった程度であれば、どんなに忙しい人でも達成できるはずです。実際に行動に移すと、もう少し継続してみようという気になり、いつしか思っていたより進展することも珍しくありません。

加えて、作業開始のハードルを低くすることも有効です。たとえば「PCの電源を常に入れておく」「プログラミング環境の画面を開きっぱなしにする」「いつでもどこでも読書できる環境を作り上げる[11]」などのように、すぐに作業に取りかかれる環境を用意しておくのです。

[11]：本やタブレットを至る所に配置します。また、いつも持ち歩くバッグの中に本やタブレットを入れておきます。

◆ 進捗を可視化する

目標を分割して、大目標・中目標・小目標を設定すべきという話をしました。小目標であっても数日間で結果が出るものではありません。毎日努力し続けても、自己成長を感じられなければ不安を感じるかもしれません。また、人は努力していることの証明を欲しがる傾向にあります。

それを解消する1つの方法として、進捗を可視化することが有効です。読書記録や作業ログなど、些細なことでも成長をログとして残すのです。そうしておけば、スキルアップのモチベーションが下がった際に活用できます。たとえば「読書記録から読了数をカウントする」「勉強ノートを重ねてみる」「勉強メモの文字数を確認する」といったことで、努力した成果を再認識できます。これが自信となり、モチベーションを回復できるはずです。

ただし、主目的はスキルアップであり、読書記録や作業ログではないことを肝に銘じてください。

◆ どうしてもわからないところは飛ばしてよい

困難にぶつかると放り出したくなるかもしれません。まして独学であれば、なおさらそう思うでしょう。現役で活躍しているハッカーであっても、すべてがうまくいくわけではありません。誰でも大なり小なり困難な障害にぶつかっています。つまり、困難を避けることは不可能であり、放り出す前に軌道修正することが重要なのです。

たとえば読書中にわからないことがあれば、とりあえず理解を保留してページを進めてみてください。後述の説明で理解が深まることもありますし、俯瞰してみることで理解の助けになることがあります。

そもそもその本の解説がわかりにくいという可能性があります[12]。そのため、他の教材も参考にするというアプローチが有効です。同一分野の本を数冊読んでも理解できないのであれば、原因は解説のわかりにくさではなく、読み手の知識不足である可能性が高いといえます。その際は、もう少しやさしめの教材に戻って学習し直せばよいだけです。

---

[12]：教材の内容が絶対的に正しいとは限りません。論文でさえ発表後に撤回されることがあります。誤字脱字のミス、作者の勘違い、説明のわかりにくさなどが挙げられます。完璧なものは存在しないと理解を示して、他の教材に当たればよいのです。わざわざ本や著者を糾弾することはおすすめしません。

◆ 劣等感を持つのはよいが劣等コンプレックスを持たないようにする

　劣等感とは自分が他者よりも劣っているという感情のことです。実際にどうかという事実ではなく、あくまで主観的な感情での問題になります。一方、劣等コンプレックスとは劣等感を環境や人のせいにして人生の課題から逃げ出すことです。

　SNSにおいて自分と同年齢にもかかわらず、活躍している人や高度なスキルを持っている人を見て劣等感を感じるかもしれません。しかし、劣等感を抱く自分に嫌悪しないでください。アルフレッド・アドラーは「劣等感を言い訳にして人生から逃げ出す弱虫は多い。しかし、劣等感をバネに偉業を成し遂げた者も数知れない」と述べています。こうした考え方はアドラー心理学、または劣等感の心理学と呼ばれています。特にIT技術者は常に最新技術を追いかけなければならず、常に劣等感と隣り合わせといえます。その劣等感と正しく付き合っていくためにもアドラー心理学は大変有用です。

◆ 知っているだけの人から非難されても気にしない

　映画「マトリックス」にてモーフィアスは、「There is a difference between knowing the path and walking the path.」と言っています。訳すると「道を知っていることと実際に歩くことは違う」という意味になります。

　単に知っている人は多く、実際に経験した人は少ないといえます。経験していないのにかかわらずあなたの夢や目標に対して「無理だ」「叶うわけがない」と主張してくる人がいるかもしれません。このように夢を壊す者をドリームキラーと呼びます。ドリームキラーの主張は現実的なものであったり正論であったりします。しかしながら、ドリームキラーの言葉に惑われてはいけません。基本的には完全無視でもよいと思いますが、耳を傾けるのであれば単なる感想ではなくデータに基づく意見だけを聞くに留めます。その意見を一度、受け止めた上で、夢や目標を追う決意が変わらなければ自分の信じた道を突き進んでください。自分で決意したことであれば、失敗しても後悔はないはずです。

◆ たまには寄り道してみよう

スキルアップや自己研鑽に励むことは大変よいことであり、それが楽しくて仕方がないのであれば、原則としてその歩みを止める必要はありません。ただし、スキルアップは生涯をかけて継続するものなので、たまには寄り道するのもよいでしょう。

たとえば「まったく関心のない分野の本を読む」「一見すると無駄と思える雑務的なPC操作をする」など、何でもかまいません。PCと関係ないことであれば「いつもと違うルートで通学・通勤してみる」「まったく趣味嗜好が違う人と付き合ってみる」などもよいでしょう。

そういった遊び心が新しい発見やヒントを思い付くきっかけになることがあります。科学者の伝記を読むと、真っ当に研究を続けても失敗ばかりだったにもかかわらず、あることをきっかけとして成功のヒントを得たというエピソードがよく載っています。

何気ない行動の中にヒントがあるかどうかは運次第ですが、本気で行動している人はヒントを引き寄せるだけでなく、目の前のヒントに気付き、さらに考え抜いて成功に導けるのです。そもそも本気で取り組んでいない人は、運よくヒントに遭遇しても気付きませんし、気付いたとしても成功まで継続しきれません。

しかしながら、寄り道ばかりではいけません。あくまで寄り道は目標達成のおまけにすぎないことを忘れないようにしてください。

☛ スキルアップのための時間を確保するには

時間はすべての人に平等な資源といわれます。どんな偉人であっても1日24時間で変わりはありません。あらゆる手法で時間を節約できますが、時間そのものの長さは変えられないのです。時間の長さは変えられなくても、その時間を生かすか殺すかは自分次第なのです。

ここでは、私が実践している時間を確保するヒントをいくつか紹介します。時間を確保したら、目標達成のために時間を有効活用してください。

◆ 無駄な時間を減らす

　一般にSNS、スマホ、テレビなどは時間を奪い続けるため、スキルアップの天敵といえます。リアルタイムに日々のニュースやタイムラインを追う必要性はほとんどないはずです。中毒性もあるため、意識的に距離を置くようにするとよいでしょう。特にスマホは常に持ち歩くため、時間を奪い続ける存在といえます。本来であれば物理的にスマホを隔離すべきですが、なかなか実践できないかもしれません。スマホには集中の妨げとなる通知を非表示にする機能が備わっているので、最初はこれを導入することから始めてみてはどうでしょうか。Androidであればフォーカスモード、iPhoneであれば集中モードと呼ばれている機能になります。

　また、スキルアップを邪魔するものを扱うハードルを高くするというアプローチも有効です。スキルアップの環境はハードルを下げるべきといいましたが、その考えをまったく逆のアプローチに応用するのです。SNSの例でいえば「アイコンをホーム画面から消す」「毎回ログアウトしておいてログインし直すようにする」などのようにわざと面倒になるように工夫するのです。こうすることで、自然にSNSアプリを起動する頻度が少なくなります。

◆ 隙間時間を活用する

　日常にはちょっとした隙間時間がたくさんあります。それぞれは数分程度の短い時間ですが、1日分を集めると30分程度にはなるでしょう。1カ月で考えると隙間時間だけで本を1冊読破できるほどの時間に相当します。

　隙間時間の例としては、ちょっとした休憩時間や待ち合わせ、トイレ、エスカレーターやエレベーターでの移動、信号待ち、バスや電車の待ち時間などが挙げられます。完全に没頭するには危険な場面もあるため、隙間時間は一般にインプットや情報収集に向きます。

◆ 時間をお金で買う

　労働する必要性がないほどの金銭的余裕があれば、お金のための仕事を避けられます[13]。つまり、1日のうち大部分の時間を自由に過ごせます。

---

[13]：仕事をまったくしないということではなく、お金があれば仕事を選べるということです。やりたいと思った仕事だけをやればよいのです。やりたいと思う仕事がなければ、趣味や研究に没頭すればよいでしょう。

そこまで極端な話でなくても、時間をお金で買えるという場面はたくさんあります。たとえば「最新家電を活用して家事を時短する」「移動や宿泊のグレードを上げる」「セールや中古待ちで木を買うタイミングを逃さない」「広告カット機能を持つブラウザやプラグインを導入する」「常時使うもの[14]は少々高くても自分に合ったものを揃える」「苦手あるいは単純な作業を外注する」などが挙げられます。

◆ 並行作業する

複数の作業を同時にこなすことで、結果的に自由時間を確保したり、スキルアップの時間を増やしたりできます。作業の内容によっては、相乗効果も期待できます。

たとえば「部屋で運動しながら教育動画を鑑賞する」「運転時や散歩中に耳読書する」「動画鑑賞をしながら単純作業をこなす」「家事をしながらオーディオブックを聞く」「電子書籍の読み上げ機能を活用する」などが挙げられます。

◆ 作業を圧縮する

作業を短時間でこなせれば、トータルの作業量を増大できます。

インプット作業の例としては「本を速読する」「動画を1.5〜2倍速で視聴する」「オーディオブックを倍速で再生する」などが挙げられます。一方、アウトプット作業の例としては「タッチタイピング能力を向上させる」「ショートカットでPC操作を高速化する」「入力補完機能でコーディングの速度を上げる」などが挙げられます。

◆ 自動化する

単純作業であればプログラムに任せることを検討します。最初はプログラムを作成するために時間がかかりますが、一度作ってしまえば以降その作業から解放できます[15]。ただし、作業内容によっては、プログラムのメンテナンスの手間が生じます。

[14]：PC、スマホ、タブレット、キーボード、マウス、トラックボール、机、椅子、寝具などが当てはまります。
[15]：節約・倹約の世界における、固定費の見直しに相当します。固定費とは保険の費用や通信費などです。固定費を下げるために契約を見直すのは多少面倒ですが、一度下げられれば後は努力することなく毎月の節約分を享受できます。一方、食費のような変動費を削減し続けるには、毎月ずっと倹約生活を維持しなければなりません。

🎁 何から始めたらよいのかわからない人へ

　ホワイトハッカーを目指してスキルアップする行為そのものに没頭できるぐらいまで持っていければ、自ずと道は開けてきます。ホワイトハッカーに到達できなくても、IT技術者としては十分に活躍できることでしょう。

　しかしながら、そう言われても「好きなことが見つかっていない」「そもそも何から手を付けたらよいかわからない」という人もいることでしょう。他者のアドバイスを求めがちですが、まずは自分自身で行動するのが重要です。次にいくつかのヒントを示しますので、参考にしてください。現状を打破するきっかけになるかもしれません。

◆ 書店や図書館で本を眺める

　世の中には本が溢れており、一生涯を読書に費やしてもまったく足りません。

　本との出会いは一期一会です。何気なく書店や図書館で手に取った本が、あなたの人生を大きく変えるかもしれないのです。書棚の前に立ち、タイトルを眺めるだけでも、IT業界（厳密にはIT技術書）の流行がわかります。

◆ 積読になっている本を通読する

　手元にあって読んでない本があれば、それに手を付けてみましょう。理解が及ばないところは無視して、全体に目を通すだけでも十分に効果はあります。

◆ モチベーションや目標より行動が大事

　立派な目標であってもまったく行動しなければ意味はありません。読書であれば1冊を読破すると意気込むよりも、1行でも読み始めることの方が大事です。

　最初は些細なことでもかまいません。まずは行動するのが重要です。うまくいくようであれば継続して深掘りするのです。読書を習慣にすれば、目標やモチベーションの有無にかかわらず本を読破できます。

◆ 憧れの人を模倣してみる

　尊敬する人や憧れている人がいれば、行動を真似するというアプローチがあります。Twitterやブログをチェックすることで、その人の行動を垣間見られます。読んでいる本、取り組んでいる研究課題、作っているもの、買っているものなどがわかるはずです。

そういったものを参考にして、自分の生活にも取り入れるのです。その人が自伝やエッセイを書いているのであれば、スキルアップのスタイルや思考法を知るきっかけになります。

◆ 他人からのお願いに応える

自分のやりたいことがなければ、他人のお願いを叶えてしまうことも有効です。家族、友人、パートナー、お世話になっている人などが対象になります。人助けになると同時に、充実感が得られます。このことが好きなことを見つけられるきっかけになるかもしれません。

◆ 過去の自分を振り返る

自分がこれまで一番時間をかけてきたこと、昔没頭してきたことを思い出してみてください。特に、子供のころに何かに没頭した記憶はありませんか。絵、工作、昆虫採集、何でもかまいません。うまいへた関係なく、時間を忘れるほど熱中していたはずです。過去にそういう経験があれば、今のあなたにもその力の一部は残っているはずです。過去の思い出で自分を奮い立たせて、スキルアップに取り組んでみてください。

◆ クリエイティブなことをする

人は独創性を実現できると強い満足感を得ます。そのためにはクリエイティブなことをするのが有効です。

インプットが順調であればとことんやればよいでしょうが、そうでなければアウトプットに比重を傾けてみるのです。ある程度、経験を積めば、自分に合ったインプットとアウトプットの割合がわかってくるはずです。

📖 不明点や疑問に出会うのは宿命

不明点や疑問は避けられません。むしろ学べばどんどん湧いてきます。1つの疑問を解決するために調べてみたら、10個の新しい疑問が出てくることさえあります。これは大袈裟な話ではありません。知ることによって、これまで意識していなかったものが見え始め、新たな疑問につながるのです。

たとえば、テレビ本体に番組が映る原理を調べて解決したとします。すると「受信した電波がどのように映像に変換されるのか」「テレビアンテナはなぜあのような形状なのか」「テレビの電波は他の電波と干渉しないのか」などと別の疑問が湧いてきます。

　よって、不明点や疑問にネガティブなイメージを持つべきではありません。むしろ不明点や疑問があるのは当たり前なのです。スキルアップすればするほど増えていくものでもあり、不明点や疑問がたくさんあるということはスキルアップが進んでいることの間接的な証拠ともいえます。

◆ アドバイスですべての疑問は解決できない

　スキル向上の基本は独学になるといいましたが、それに対して「わからないところがあったらどうするのか」という疑問・反論があるかもしれません。

　それではスクールで技術を学んでいる状況を考えてみましょう。こういった状況であっても、必ずわからないところにぶつかります。あなたが学生時代に授業を受けていたときにもわからないところがあったはずです。つまり、独学でなくて教育を受けているような環境でも不明点・疑問点に出会うのです。

　先生や友人に質問できる環境にいたときに、どのような行動を取ったのかを思い出してください。いつも積極的に質問していたのであれば何も問題はありません。しかし、多くの人はそうではないでしょう。「こんな質問したら恥ずかしい」「相手の時間を奪うわけにはいかない」「聞く前に自分で調べるべきだ」と考えませんでしたか。それ以前に疑問の解消を放棄してしまう人もいるかもしれません。幸運にも学校という質問できる環境にいたにもかかわらずそれを活かし切れていなかったのであれば、これからスクールに入っても同じ結果になるでしょう。

　さらに、ホワイトハッカーを目指すあなたは、次第に高度なことを学ぶことになります。高度な内容になればなるほど、疑問点を聞ける相手は少なくなります。そして、自己解決できない人が第一線にたどりつくことはとても難しく、達したとして研究課題の答えを誰に聞くのでしょうか。したがって、自分で解決する術を身に付けるしかないのです。

◆ 疑問に遭遇したらスキルアップのチャンス

　仕事でIT技術を扱ったりする過程において、未解決問題や修羅場に遭遇することがあります。また、学習の過程で不明点に出会ってしまうことがあります。普通であればこうした困難を避けたいと思いますが、出会ってしまったものは仕方ありませんし、一般的に避けようがありません。

　そこで、逆にスキルアップのチャンスだとポジティブにとらえてしまうのです。その問題を解決できれば実績になり、自信にもつながります。解決できなかったとしても、その困難を打破しようとした経験は今後に活きます。

　特に学習過程で出合った困難であれば、学びの一環として活用してしまうのです。PCをいじり倒しても爆発するわけではありません。最悪でも起動できなくなる程度でしょう。むしろ壊れるのを恐れて何もしないぐらいであれば、壊れるのを恐れずにいじり倒してしまう方がスキルアップの糧になりますし、ホワイトハッカーの素質を持っているといえます。

　現代のPCはどんどん小型化され性能もよくなっていますが、ブラックボックス化が進んでいます。ブラックボックス化が進むということは、内部処理を意識しなくて済みます。日常ではよいことですが、何らかのトラブルが発生したときに内部処理がわからないので原因を突き止めにくいのです。

　昔は今と比べて使いにくいPCやソフトウェアがたくさんありました。たとえば、昔のWindows（特にWindows 98の時代）は頻繁にブルースクリーンが起こるため、数カ月に1回は再インストールしたものです。トラブルが頻発しやすい状況でしたが、対応を繰り返すことで自然に問題解決能力を高められました。

　一方、今のWindowsは滅多なことがなければブルースクリーンが起こりません。ブルースクリーンになれば、PC歴が長い人にとっては「久しぶりに見た」と感慨深く感じるほどです。一方、PC歴が浅い人はほとんど遭遇したことがなく「どうしたらよいのだろう」と焦ってしまうかもしれません。だからといって「昔の方がよかった」「古いPCを操作しろ」といいたいわけではなく、出会った困難をチャンスとしてとらえてほしいだけなのです。

　そうでなくても現在は経験を通じて内部の仕組みに触れるチャンスが少なくなりつつあり、これを補うためには自発的に仕組みについて学ぶ必要があります。座学で学んだことを実際のトラブル解決に活かす、絶好のチャンスなわけです。

3
ホワイトハッカーを目指すために知っておくべきこと

🟦 疑問をどう自己解決するか

疑問は避けられず、うまく付き合うべきと説明しました。ここでは、不明点や疑問を自己解決するアプローチをいくつか紹介します。

◆ Google検索する

基本中の基本のアプローチです。3割程度の疑問はこれで解決するでしょう。ただし、内容によっては間違い（ページの作者の勘違いを含む）の可能性もあるので、複数のWebサイトを読み比べます。

◆ 他言語でキーワード検索する

日本語のWebサイトで有益な情報が見当たらなければ、用語を英語などの他言語に翻訳してGoogle検索します。ヒットするWebサイトが数倍に増えるため、問題を解決できる可能性が高まります。

◆ 関連するキーワードを含む本を全部読む

いきなり全部が無理なら20冊程度でもかまいません。20冊を読めば、1冊ぐらいは問題解決につながる本が見つかるはずです。

複数の本で共通する内容は重要かつ本質的な事柄であるため、その理解に重点を置いてください。

◆ キーワードで論文検索する

論文は新規性のある主張を提案・発表することを目的としていますが、序盤には研究の背景、前提となる基礎知識が書かれています。ある程度のページ数がある論文の場合は特にそうです。Webサイトや本の情報のように冗長な説明がなく、本質が簡潔に書かれています。そのため、筆者の独自解釈が少なく、情報の信頼性が高いといえます。

なお、論文検索に活用できるWebサイトは第4章で解説しています。

🟦 結果を残したいのなら言い訳をしないで行動する

コンピュータの世界だけはありませんが、一般に成果を残せない人や成功しない人には言い訳が多いといわれています。「スキルがない」「知識がない」「時間がない」「学歴がない」「環境が悪い」などとできない理由を探すのではなく、できる理由を探すようにしてください。

　たとえば、プログラミングスキルがないと嘆くのではなく、1日のタイムス
ケージュールを見直して無駄な時間を削減して、今すぐ1行でもよいのでコー
ドを書くのです。

　さらに行動を優先することの利点は他にもあります。行動を起こさずに時
間を置いてしまうと、不安や悩みが沸き上がりやすいためです。悩んだ挙句
何も行動を起こさないと、後で「あのとき何も選んでこなかった」という自信
が喪失し、「あのとき行動すればよかった」という後悔が残ってしまいます。

　よって、まずは行動することです。1日だけ、1回だけ、1行だけと些細なこ
とでもよいので一歩前進するのです。行動した上で課題点が見つかれば、行
動を継続しながら改善を加えていけばよいのです。

　ホワイトハッカーになるという大きな目標を登山にたとえるなら、何年間も
山を見つめながら綿密に計画を立てていても、前進しなければ永久に登頂で
きません。少々甘い計画であっても、とりあえず前進すれば登頂にその分だ
け近づけます。前進しながら、反省点や課題点を改善し、計画を随時アップデー
トすればよいのです。

インプットとアウトプット

　IT技術のスキルアップの過程ではインプットとアウトプットをすることになり
ます。ここでいうインプットとは書籍や文献などで知識を身に付けることです。
場合によってはセミナーや動画といった形式で指導を受ける場面もあるでしょ
う。一方、アウトプットとは学習した内容を一度自分の脳内で整理して、何か
を生み出すことです。自力でプログラムを作り上げること、本を書くことなど
が該当します。また、知識を整理するためにブログを書いたり、書籍に載って
いるプログラムを改造したりするといった、些細なこともアウトプットに含まれ
ます。

　インプットとアウトプットを比較すると、一般にアウトプットが重視される傾
向があります。それはアウトプットすると、他人に成果が認められるためです。
仕事でいえば、質の高いアウトプットが多ければ、それが他人から称賛され、
社会にも影響し、金銭的な報酬に直結します。

　だからといって、ほとんどインプットせずに、大きな成果となるアウトプット
するにはよほどの才能がなければできません。逆に、まったくアウトプットしな
いで、インプットだけしまうと単なる物知りになるだけです。

ホワイトハッカーを目指すのであれば、（才能のある人は別として）圧倒的なインプットで吸収し、駄作・良作を意識せずにたくさんアウトプットすることをおすすめします。ビジネス書ではバランスが重要と主張されることが多く、確かにビジネスマンであればそうかもしれません。しかしながらホワイトハッカーという観点からはそういった常識は通用しません。

第一線で活躍しているホワイトハッカーのアウトプットはすごい成果ばかりに見えるでしょう。高額な報奨金が得られる脆弱性の発見、セキュリティ専門家御用達のソフトウェアの開発、歴史に残るようなIT技術の発明、アカデミアで認められた論文の発表、全世界に翻訳されるベストセラーのIT技術書の出版などが挙げられます。こうした称賛されるアウトプットはいきなり生み出されたわけではありません。見えていないところで膨大なインプットした上で、たくさんの成果物をアウトプットしています。その中には些細なものや評価されなかったものもあるでしょう。しかし諦めずにアウトプットを継続し、その結果を自分にフィードバックし、改善を繰り返してアウトプットが精錬されていった結果なのです。

🔲 無理に群れる必要性はない

ホワイトハッカーに必要な素質には入れていませんが、コミュニケーション能力が高ければ、生きていく上で有利なことは確かです。そして、ハッカーチームを組んで互いに切磋琢磨したり、お互いの得意分野でチームの能力を高めたりすることは、セキュリティ業界で生きていく上でも有効でしょう。しかし気の合うチーム、自分を認めてくれるチームが永久的に続くとは限りません。チームがいつか解体することを想定すれば、チームがなくても単独で成果を出せる力こそが重要といえます。

それではPC初心者のころに仲間探しは必要なのでしょうか。このころに仲間を探したい理由には「同等レベルの人がいることを確認して安心したい」「自分と同じようなことを学んでいる人と情報交換したい」などが挙げられます。

もう一度あなたの本当の目標を考えてください。ホワイトハッカーになることが大目標であり、仲間探しはその手段にすぎません。PC初心者のころにできた仲間はあなたが中級者・上級者になったときまで協力関係にあるとは限りません。うまくいっているときはよいですが、スキルアップの足かせになったり、最悪の場合は足を引っ張られたりする恐れがあります。

よって、本書の結論としてはPC初心者のころから仲間探しをする必要はないとします。注意してほしいのは、ここで言いたいのは時間を割いたり、仲間がほしいと過度に主張したりする必要性はないという意味です。自然にできる仲間や知り合いを排除する必要はありません。

CTFに挑戦するレベルに到達したら、仲間集めで得られるものがあります。競技のルール上チームの方が有利という側面もありますが、CTFに挑戦するぐらいのレベルの仲間であれば切磋琢磨し合えるはずです。

あなたが大きな成果をあげて周囲に評価されるようになれば、周囲から勝手に集まってきます。セキュリティのイベント、仕事などのチャンスも転がってくるでしょう。安心してスキルアップに励んでください。

📖 他人と比べる必要はない

ネット、特にSNSを見ていると、自分よりも若い人が素晴らしい成果を出していることが目立ちます。それに対して劣等コンプレックスを感じる必要はありません。

あなたは彼らの後ろを歩いているわけではありません。同じセキュリティ業界に向かって進んでいたとしても、終着点はみんな異なります。セキュリティ業界の最先端で仕事をしている人たちを見てください。セキュリティ企業で脆弱性診断に従事している人もいれば、大学院でセキュリティを研究している人もいます。また、フリーランスでバグハンターとして活躍する人がいたり、セキュリティイベントの運営に邁進する人もいたりします。さらに、同じくWebセキュリティを専門としていても、それぞれが気にしている課題は異なります。

あなたがスキルアップを継続すれば、彼らと同様にセキュリティ業界の最前線で活動する場面がいつかやってきます。彼らと情報を交換することがありますが、誰もあなたの時間を奪うことはありません。

今やるべきことは、自分がセキュリティを好きという気持ちを大事にしてスキルアップに励むことです。他人と比べる必要はありません。ただし、自分は自分と言い訳をしてスキルアップをさぼってはいけません。自分自身に対して危機感を持ち、毎日前進することを心がけるのです。昨日の自分と比べて今日の自分が進歩していればよしとします。言い換えれば、昨日より一歩でも成長するためには、今日できることに全力を尽くすのです。

　世界の著名人たちも同様の言葉を残しています。この言葉を胸に刻んで、精進してください。

- 「他人が自分より優れていたとしても、それは恥ではない。しかし、去年の自分より今年の自分が優れていないのは立派な恥だ」（英国の政治家・自然学者・考古学者・探検家 ジョン・ラボック）
- 「本当の競争相手？　それは自分自身」（米国の女子陸上競技選手 ウィルマ・ルドルフ）
- 「自分のことを、この世の誰とも比べてはいけない。それは自分自身を侮辱する行為だ」（米国のMicrosoft創業者 ビル・ゲイツ）
- 「嫉妬は常に他人との比較においてであり、比較のないところには嫉妬はない」（英国の哲学者 フランシス・ベーコン）
- 「他人と比較してものを考える習慣は、致命的な習慣である」（英国の哲学者 バートランド・ラッセル）

　優秀な人が眩しく感じられるのであれば、こう考えてください。いくら嫉妬してもその差は埋まりません。彼らからよい意味でも悪い意味でも何か得られるものがないかを調べてみるのです。また、嫉妬・怒り・不満・反骨心といった感情を完全になくすのは難しいでしょう。こうした感情が沸いたら、それをバネにしてスキルアップしてください。ネガティブ思考をなくすことを努力するのではなく、ポジティブな行動に昇華させて、小さな成功体験を積み重ねるのです。

SECTION-18

IT技術のスキルアップ

最初にどのOSを選ぶべきか

　初心者から「どのPCを選ぶべきか」「どのOSを選ぶべきか」という質問をよく受けます。どれが最適かは何をやりたいかによって変わってきます。たとえば、ゲームをやりたいならWindows、サーバーを構築したければLinux[16]、iPhoneアプリケーションを開発したいならMac(macOS)となります。「いろいろなことに使いたい」「それぞれのOSの違いがわからない」と漠然と悩んでいるのであれば、Windowsが最も無難な選択になります。そして、ホワイトハッカーのスキルアップのためにパソコンを新調するのであれば、1台目のOSにはWindowsをおすすめします[17]。

　MacやLinuxが劣っているといっているわけではありません。あくまでハッキングの実験目的であれば、最初はWindowsがよいと言っているにすぎません。なぜなら、Windowsであれば、多くのセキュリティツールが対応していますし、Linuxほど前提知識を要しないからです。精錬されているわけではありませんが、何をするにしても大体のことは無難にこなせます。さらに、ハッキングの教材において採用されている、多くの実験環境はWindowsベースであることが多い傾向にあります。

　ある程度のスキルがあれば、Windowsベースの解説をMacの環境に置き換えて、Macでも対応できるでしょう。たとえば、Boot Camp[18]や仮想環境[19]でWindows環境を構築したり、別に用意したWindowsマシンにリモートデスクトップで接続したりするなどです。しかし、考えるべきことが多くなるのは事実ですし、そもそも本テーマである1台目のOSに悩むぐらいの初心者では対処できない恐れがあります。

[16]：たとえば、国際宇宙ステーションに搭載されているほとんどの端末ではLinuxが採用されています。身近なところでいえば、Android搭載スマホ、ルーター、コピー機など、小型のコンピュータを内蔵する機器の多くでLinuxが採用されています。
[17]：個人的には好きなOSを使えばよいと思います。結局のところ、スキルアップの過程であらゆるOSに触れることになります。どちらが先になるかの違いにすぎません。すでにMacを持っているのであれば、わざわざWindowsに買い替える必要性はありません。
[18]：Boot Campを使えば、Macマシンの起動時にmacOSとWindowsを切り替えられます。完全にmacOSとWindowsを切り替えるため、複数のOSを同時に使うことはできません。状況に応じてmacOSとWindowsを切り替えるわけですが、初心者が最初から2つのOSを扱うことになると、学習対象が分散されてしまい、知識の習得が非効率になります。
[19]：Mac用の仮想化ソフトウェアにVMware FusionやParallels Desktop for Macがあります。これらを導入することでMac上に別のOS(ここではWindows)を起動できます。ただし、仮想マシンを動かすため、マシンスペックを要求されます。さらに、CPUのチップの種類がIntelチップかM1チップかによって、動かせる仮想マシンが違ったり、動いたとしても機能に制限があったりします。

103

そうした意味もあり、ホワイトハッカーを目指す上での1台目はWindows、2台目や3台目でMacやLinuxを視野に入れてください。広く使われているWindowsを触っておくことで、他のOSのメリットとデメリットが見えてきます。特にWindowsからMacに移行すると、見た目の美しさや操作性だけでなく、iPadやiPhoneとの連携のしやすさ[20]、バックアップのシンプルさ、新PCへの乗り換えやすいことなど、多くの魅力を強く感じられます。

◆ デスクトップPCとノートPCのどちらがよいか

次に1台目にデスクトップPCとノートPCのどちらを選ぶべきかを考察してみます。中級者以降であれば、それぞれの特徴をすでに理解しているはずなので、自由に選べばよいでしょう。そもそも中級者レベルに達していれば、複数台のPCを所有して使い分けるという柔軟性を持ち合わせているはずです。

問題は初心者のPC選びです。「部屋に置いてもコンパクトで場所を取らない」「持ち運んで作業ができる」と夢の道具のように思うかもしれませんが、残念ながらほとんどのケースにおいて幻想であったことに気付かされます。

その理由はいろいろありますが、ここでは代表的なものだけをピックアップします。

第1の理由はPCを操作しないときでも、基本的に電源を落とすことは少ないということです。初心者にとっては意外なことかもしれません。電源を入れてから操作ができるまでの待ち時間が無駄になるので、PCを日常使いする人の多くは電源を落としたりしないのです。外泊するなど1日以上自宅を空けるなら電源を落とすかもしれませんが、就寝中や半日外出するぐらいであれば電源をわざわざ落としません。それぐらいPCが日常生活に密着しており、すぐに操作できる環境に身を置いていることを意味します。

スキルアップの継続性の観点からも電源を落とすことはすすめられません。スキルアップに取りかかるハードルを下げるためには、PCを定位置に固定して、電源は入れたままにしておきます。さらに、テキストエディタやブラウザを立ち上げておいてすぐに操作できる状況を作り上げるべきなのです。

---

[20]：Mac、iPad、iPhoneを連携させることで格段に便利になり、これらはApple製品の三種の神器とも呼ばれます。

第2の理由は価格の差です。同性能のノートPCとデスクトップPCを比較すれば、ノートPCの方が確実に高くつきます。値段は1.5倍以上の差が出てくるでしょう。

ノートPCはコンパクトゆえに拡張性が低く、パーツを交換して延命することが難しくなります。パーツが流通するようなノートPCであれば交換できますが、コストはそれなりにかかります[21]。

第3の理由は操作性についてです。自宅にてノートPCで作業するシーンを考えると、わざわざ小さいモニターやキーボードで操作することになります。出先ならば仕方ありませんが、自宅なのに1日に何時間、それを何年も続けるわけにはいきません。これを解決するには、外部モニターを追加し、好みのキーボードやマウスを外付けすることになります。これでようやくデスクトップPCの操作環境と同程度の快適さになります。

結局のところ、ノートPCを買っただけで終わらず、操作性を快適するために追加投資が必要になります。部屋を圧迫しないという目的でノートPCを導入したにもかかわらず、周辺機器が増えることを避けられず、デスクトップPCと比べてわずかしか省スペースを実現できない状況がほとんどです。

余談ですが、ホワイトハッカーを目指すのであればこれだけでは終わりません。学ぶ上で本や資料が集まっていきます。周辺機器やネットワーク機器といったハードウェアも増えていきます。さらには専門とするハッキングの分野によっては、マイコンボード、電子部品、工具類、測定器、3Dプリンタなどが必要になります。どうしてもモノが増えていく運命にあるわけです[22]。

以上ではノートPCのデメリットばかりを挙げましたが、目的が明確になっていればノートPCが強い味方になります。毎日出先で数時間作業するのであれば、高額であっても高性能かつ頑丈なノートPCを購入するのはありでしょう。徒歩であれば軽いノートPCがよいかもしれませんが、車移動であれば少々重いノートPCも選択肢に入ってきます。

1台のデバイスですべてを完璧にこなそうと考えてしまうことが間違っているのです。デスクトップPC、ノートPC、タブレット、スマホを適材適所で使い分けることこそが最も合理的といえます。

[21]：たとえば、Lenovo製のノートPCであれば、公式が分解マニュアルを用意しており、パーツの交換時に重宝します。
[22]：最近はミニマリスト（持ち物をできるだけ減らして本当に必要なモノや大切なモノだけを厳選して暮らす人、あるいはそういった暮らし方）や断捨離が流行っていますが、両立は困難かもしれません。

◆ 本書が提案するPCの選び方

　最後にホワイトハッカーを目指す初心者に向けて、おすすめのPCの選び方を提案します（図3-03）。ただし、読者の状況はそれぞれ異なるわけで、ここで示す方法が最適といい切れませんが、参考にはなるはずです。

●図3-03　PC構成の選び方

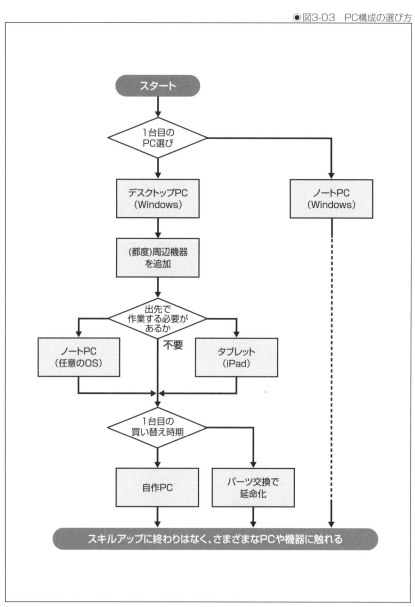

　1台目はWindowsのデスクトップPCを選びます。見栄えにこだわる必要性はまったくありません。スキルアップの過程でどんどんPCを買い替えていくことになるからです。

　メーカー製のPCより、ショップブランドのBTO[23]のPCの方が価格を抑えられます。PCに詳しい知人がいれば、スペックと値段が釣り合っているかを聞いてください。ただし、その人にすべてを任せっきりにしてはいけません。最後に購入の決断を下し、PCを扱うのはあなた自身であるためです。

　1台目のPCを数カ月使っていると、そのPCの不満や課題が見えてきます。キーボードやマウスといった外部入力機器を交換したくなるかもしれません。マウスはすぐに使い物にならなくなるので（特にホイールがダメになりがち）、消耗品と考えてあまり高いものを買う必要はないでしょう。キーボードが壊れることはほとんどないので、入力しやすいと感じたのであれば高級キーボードを選ぶのはありです。キーボードやマウスの導入コストが大きくても、将来的に別のPCで使いまわせます。

　もし出先にてスマホで満足できない状況になったら、ノートPCかタブレットの導入を検討します。

　「週に数日しか持ち歩かない」「出先で30分程度しか使わない」「出先で長時間使ったとしてもWeb巡回や動画鑑賞ばかり」「日々講義ノートをとる」ということであればタブレットでカバーできます。ただし、安価なAndroidタブレットは避けた方が無難です。電子書籍の読書やノートをとる効率性を考慮して、少々値が張ってもiPadを選択したほうがよいといえます。リセールバリュー[24]が高いので売るときにも困りません。

　例外として風呂場・寝室・トイレ専用のタブレットであれば、Kindle Fireのような5000円ぐらいで買えるタブレットでもよいでしょう。

[23]：「Build To Order」の略称で、受注生産を意味します。注文があって初めてショップがPCを組み立てます。ほとんどの場合は完全受注生産でなく、ある程度ベースが決まっていて、購入前にカスタマイズできる形態が一般的です。
[24]：リセールバリュー（resale value）とは資産価値とも言い換えられ、取得したモノを再び売却したときの価値のことです。

一方、出先でもプログラミングをしたいのであればノートPCを購入します。この段階では1台目のPCという条件から外れるため、OSは何でもかまいません。慣れているWindowsでもよいですし、Macに挑戦してみるのもよいでしょう。ただし、まだPC歴が1年を経過していないのであれば、1台目と同じOS（ここではWindows）を選ぶのが無難な選択肢です。MacBookより安価ですし、Windowsの知識を使い回せるので学習効率が下がりません。

メインで使っているデスクトップPCに不満が出てきたら、パーツを交換・増設して延命させるか、PCを買い替えるかのどちらかになります。

買い替えるのであれば、これをきっかけとして自作PCに挑戦することをおすすめします。自分のやりたいことを実現できる性能を備えたPCを自由に組み立てられますし、PCスキルを向上させる上でとても貴重な体験になるはずです。たとえば、自作PCの経験は、PCケースの内部のパーツを交換したり増設したりする際にも役立ちます。ハードウェアに対する心理的な抵抗感も少なくなります。パーツの交換ではなく、自作PCを追加する形であれば、わからないことがあれば元のPCで調べられます。

長年PCを触っていると、PC、タブレット、スマホを使い分けるようになります。すると新しい課題が見えてきます。ネットワークの高速化、デバイス間のデータの同期、データのバックアップなどです。これらを1つずつ解決していき、スキルアップを向上させると同時に、よりよいPC環境を構築していくのです。

データの同期を考えるとApple製品のよさに気付き始めますし、バックアップのためにNASやクラウドのストレージサービスの必要性を強く感じられます。

機械いじりが好きであれば、小型コンピュータと電子回路の連携に魅力的に感じる人もいるでしょう。また、近年ははんだ付けでキーボードを組み立てる、自作キーボードも流行っています。どんどん新しいことに挑戦してみてください。すべての経験がスキルアップにつながります。

実機・仮想環境・クラウドを使い分ける

ハッキングの実験では複数のOSを同時に実行する環境が必要になる場合があります。それを実現する方法として、次が挙げられます。

1 仮想環境で安全にハッキング・ラボを構築する[25]。

2 隔離したネットワーク内に物理PC（実機）を配置する。

3 Dockerで脆弱Webアプリケーション環境を構築する。

4 Windows+WSL2[26]を用いてLinuxを動かす。

5 Linuxのブート用USBメモリを用いる。

6 マルチブート[27]でOSを切り替える。

7 クラウド環境にLinuxをインストールする。

どの選択肢がよいかは状況次第です。1であれば、手軽に環境を用意でき、最終的に汚染された環境を廃棄できます。そのため、マルウェアといった危険なプログラムを扱う環境としては持ってこいといえます。ところが、賢いマルウェアは仮想環境上であることを検知して怪しい挙動を控えます。こういう場合は2が有効です。

また、サーバー侵入の実験であれば、攻撃端末と標的端末を用意することになるので、一般に1か3を選ぶことになります。

こうした技術はセキュリティの場面だけでなく、ソフトウェア開発やインフラ構築といった場面でも大いに役立つので、積極的に学習するとよいでしょう。

ホワイトハッカーを目指すために知っておくべきこと

---

[25]：拙著『ハッキング・ラボのつくりかた』（翔泳社刊）では、1のアプローチで環境構築しています（https://www.shoeisha.co.jp/book/detail/9784798155302）。
[26]：Windows上でLinuxを動作させるための仕組みです。
[27]：1台のPCに複数のOSをインストールして、起動するOSを選択できる仕組みです。特に2つのOSを切り替えられるとき、デュアルブートといいます。

⬡ ネットワーク環境で遊ぶ

　ホワイトハッカーに必要な技術としてネットワークスキルを挙げました。ここではその具体例の一部を紹介します。

　まずはPC環境の利便性を向上させることを目的としつつ、ネットワークスキルを向上させます。それ以降はネットワークの知識を強化するという観点で実際に手を動かしてください。

◆ 利便性を向上させる例

　利便性を向上させる例は次の通りです。

- LANを構築して、すべてのデバイスをネットワークに接続する。
- 複数のデバイスでファイルを共有・同期する仕組みを作る。
- 無線LANの電波が遠くまで届くように無線LAN中継器を導入する。
- 自動バックアップシステムを確立する。
- Dropbox[28]、OneDrive[29]、iCloud[30]といったクラウドストレージサービスを使い分ける。
- LANにNAS[31]を設置し、NAS内の画像・動画をスマホやタブレットで視聴できるようにする。
- 来客向けの無線LANネットワークを用意する。
- リモートデスクトップで別の部屋のPCを遠隔操作できるようにする。
- 自宅をスマートホーム化する。
- ネットワークの高速化を検討する。インターネット回線の見直し。高速通信に対応したネットワーク機器やLANケーブルを導入する。

---

[28]：アメリカのDropbox, Inc.が提供するオンラインストレージサービスです（https://www.dropbox.com/）。オンラインストレージとローカルにある複数のコンピュータ間でデータの共有や同期を実現します。私がメインで使っているストレージサービスであり、2Tバイトの容量を利用できるPlusに加入しています（月額10ドル程度）。

[29]：Microsoftが提供するオンラインストレージサービスです（https://www.microsoft.com/ja-jp/microsoft-365/onedrive/online-cloud-storage/）。

[30]：Appleが提供しているオンラインクラウドサービスです（https://www.icloud.com/）。私はDropboxやOneDriveを使っていますが、iPadのデータをバックアップする必要があるのでiCloudも使っています。

[31]：ネットワークに接続して使用するHDDのことです。ファイルサーバーが組み込まれているので、ファイルの共有やバックアップの用途に使えます。

◆ スキルアップを目的とする例

スキルアップを目的とする例は次の通りです。

- Raspberry Piや使わなくなったPCで実験用サーバーを構築する。
- レンタルサーバーでサイトやブログを運営する。
- VPS[32]でサーバーを運用する。
- Docker[33]でWebサーバーを構築する。Docker Compose[34]で3層Webアプリケーション[35]を構成する。
- AWS、GCP、Azureといったパブリッククラウド上にWebサービスを構築する[36]。加えて、CDNやDNSの設定、運用監視、継続的インテグレーションを実施する。
- ハニーポット[37]を設置してリアルタイムの攻撃を収集する。
- GNS3[38]、Cisco Packet Tracer[39]、Network Namespace[40]などでネットワークをエミュレートする。
- 複数台のRaspberry PiでKubernetes[41]のクラスタを構築してモバイル化する。
- 自宅にラックサーバー[42]を導入する。
- LANケーブルを自作する。
- ネットワーク機器(スイッチやルーターなど)の実機を揃えて、ネットワークの検証・実験をする。

[32]：実際は共用サーバーでありながら、仮想化技術により専用サーバーと同等の機能を備えた、仮想的な専用サーバーです。レンタルサーバーでは機能が制限されていますが、VPSであれば基本的に自由に扱えます。ただし、自由には責任を伴い、常に攻撃に晒されるのでセキュリティ対策が必要になります。
[33]：Docker社が提供するコンテナ管理ツールです。コンテナにはアプリケーションと実行環境がペアが含まれているため、アプリケーションの動作を変化させることなくDockerがサポートする別システムへ簡単に移植したり、コンテナの組み合わせを変更するだけでさまざまな環境を構築したりできます。
[34]：1台のホストマシン上に複数のDockerコンテナを立ち上げられるツールです。
[35]：Webサーバー、アプリケーションサーバー、データベースサーバーの3層から構築されるWebアプリケーションです。
[36]：実務では最新技術を使うことが求められるかもしれませんが、自己学習なので「物理PC⇒VPS⇒クラウド上で仮想環境⇒Docker⇒クラウド上でコンテナ管理」と段階的にステップアップできます。
[37]：不正なアクセスを受けることを前提としたシステムです。おとりとしてネットワークに公開することで、攻撃者やウイルスをおびき寄せられます。
[38]：Cisco製のネットワーク機器をソフトウェア上で操作できるネットワークシミュレータです(https://www.gns3.com/)。Cisco IOS(Cisco製のルータやスイッチで使われているソフトウェア)のイメージファイルが必要です。
[39]：Cisco Networking Academyが提供する、Cisco公式のネットワークシミュレータです(https://www.netacad.com/ja/courses/packet-tracer/)。Cisco IOSのイメージファイルを自分で用意しなくてよいため、GNS3より準備に時間がかかりません。
[40]：仮想的なネットワークを構築できるLinuxの機能です。
[41]：コンテナ管理を自動化するためのソフトウェアです(https://kubernetes.io/ja/)。K8sと略されることもあります。
[42]：ラックマウント型サーバーのことです。データセンターでは専用ラックにラックマウント型サーバーが搭載されています。ネットワークが大好きな人たちは自宅にもこうした環境を構築して、ネットワークの実験をしています。こうした環境を自宅ラックと呼びます。

🗐 プログラミングを学ぼう

プログラミング言語はたくさんあります。Wikipediaのプログラミング言語一覧[43]には300以上の言語が掲載されています。代表的なものを挙げると、C言語、C++、C#、Python、Go、Java、Ruby、JavaScript、PHP、Rust、TypeScriptなどがあります[44]。

IT技術を伸ばす上でプログラミングを避けられません。なぜならコンピュータと仲よくなるためには、プログラミング言語で指示する必要があるためです。

初心者が一番気になることは「どのプログラミング言語から学ぶべきか」「どうやって学ぶのか」という2点でしょう。

◆ どのプログラミング言語から学ぶべきか

作りたいソフトウェアやサービスが決まっていれば、プログラミング言語を絞れます。そういうものがまだなければ、人気のある言語、古くから選ばれている言語を選択するとよいでしょう。プログラミング環境の構築でつまずいたり、学習教材の選定で悩んだりすることを避けられるためです。具体的な例を挙げれば、Python、PHP、JavaScriptなどになります。ある程度、文法を習得すれば、ちょっとしたツールを作れます。

プログラマーになりたければ、現場が必要とするプログラミング言語を使いこなす必要があります。また、セキュリティやハッキングの世界では、C言語やアセンブリ言語を要求されます。

どんどん扱えるプログラミング言語を増やしていくことになりますが、ある程度、習得する前からいろいろとつまみ食いするのはあまりおすすめできません。どれも中途半端になってしまうからです。そのため、どれでもよいので得意なプログラミング言語を見つけてください。上級者レベルまで極めておけば、業務でも活用できますし、別のプログラミング言語に挑戦し始めても同様の方法で習得できるはずです。

---

[43]：https://ja.wikipedia.org/wiki/プログラミング言語一覧
[44]：その他に、マークアップ言語（文章を構造化する言語）であるHTMLやXMLなど、スタイルシート言語（ドキュメント文書において表示形式を制御する言語）であるCSSなどが存在します。

◆ どうやって学ぶべきか

　プログラミングの力を習得するには、実際に手を動かしてプログラムを書くことが最も勉強になります。初心者向けの書籍を読み、実際にサンプルプログラムを入力します。最初はプログラムに慣れることが重要です。単純に内容をコピーするのでなく、それぞれの命令が何を意味しているのかを考えます。すぐにわからなければ立ち止まって考え、本を読み直したり、インターネットで調べたりします。どうしてもわからなければ理解を保留して、先に進みます。ある程度、学習を進めることで理解できるものもありますので、割り切って進めるしかありません。ただし、数日後には前回理解できなかったコードを読み直してください。

　初心者向けのプログラミング言語の書籍を数冊こなしたら、基本的な文法については理解できたはずです。中級者向けの書籍に進むのもよいのですが、具体的に何か作ることをおすすめします。ちょっとしたツールを作るのもよいですし、定番アルゴリズムを実装してもよいでしょう。その際、最初から完璧を目指す必要はありません。たとえば、ライフゲームのアルゴリズムを熟知しておいて、学び始めたプログラミング言語で実装してみるのです。

　中級者を目指すために、公式サイトが公開している標準ライブラリ[45]に関するドキュメントを読んで、どういった処理が用意されているかを把握します。最初はテキスト処理に関するものから読み始めるとよいでしょう。

　理解しやすいコードを意識するころでもあるので、コードスタイルに関する本[46]を読んで体系的に学びます。他人の書いたプログラムもたくさん読んでください。美しいコードに出会ったら吸収して、自分でもたくさんのプログラムを書くのです。

　他にはフレームワークや周辺サービスの知識を習得することで実用スキルを向上でき、現場で使えるテクニックが増やしていきます。プログラムに脆弱性がないようにセキュアコーディングを学ぶ必要もあります。

3

ホワイトハッカーを目指すために知っておくべきこと

◆ プログラミング環境について

　プログラムを作るには開発環境を用意しなければなりません。どういった開発環境を構築するのかは、「目的が何なのか」「何を作りたいのか」などによって異なります。

　プログラミングを学習しようとしているのであれば、手元に学習教材を用意してください。そして、本やWeb学習プラットフォームなど、その教材が推奨している開発環境を用意します。たとえば、Pythonを学ぶための教材が2つあったとします。片方ではGoogle Colaboratory、もう片方ではメインPC（ローカル環境）にPythonをインストールして開発環境を構築するとします。いずれもPythonを学ぶという意味では同じですが、開発環境が異なるわけです。Google ColaboratoryはJupyter Notebookをベースにしており、ブラウザからPythonを記述・実行できるサービスです。一方、（素の）Pythonはインストーラを実行してPCに導入します。プログラムで必要なパッケージはコマンドラインで追加しなければなりません。どちらがよいとか悪いとかではありませんが、環境構築の観点だけに注目すると、前者は手間がかからず初学者向けといえます[47]。

　メインPC上でPythonのプログラムを入力する場面でもさまざまなアプローチがあります。Pythonの対話型シェルにコードを直接入力することもあれば、テキストエディタでプログラムを作ったり、より高機能なVisual Studio Codeなどのコーディング環境を活用したりすることもあります。さまざまな経験を積み、自分に合った最適な環境を見つけてください。

◆ 趣味のプログラミングと仕事のプログラミングの違い

　ところで、プログラミングを学ぶことを目的とした場合、そのプログラムは基本的に自分だけしか実行しません。また、プログラミングの経験を積んで自分の作業を簡便化するツールを作ったとします。こうしたものは、（ツールの規模や目的にもよりますが）異常時に強制終了してもそれほど問題にはならないでしょう。

　たとえば、自作のネットワークツールを実行したところ、通信先から応答が返ってこない（タイムアウトする）という異常があったとします。プログラムが応答を待ち続けてしまえば、操作者にとってあたかも止まったように見えますが、異常を察して手動で強制終了すれば済みます。

---

[47]：212ページのオンライン学習コンテンツでも、Google Colaboratoryを採用しています。

　しかし、広く使ってもらうことを目的としたプログラムではそうはいきません。異常時に強制終了せずに、ユーザーに対して適切なエラーメッセージを画面に表示し、ログに出力するようにします。そうしなければ、ユーザーが対処しようがありませんし、開発者に問い合わせがあったとしても何が原因でエラーが起こったのか調べようがないからです。よって、ネットで公開して広く使ってもらうツールや、納品するようなソフトウェアでは正常時の動作が正しいのは当然として、異常時のケースをすべて把握した上で設計しなければならないのです。これが趣味レベルとは異なる商品レベルの難しさといえます。こうしたことから「プログラミングは簡単だが、ソフトウェアエンジニアリングは難しい」と表現されます。

　大規模なソフトウェア開発のプロジェクトでは一般に複数人で分担して作り上げます。ソフトウェアは複雑になり、コードの規模も大きくなります。こうした状況ではそれぞれの進捗状況を把握することも重要になります。機能AはAさん、機能BはBさんが実装すると役割を割り当てられたとします。さらに、機能Aは機能Bを呼び出す仕組みになっていれば、機能Aをテストする際には機能Bを完成させておくか、機能Bのモック[48]を用意しておかなければなりません。

　ソフトウェアが大規模になればなるほど、関わる人間が増え、コードが複雑化します。設計・実装・テストを別の人が担当する場合もあります。その結果、設計やプログラミングのミスでバグが紛れ込む可能性が高くなります。レビューやテストでバグを発見したとしても、その影響範囲によっては修正に時間がかかります。こうした状況を少しでも改善化するために、さまざまなツールや手法が提案されています。

　次に代表的なものをいくつかを紹介します（表3-03）。ただし、プログラミングの学習レベルであれば、これらの技術を必ずしもマスターしておく必要はありません[49]。例外的に自分の作ったプログラムを管理したり、ネットで公開されているプログラムを利用したりするために、Gitの知識だけは身に付けておいてください。その他の技術については仕事で必要になった際にその都度、習得すれば十分です。

---

[48]：ソフトウェアテストのために期待する振る舞いをシミュレートするオブジェクトです。
[49]：現在ソフトウェア開発の現場から離れているため、紹介したソフトウェアの中には一部古いものが含まれているかもしれません。

●表3-03　プログラミングのツールや手法

ツール・手法	説明
統合開発環境（IDE）	コーディング、コンパイル、リンク、テスト、バージョン管理といったプログラミングに関する総合的な機能を持つ。プラグインを導入して機能を拡張できる。たとえば、Eclipse、Visual Studio、Xcode、PyCharmなど
バージョン管理ツール	ソースコードの変更履歴を管理する。今はよくGitが採用される
構成管理ツール	ITシステムを構成する要素を一元管理する。アップデートなどの作業を自動化する。たとえば、Puppet、Chef、Ansible、Senji Familyなど
ソフトウェア開発技法	ソフトウェアを開発際の進め方。ウォーターフォールモデル、アジャイル、XP（エクストリーム・プログラミング）、スクラムなど
タスク管理ツール	プロジェクトを遂行するために各メンバーに割り当てられた担当業務を管理する。ToDo課題やバグ報告などを管理する。たとえば、Trello、Jiraなど
プロジェクト管理ツール	プロジェクトの目標達成のための全体を把握する。プロジェクトはタスクの集合体であるため、タスク管理ツールと重複する面もある。進捗を明確にするためにカレンダーやガントチャートなどの機能を持つ。プロジェクト内で情報を共有するWiki機能、タスク管理とバージョン管理ツールと連携できる機能を持つものもある。たとえば、Redmine、Backlogなど
グループウェア	組織内での共同作業の円満を目的として、情報共有するためのアプリケーションソフトウェア。ファイル共有機能、スケジュール管理機能、会議室予約機能、プロジェクト管理機能、電子決済機能などを持つ
コミュニケーションツール	テレビ会議、チャットなどのように複数人と情報をやり取りするために用いる。たとえば、Zoom、Slack、Chatworkなど

COLUMN
プログラミングに関する名言

　コンピュータ史に名を残している先人たちはプログラミングに関して次のような名言を残しています。プログラミングのスキルアップの過程で行き詰ったときに名言を振り返ることで、勇気付くはずです。

- 「あなたが面白いと思うことをやりなさい。楽しくて価値があると思うことをやりなさい。そうでなければ、あなたはまったく上達しないだろうから」（ブライアン・カーニハン）
- 「そもそも、デバッギングはコーディングよりも2倍難しい。したがって、あなたが可能な限り賢くコードを書くとしたら、定義からして、あなたはそれをデバッグできるほど賢くない」（ブライアン・カーニハン）
- 「完璧を目指すよりもとにかくやってしまうことだ」（マーク・ザッカーバーグ）
- 「プログラミングの進展をコードの行数で測るのは、飛行機建造の進展を重量で測るようなものだ」（ビル・ゲイツ）
- 『私にとってプログラミングとは「こんなことを考えたよ」という表現であり、そのための手法です。プログラミング以外の方法でしゃべる術を知らないのです』（金子勇）

ハッカー精神を養うには

📦 分解はハッキングの第一歩

これまで成果物を作り上げることの重要性ばかりを強調してきましたが、逆に壊すという行為もスキルアップにつながります。対象はソフトウェアとハードウェアのどちらでもよいですが、ここでは目に見えてわかりやすいハードウェアの破壊について解説します。

破壊するといっても単純にハンマーでバラバラにするのではなく、順番に部品を外して、きれいに分解するのです。機械の仕組みを知るためには、分解して中を見るのが最も手っ取り早いからです。

ほとんどの製品は省スペース化、配線効率、熱対策、衝撃対策などを考慮して部品が配置されています。さらに、部品同士はネジや爪で固定・接着されています。よって、分解という行為を通じて、内部構造を学習できると同時に、製品の設計思考、部品の特性なども吸収できます。

最初は周囲にある不用品を分解するとよいでしょう。分解用にジャンク品を調達し始めるのは、中級者以降からでも十分です。最近の機器や小型製品は専用マイコンが組み込まれており、分解しても仕組みがわかりにくいこともあります。そこで古くからある製品、ある程度の大きさがある製品、アナログ機器、機械装置が初心者向けといえます。たとえば、ビデオデッキ、ラジカセ、ラジオ、アナログ時計、HDD、ケーブル、ネットワーク機器(ルータやAP、ハブ)、スマホ、生活家電、錠前などが挙げられます。

分解についてのヒントを次に示しますので、参考にしてください。

- 捨てる前に分解すれば、タダで勉強できる。
- 壊してよいものを分解する。勝手に他人の物を分解しないこと。
- 安全第一。怪我や感電に気を付ける。
- 修理を目的として分解するのであれば、組み立てができないレベルまで分解しないこと。
- ネジを1つずつ外す。パーツを少しずつ分解していく。
- うまく外せない場合は手順ミスの可能性がある。たとえば、一部のネジを外し忘れているということはよくある。

- 取り外したパーツを管理する。ネジや小さいパーツを落としてしまうとなくしてしまうことがある。パーツ別に小皿に入れる。分解用マットを使ってパーツが飛ばないように工夫する。
- 電子機器を扱う際には静電気に注意する。
- 電子回路の知識があればより探求できるが、そうでなくても得られるものはたくさんある。
- 分解後に残ったパーツは、他の工作に再活用できることがある。
- さらにスキルアップしたければ、分解したものを再度組み立てるとよい。分解スキルと同時に修理スキルを鍛えられる。
- 分解する過程を細かく写真に残すか、一連の作業風景を動画で撮影することを推奨する。組み立て直す際に役立つし[50]、将来的に何かの発表で使えるかもしれない。
- 道具は徐々に揃えればよい。たくさんの道具や装置を揃えたくなるが、必要に応じて徐々に増やしても問題ない。道具を揃えることに熱中してしまうのでは本末転倒といえる。
- 故障した製品は格安で入手できる。それを修理すれば、経験値を積める上に副収入にもなる。特にスマホ、タブレット、レトロゲーム機の修理スキルは需要が高い。

　私は不要なHDDを処分する際には、データを勝手に復元されないように、分解してパーツを回収しつつ、データ書き込み領域を完全に破壊して廃棄しています。図3-04はHDD分解の場面になります。
　余談ですが、使用済みの記憶媒体からデータを復旧（サルベージ）する行為は、セキュリティでいえばフォレンジックに相当します。サルベージに関連する分解・修理のスキルは今後も需要があると想像できます。

ホワイトハッカーを目指すために知っておくべきこと

[50]：YouTubeではスマホ、ゲーム機の分解・修理の動画が公開されています。特にスマホの分解時には繊細な作業が必要であり、動画はとても役立ちます。

● 図3-04　HDDを分解したところ

周囲の環境の利便性を向上させる

　学びの環境はどこにでもあります。実生活の利便性を向上させるために工夫したり、自分で挑戦したりすることは、ハッキング精神の向上につながります。

　たとえば、自分にとって使いやすいようにPC部屋を改造すれば、その部屋にいる時間が快適になり、PCでの作業効率も自ずと向上するはずです。改造の過程で工具の使い方が上達し、材料や素材の知識に詳しくなります。場目に見えるものばかりなので、やれることが多くなってくると楽しくなってくるはずです。コンピュータの世界にこだわらず、ハッキング精神をさまざまな場面に応用できる柔軟性を持ってください。

　ここでは、いくつかの例を紹介します。

◆ デスク環境を改良する

デスク環境を改良する例は次の通りです。

- PCデスクをDIYする。
- デュアルモニター化する。
- 自分に合ったキーボードやマウスを見つける。
- PC周辺機器でやれる幅を広げる（図3-05）。
- 自作PCや自作キーボードに挑戦する。
- ケーブルの配線を見直す。
- ネットワークを無線化する。
- NASやファイルサーバーを導入して、バックアップ環境を確立する。
- 古くなって使わなくなったPCに軽量LinuxディストリビューションやChrome OSを導入して復活させる。
- PC環境を耐震化する。モニターに耐震ベルトを取り付ける。プリンターの下に防振粘着マットを置いて落下から守る。

● 図3-05　本書の執筆環境

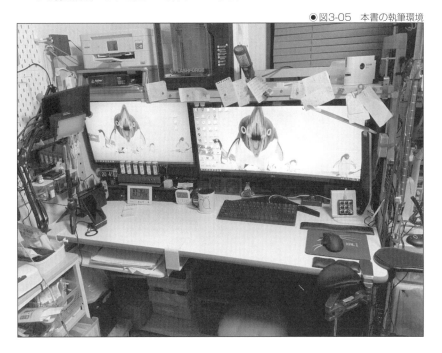

◆ どこでもプログラミングやハッキングの実験ができる環境を構築する

どこでもプログラミングやハッキングの実験ができる環境の例は次の通りです。

- AndroidスマホにTermux[51]を導入して、コマンドで操作できるようにする。
- Raspberry Piでハッキング環境を構築し、持ち運べるようにする(図3-06)[52]。
- 過酷な現場に向く頑丈PCや軍事用PCを活用する(図3-07)。
- 出先でも快適にプログラミングできるキーボードを選定する。
- 携帯性に優れたノートPCにプログラミング環境を導入する。
- 自宅のメインPCを出先から遠隔操作できる環境を構築する。

◉図3-06　ポータブル・ハッキング・ラボ

[51]：Android上で動作するターミナルエミュレータです(https://f-droid.org/en/packages/com.termux/)。一言でいえばLinux環境を実現するアプリケーションです。Playストア版だとリポジトリの設定で問題が生じることがあるので、F-Droid版を使うとよいでしょう。
[52]：拙著『1日で自作するポータブル・ハッキング・ラボ』(https://hack.booth.pm/items/1521945/)で構築法を紹介しています。

● 図3-07　タフブックでのネットワーク実験[53]

◆ 読書環境を構築する

読書環境の構築例は次の通りです。

- ブックスタンドを導入する[54]。
- 本棚をDIYする。
- 本棚を耐震加工する(図3-08)。
- 物理本の収納・整理をデジタルで管理する。
- ベッド上にPC環境を構築する。
- どこでも読書できるスタイルを確立する。
- 作業机から手の届く範囲に、常用するリファレンス本、辞書、愛読書を配置する。
- 本棚の一角に好きな本を集めた特別席を作る。

[53]：坂之下哲(@desertsowl)さんから画像を提供していただきました。
[54]：ブックスタンド(書見台)とは本を開いた状態で固定できる道具です。メリットについては184ページで解説しています。

3
ホワイトハッカーを目指すために知っておくべきこと

● 図3-08　ニトリの本棚を耐震化した

◆ 防犯システムを構築する

防犯システムの構築例は次の通りです。

- 屋外に監視カメラを設置する。「風雨からどう守るか」「電源をどこから確保するか」「盗難や物理的破壊からどう守るか」などを考慮する。
- 屋内に監視カメラを設置する。録画データをクラウド上に保存して消去から守る。防犯目的だけでなく、ペットの監視にも活用できる（図3-09）。
- 監視映像の録画システムを構築する。
- 家の錠前を防犯性能の高いものに交換する。
- 自室に錠前を取り付ける。隠し金庫やブック型金庫を導入する[55]。
- 機械警備システム[56]を導入する。
- マイコンとセンサーを使って侵入検知システムを自作する。
- 警備システムとスマートホームを連動させる。

---

[55]：保管する代表的なものとして、現金、預金通帳・カード、権利書（登記済証や登記識別情報）、貴金属（主に地金、コイン、宝石など）、パスワード帳、ハードウェアウォレット向けのバックアップツール（文字タイルを並べてセットした板や文字を打刻した板など）などが挙げられます。
[56]：人体の赤外線を検出する赤外線センサー、窓やドアの開閉を検知するマグネットセンサーなどの機械を組み合わせた警備システムの総称です。

◉図3-09　空き巣対策と同時にペットの監視に活用する屋内用カメラ

◆ 収納を工夫する

収納を工夫する例は次の通りです。

- 有孔ボード[57]で壁面収納する。
- 突っ張りタイプ[58]の柱を設置して収納を工夫する。
- 壁にバッテリーステーションを設置する（図3-10）。
- 電子部品やパーツの在庫管理をしやすい収納を検討する（図3-11）。
- すぐに使えるように工具や測定器を配置する。

---

[57]：等間隔に穴を開けた合板です。パンチングボードやペグボードとも呼ばれます。各種メーカーからさまざまな有孔
　　　ボードが販売されています。木製で自由にカットできるタイプから、おしゃれなスチール製のものもあります。私は
　　　簡単に壁に設置できるIKEA SKADISシリーズを活用しています。
[58]：傷を付けることなく柱を立てられるので、賃貸物件にも向いています。LABRICO、ディアウォール、突っぱりジャッ
　　　キといった製品が有名です。2本の柱を並べることで棚を作ったり、壁を貼り付けたりできます。

◉図3-10　IKEA SKADIS上に構築したバッテリーステーション

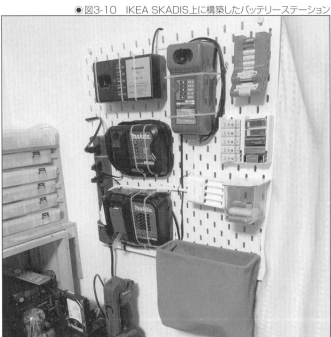

◉図3-11　抵抗器をダイソーのアルミ蓋PET容器で管理する

◆ その他

これまで紹介してきたこと以外の例には次のようなものがあります。

- 3Dプリンタ、CNC工作機械、レーザー加工機を導入する。ちょっとした小物や治具を簡単に作れる。
- 家電のスマート化で効率化を目指す。スマートホームハブを導入する。NFCタグでIoTデバイスを制御する。スマートスピーカーを導入する。物理スイッチをスマート化する。
- 車を防災仕様、車中泊仕様に改造する。オーディオブック環境を構築する。

🔖 IT技術書を読み倒す

素晴らしい教材からは多くの学びが得られます。たとえば、良書は読むたびに新しい知見を得られます。IT技術書を通じてプログラミングのスキル向上を目指す場合、次の観点を意識してください。

◆ 写経する

深く考えずにプログラムを手入力します。まずは書籍の通りにプログラムを入力して、本の説明通りに動作することを確認します。ただし、手を動かすことはよいことですが、写経だけで終わってしまうとプログラムの知識がほとんど身に付きません。そこで、以降で紹介する内容を実践してください。

◆ 断片化して試す

本にはサンプルコードがまとまった形で載っていますが、1行ずつ、あるいは数行をまとめた形で実行してみて、その結果を自ら追ってみてください。

たとえば、CSSはWebページのスタイルに関する言語であり、1行のコードを追加しただけで見た目が変わります。その変化を追っていくことで、コードと装飾の対応関係が感覚的にわかってきます。

◆ ソースコードを読む

本に載っているソースコードをしっかり読みます。1行ずつ何をしているのかを文法の観点で知ることは重要ですが、最初はブロック単位で読み解いていきます。その際、データ構造、アルゴリズム、設計に注力します。

◆ 動けばよいでは不十分

正常ケース時には正しく動作するのは当然です。本では正常ケースのみに触れ、異常ケースについては省略されていることがよくあります。そういった場合は異常ケース時にどうなるのかを考えます。実際に異常ケースを起こしてみることも効果的です。異常ケースでも強制終了しないようにするのです。

サンプルプログラムの場合は作成者と実行者が同一であるため、「正しいものが入力されること」「仕様をわかっている者が使うこと」を前提としがちです。こうした前提の下でのプログラムでは入力チェックを甘かったり、あるいはまったくなかったりします。これはバグにつながりやすいため、入力チェックを追加したり、強制終了せずに正常なエラーを出力したりするように改善してください。

◆ ソースコードをリファクタリングする

本に載っているソースコードは確かに動作するでしょう。しかし、最適化されているとは限りません。著者の癖、スキルにも依存します。特に初心者向けを謳っている本であれば、あえてソースコードの読みやすさを重視して、冗長な記述になっていることもよくあります。これを自分のできる範囲でリファクタリングしてみるのです。また、設計が悪いと思うのであれば、同等の機能を維持しながら、オリジナルの設計方針で書き換えてみましょう。

◆ 改造する

ちょっとしたサンプルプログラムであっても改造する方法はいろいろあります。たとえば、変数に格納されているデータの値を変えてみたり、別の表現法を採用してみたりするのです。他には「効率化する」「機能追加する」「エラーをログに出力する」などを検討します。

固定値を使っているところがあれば、ユーザーが指定できるようにします。たとえば、対話式で入力できたり、設定ファイルから読み込んだりする機能を持たせるのです。

3 ホワイトハッカーを目指すために知っておくべきこと

◆ ユーザーインターフェイスを向上させる

サンプルプログラムの多くはあまりユーザーインターフェイス(UI)にこだわっていません。そこで「対話式にする」「CUIであればGUIで操作できるようにする」「ブラウザで実行できるようにする」「別OSで動かせるようにする」「スマホ対応にする」などの修正を加えることで力試しにもなります。

◆ ソースコードを管理する

書籍で使ったサンプルプログラムを今後のPCライフで活用できるように管理しておきます。学べば学ぶほどソースコードという財産が増えていきます。GitHubのプライベートリポジトリ上でソースコードをバージョン管理すればよいでしょう。ただし、ソースコードを集めるだけでは不十分であり、スキルの向上に合わせてソースコードを整理します。

📔 電子キットを遊び尽くす

良書を読み倒すことの有益性については解説しました。この考えは本以外にも活用できます。

ここでは、電子キットを例に挙げます。教材の作成者が想定している以上に遊び尽くせれば、より効果的な学習効果を期待できます。電子キットを通じてハードウェアのスキル向上を目指す場合、次の観点を意識してください。

◆ 取扱説明書を熟読する

すぐに組み立てたくなりますが、最初はじっくりと取扱説明書を読みます。部品やパーツが合っていること、組み立てにおける注意点を確認しておきます。

◆ パーツを調べる

初めて扱うパーツであれば、本やネットで名称と特徴を調べます。電子部品のデータシート[59]を読みます(図3-12)。たとえば、抵抗器の色から抵抗値を計算して、パーツ表に載っている値と一致することを確かめます。

● 図3-12　データシートの例

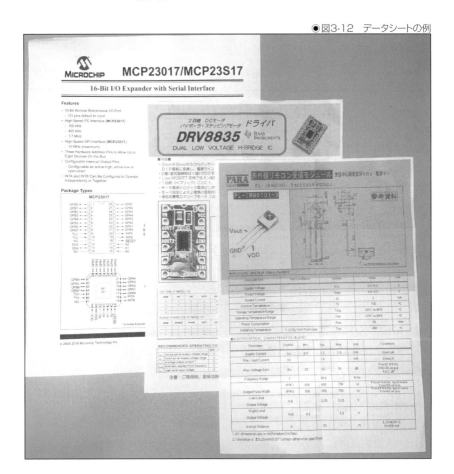

◆ 回路図を理解する

　事前に回路の仕組みについて理解しようと試みます。初心者であればすぐにわかるケースは少ないですが、理解しようとすることが大事です。回路を理解できれば自分で改良したり、応用したりできます。

◆ 組み立てを純粋に楽しむ

　完成品を買えば品質はよく手間もかかりません。それにもかかわらずあえて自分で組み立てるのは、その作業を楽しむことに意味があるからです。大変であってもそれが経験値になりますし、完成品に愛着を持てます。

◆ 考えながら組み立てる

手順通りに作るのは簡単ですが、それだと完成しても知識として残りません。作業の効率化、道具の使い方、回路の配線、回路の仕組みなどに思いを馳せて作り上げることで学習効果を高められます。

◆ 通電前にチェックする

目視だけでなく測定器を使って正しく取り付けられていることを確認します。たとえば、テスターを当てて導通やショートの有無を確認します。配線のし忘れを防ぐために、コピーした回路図において配線済みのところを蛍光ペンで塗りつぶします。

◆ ケースを作って見栄えにこだわる

簡易的に収納するのであれば、タッパーに入れます。100円ショップで入手でき、スイッチやコードを通す穴も簡単に開けられます。木製や鉄製のケースであれば、木工や鉄工の手間はかかりますが、見栄えがよくなります。

◆ 配線を変えて作り直す

電子キットにはお手本となる基板がありますが、改めてブレッドボード[60]やユニバーサル基板[61]に回路を再現することで回路を復習できます。オリジナルの基板を作ってみるのもよいでしょう。

◆ 電子回路シミュレータで実験する

電子回路シミュレータとはコンピュータ上に電子回路を仮想にモデル化して、動作や特性を確認できるソフトウェアです。電子回路シミュレータを用いることで、実際の回路を作ることなく振る舞いを確認できます。期待通りに動作する回路が完成してから、実際に回路を組むわけです。期待と異なる振る舞いがあったとしても、事前に電子回路シミュレータで回路に問題ないことを確認済みであるため、物理的な問題（配線ミスやノイズなど）が原因であると判断できます。

---

[60]：ハンダ付けせずに回路を組める基板です。ハンダ付けが不要なので、配線ミスがあっても、すぐに修正できます。そのため、主に実験や試作のために使われます。

[61]：部品を取り付けるための穴が縦横に等間隔であけられている基板です。ブレッドボードとは異なり、ハンダ付けが必須になります。

電子回路シミュレータは実際に回路を組む以外にもメリットがあります。実際に部品が手元になくても、自由に実験できることです。初心者は本に載っている簡単な回路を電子回路シミュレータで組み、数値をいろいろ変えて振る舞いを観察することをおすすめします。臆せずたくさんの回路に触れることが大事です。数式の理解よりも、定石となる基本回路をたくさん知ることを主目的にするのです。この訓練を通じて回路脳を強化できるはずです。

今回は電子キットという実物が目の前にあるので、シミュ―レーターの結果と測定器の結果を比べてみます。違いがあれば何が原因なのかを追究します。

◆ 回路を発展させる

上級者向けになりますが、回路を改造・解析したり、生活を改善する応用例を考えたりしてみましょう。他の電子キットと組み合わせて、機能を拡張するというアプローチもあります。一部の電子キットは専門誌が出版されていて、応用の参考になります[62]。

◆ 学びについて情報発信する

電子回路を通じてさまざまな学びがあったはずです。工作のコツ、回路の仕組み、独自の考察、オリジナルの応用などが挙げられます。これらをTwitterやブログで公開するのです。

組み立てた結果が失敗だったとしても、他者にとっては有益な情報となり得ます。これまでにトラブルや失敗が載っているサイトには助けられたことはありませんか。今度はあなたが情報を提供する側になるわけです。

◈ ハッカー精神を養うためのヒント

最後にハッカー精神を養うためのヒントをいくつか紹介します。スキルアップに活用していただければ幸いです。

◆ 手を動かす

ものづくりに対して「お金や時間がかかる」「いろいろと面倒だ」「地味な作業が多い」「思い通りにいかない」といったネガティブなイメージを持つ人がいるかもしれません。その一方で、わざわざ自分の時間を割いて、積極的に手を動かす人もいます。

---

[62]：電子キットに対応する書籍としては『秋月電子のキットで実用電子工作』（CQ出版刊、https://www.cqpub.co.jp/hanbai/books/41/41651.htm）や『ELEKIT入門＋実用キットではじめる電子工作キット活用術』（技術評論社刊、https://gihyo.jp/book/2005/4-7741-2293-9/）があります。他にもあるので探してみてください。

　ハッカーになるには、ものづくりを避けられません。どうせやるなら楽しむべきです。最初はうまく作れないかもしれませんが、誰でもそうなのです。下手であっても不器用であってもよいのです。急いで作る必要もありません。ものづくりは楽しんだもの勝ちであり、好きなものをどんどん作ってください。

　また、アイデアを思い付いたら、まずは手を動かし、自分の目で確認することが重要です。

◆ 失敗を大切にする

　失敗と思ったことが大きな発見や発明につながった事例は歴史上数多くあります。たとえば、科学史には次の有名な話があります。強力な接着剤を開発している途中で、とても弱い接着剤ができあがりました。目的とは逆の結果であり大失敗といえますが、この失敗から何度も貼り直せる付箋が発明されたのです。ハッカーを目指すのであれば、失敗しても諦めない根気強さと適度な楽観さ、そして失敗を活かす柔軟性を持つべきです。

　これまでに繰り返し述べていますが、トラブル解決はスキルアップのチャンスです。多くの人はトラブルを避けようとしますが、逆にトラブルに対して真摯に向き合う人は上達が早く、仕事でも重宝されます。

◆ スキルアップと遊びの境界を設けない

　スキルアップはつらいものと認識してしまうと長続きしにくく、知識が定着しにくくなります。逆に、スキルアップと遊びの境界をなくせれば、楽しくて仕方がなくなります。その結果、限界以上に取り組め、成果へとつながります。

◆ アドバイスと批判を見極める

　スキルアップの過程で周囲から悪口や批判を受けたら軽く受け流します。間違いを指摘されたら、知ったかぶりせずに素直に受け入れます。アドバイスを受けたら、無視することなく検討します。鵜呑みにせずに、自分なりに納得した上でアドバイスを適用するかを選択してください。もしアドバイスを受け入れて失敗したとしても、それは自己責任として反省できます。

ホワイトハッカーを目指すために知っておくべきこと

◆ 安全第一

ハッキングの実験であれば他人のPCに損害を与えないようにするのは当然として、自分のPCにも悪影響を出ないように保護します。

工作時であれば「工具の誤った使い方をしない」「慣れない道具の場合は特に慎重に扱う」「ショートさせない」「目を守るためにゴーグルを装着する」「高速回転に服・手袋・髪の毛を巻き込まれないようにする」「熱や匂いなど異常を感じたら即停止する」「怪我・火傷・感電に気を付ける」といったことに注意しなければなりません。

◆ 道具を自作する

適した道具がなければ自分で作るという精神が大事です。DIY（特に木工）の世界では、精密さを出すために治具が活躍します。治具に関する専門書や動画もたくさん存在します。

これはコンピュータの世界でも同様で、作業の効率を上げるためにオリジナルのプログラムを作成することはとても有効です[63]。第1章で述べましたが、ホワイトハッカーは特殊あるいは困難な作業のためにツールを独自に作ることがあります。

プログラムや工作をしていると「それより優秀なものがある」「無駄なことに時間を費やしている」と非難されるかもしれませんが、気にする必要はありません。誰かのために作っているものであれば別ですが、スキルアップの過程であれば作成を通じて経験を積んでいるわけであり、無駄にはなりません。

◆ テクニックを盗む

職場や勉強会などにおいて自分よりスキルの高い人を目にする機会があるはずです。直接質問をするという選択肢がありますが、それにも限度があります。そのようなときは彼らの行動や考え方を盗み見て、自分のスキルとして吸収します[64]。PC操作におけるショートカット、開発における設計やプログラミングの流れ、わからないことがあったときの調査法など、参考になることはたくさんあります。

---

[63]：仕事を全自動化して6年間も働かずに収入を得ていたプログラマーが解雇されたという実話があります。すべての業務をコンピュータに任せすぎて、コードの書き方を忘れてしまったといいます。「Reddit User Claims He Automated His Job For 6 Years, Finally Is Fired, Forgets How To Code」（https://interesting engineering.com/programmer-automates-job-6-years-boss-fires-finds/）。

134 [64]：私自身、錠前の研究のために鍵屋に弟子入りしていたころは、貪欲に技術を盗もうとしていたものです。

◆ ホワイトハッカーになれなくても得られるものはある

ホワイトハッカーになるという夢は誰もが到達できるものではありません。たとえ到達できなくても、地道にスキルアップに励んでいれば、セキュリティエンジニアになれますし、セキュリティコミュニティにも貢献できます。そして、ビジネスやプライベートの両面で豊かな生活を得られるはずです。

実際になれるかどうかは置いておき、自分自身を信じることから始めてください。

◆ 試行錯誤で成功にたどりつく

最初から完璧にうまくいくことはほとんどありません。ハッキングの世界だけでなく、電子工作の世界でも同様です。失敗を恐れずに、失敗と改善を繰り返して成功を目指すのです。そのためには、何度も繰り返し実験できる精神力に加えて、環境づくりも重要です。たとえば、ロボットの開発であれば、短時間で何度も挑戦できるように部品やパーツを揃え、すぐに使えるように周囲に道具を揃えておくのです。

ただし、試行錯誤といってもやみくもに試すだけでは効率が悪く、うまくいっても学びが少ないといえます。実際に試す前には一度、頭の中で考えることが大事です。

最後に試行錯誤が重要であることを実感できる動画を紹介します。対象がコンピュータではありませんが、こうした精神は完全にハッキングそのものです。ぜひ視聴してみることをおすすめします。

- Making Lego Car CLIMB Obstacles
  - URL https://www.youtube.com/watch?v=MwHHErfX9hl
- Making Lego Car CLIMB More Obstacles
  - URL https://www.youtube.com/watch?v=MN-85_Nx7pg

語学力は学習効率を
ブーストさせる

🎲 独学には国語力が必要不可欠

インプットの効果に直結するのが国語力です。日本人の場合は母国語である日本語の能力が国語力になります。国語力といってもその範囲はいろいろですが、特に読解力と読書力が重要です。前者は文章を読んで内容の意味を正しく理解する能力、後者は読書に苦手意識がなく読むスピードが速いことです。読むスピードに関しては、本をたくさん読んでいけば十分にカバーできます。特にIT技術書の場合は知っている内容を斜め読みできるので、知識が増えればページをめくるスピードが速くなります[65]。

状況にもよりますが、アウトプットにも国語力が関係します。どんなに革新的なものを作り上げたとしても、説明が下手なら、そのよさが伝わりにくいだけでなく、信頼さえ得られません。逆に、説明がわかりやすく、なおかつ感銘や共感を与えるようであれば、成果物が爆発的に拡散される可能性があります。

🎲 英語で情報収集を加速する

英語の重要性については、ほとんどの方が同意するはずです。ここでは統計データを使い、どの程度の優位性があるのかについて説明します。

世界では英語が最もよく使われていると思われがちですが、それは半分正しく、半分誤りです。母国語の割合が一番大きいのは中国語（9億2000万人の12%）、次いでスペイン語（4億8000万人の6.0%）、第3位に英語（3億8000万人の4.9%）になります[66]。だからといって、これから中国語とスペイン語を習得すべきとは単純にいえません。

世界の総人口は約79億人であり[67][68]、そのうち16億人程度が実用レベルで英語を使用している人口といわれています。つまり、世界の5人に1人とは英語でコミュニケーションできることになります。つまり、英語は母国語としている人だけでなく、第二外国語として使える人が多数いるということです。

---

[65]：知っている内容だからといって簡単に飛ばすのは推奨しません。飛ばせる内容でも斜め読み程度には目を通してください。なぜならば、同じ対象についての説明だったとしても、本が変われば説明の仕方も変わるためです。イラストが使われて直観的にわかりやすくなっていたり、異なる具体例や比喩で解説されていたりします。その違いを楽しむぐらいになってください。多くの説明に触れておけば、より理解を深めるだけでなく、他人に説明するための手札を増やせます。

[66]：「List of languages by number of native speakers」(https://en.wikipedia.org/wiki/List_of_languages_by_number_of_native_speakers/)

[67]：総務省統計局の「世界の統計2021」(https://www.stat.go.jp/data/sekai/pdf/2021al.pdf)

[68]：「World Population Clock」(https://www.worldometers.info/world-population/)というリアルタイムに世界人口をカウントしてくれるサイトがあります。

さらに情報収集の観点ではインターネット利用者における言語の割合が重要です。全世界のインターネット利用者の人口は約45億8600万人であり、言語のトップ10とその他の言語を円グラフにすると、図3-13のようになります[69]。

◉図3-13　インターネットで使われている言語の割合

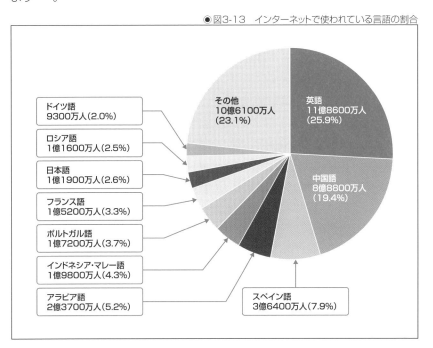

世界のインターネットの総人口のうち約4分の1（25.9%）である11億8600万人が英語を使っています。次いで中国語の割合が多く、スペイン語、アラビア語と続きます。日本語の割合は8位の2.6%です。

特に中国語は英語にかなり近づいていますが、母国語と第二外国語の違いによるものが要因です。英語の11億8600万人のうち、少なく見積もっても75%は第二外国語として英語を使用しています。つまり、母国語で英語を使っている人が少ないのです。一方、中国語の8億8800万人は、ほぼ中国語が母国語の人たちで構成されており、第二外国語として中国語を使用している人は極めて少ないと推測されます（約8割以上は母国語）。

[69]：「INTERNET WORLD USERS BY LANGUAGE Top 10 Languages」(https://www.internetworld stats.com/stats7.htm)のデータをもとに作成しました。統計データは2020年3月31日のものです。

　以上のことより、世界中の人とコミュニケーションをしたければ英語を選択せざるを得ません。もし英語と中国語の逆転現象が起きたとしても、第二外国語として中国語として使う人がいきなり増えるとは考えにくいためです。また、中国語やアラビア語といった言語は相互の疎通が難しい方言や派生言語があります。

　日本は翻訳大国であり、日々たくさんの本が日本語に翻訳されています。ベストセラーの小説だけでなく、理工学書やIT技術書といった専門書も翻訳されています。これほど翻訳が確立した国も珍しいといえます。そのため、日本語だけでもある程度まではスキルアップできます。しかし、最前線の技術を知るためにはどうしても英語の文献や論文を読む必要が生じます。普通のIT技術者であれば翻訳されるまで待つという手を使えますが、ホワイトハッカーの場合はブラックハッカーに対抗するために最新情報を追いかけなければなりません。そのためには英語が必須になります。

　「英語が母国語だったらよかったのに」と嘆く人がいるかもしれません。確かに英語が母国語であれば、英語の習得に苦労せずに済みます。ホワイトハッカーは世界を相手にするため、英語が母国語でないことをハードルに感じられるかもしれません。しかし、英語が母国語でなかったからこそチャンスとなることもあります。「英語ができれば収入アップのチャンス」「教師や翻訳者などといった専門職に就ける」「英語が苦手なライバルと比べて情報を収集しやすい」「英語で書かれた洋書、日本語の翻訳本の両方を読める。読書の楽しみが2倍になる」などが挙げられます。

　最後に一言だけ追加します。読書のために英語を学ぶことは有益ですが、英語を学習し終えてからホワイトハッカーを目指すと考えてはいけません。なぜなら、英語を学習し終えることなどは一生かかっても訪れないからです。1つの言語を学者レベルで極めるには一生涯かけても足りません。加えて、言語は生き物のようなものであり日々進化しているためです。IT技術を学びつつ、英語を学習するしかありません。

　英語のIT技術書であれば、英語の小説より読書の難易度は低くなります。使われている文法は難しいものは少なめです。比喩的表現、情景描写などもありません。専門用語が登場するので難しく単語はありますが、それが何度も使われているので一度覚えればよいわけです。さらに、スクリーンショットの画像やコマンド例も含まれており、そこから前後の文章の意味も推測できます。

　まだ英語のIT技術書を読んだことがなければ、気を張らずに手に取ってみてください。すべての内容を理解はできなくても、ざっくりと3割程度の内容は理解できると思います。翻訳家になるわけではなく、自分が理解できれば十分なのです。ちょっとした勘違いがあっても気にしなくてよいでしょう。何事も挑戦が大事です。

🗡 第二外国語で自らの希少性を高める

　ここまで日本語と英語の有効性について説明してきました。ここからは次のステップを考えてみます。

　英語ができれば読書の選択肢が増え、インターネット上における情報収集やコミュニケーションがしやすくなります。逆に考えると、英語ができれば日本では重宝されるかもしれませんが、世界レベルでは当然のことであり差別化できません。そういった発想で考えると、第二外国語を習得するという選択肢が出てきます。

　扱える言語が多ければ、さまざまな効能があります。読める媒体が単純に増えるため、情報収集の幅が広くなります。英語に翻訳されていない他の外国語で書かれた専門書を読めます。日本人が書籍を書く場合、ほとんどは日本語の書籍になります。内容が最新とはいえないかもしれませんが、学習用の教材としては有効なものも多々あります。それにもかかわらず英訳されるような日本語の書籍は数少ないといえます。特にIT技術書ではそうです。セキュリティに関する書籍ではほとんど聞いたことがありません。よって、日本語が読めるからこそ、こういった日本語の書籍を読めるのです。同様に考えると、英語だけしかできなければ、日本語の書籍を理解できないわけです。

　また、多くのホワイトハッカーやその卵たちと交流できるでしょう。逆の立場で考えるとわかりやすいといえます。高度なスキルを持つハッカーたちが全員英語を得意としているとは限りません。日本で活躍しているホワイトハッカーたちが日本語で最新情報を発信しています。セキュリティレポートについては不正指令電磁的記録の罪に関する法律の観点から、日本人が英語で発表することさえも多々あります。しかし、勉強会といったクローズドな場、懇親会といった雑談するような場では、日本語で会話しています。そういった場で現役のセキュリティエンジニアしか知り得ないことをオフレコとして語ることもありえます。つまり、最新情報はすべて英語というわけではないのです。

　第二外国語が使えることによる一番の効能は、独自の分野で活躍できるチャンスがあることです。ホワイトハッカーの観点でいえば、ブラックハッカーのコミュニティが多い第二外国語を選択することが有効です。中国語やロシア語が使えれば、中国系やロシア系のブラックハッカーのコミュニティに潜入して情報収集できます。その結果、流行の攻撃手法を把握するだけでなく、ブラックハッカーのコミュニティ間の抗争、コミュニティ内での派閥争いといった政治色の強い出来事をいち早く察知できます。英語に翻訳される前に先んじて情報を収集できます。

第二外国語を習得しようと考えた場合、いくつかの懸念点があるでしょう。
1 どの第二外国語を選ぶべきか。
2 第二外国語の習得に費やした時間をカバーできるほどの効果が得られるか。

　1について説明します。語学の学習が大好きでたくさんの語学を学ぼうと考えている人は別ですが、そうでなければ第二外国語を学ぼうとする際に、言語の割合だけでなく将来性や希少性を考慮することが大切です。あえてマイナーな言語を習得すれば、あなたの希少価値は上がりますが、活躍できる場が少なければあまり意味がありません。

2について説明します。ホワイトハッカーを目指す上で技術を極めようとするのは当然ですが、人によってはいくらやっても最前線に追いつかないと自覚する場面があるかもしれません。そういった場合はすぐに諦めるのではなく、他のアプローチで攻めるのもありです。その1つのアプローチとして挙げられるのが第二外国語を活用するという方法です。第一線で活躍できなくても、教育や出版でセキュリティの魅力や重要性を伝えることも重要です。また、ジャーナリズムの形でブラックハッカーの動向を分析する仕事も需要があります。

以上のことから、いきなり第二外国語に挑戦する必要性はありませんが、第二外国語を活用するという選択肢もあることを心に留めておいてください。

数学と上手に付き合うには

◆ ホワイトハッカーを目指す上で数学は必要か

　ネット上で「IT技術者に数学は必要か？[70]」というテーマがよく話題になります。ほとんどの場合は数学否定派が「数学は不要」と断言し、それに対して数学肯定派が反論するという構図になっています。

　主張に登場する「IT技術者」と「数学」が何を指しているのかをはっきりさせる必要があります。もしそれが「すべて」を指すのであれば「すべてのIT技術者」「すべての数学」になってしまうわけで、数学が不要という主張は明らかに間違っています。なぜなら単純なプログラムでさえも簡単な数学を扱っているからです。if文の条件判定ではAND演算やOR演算がよく登場しますし、正負の数を扱うことも数学の一部です。

　議論を進める上で、ここでいう数学を高校レベル（現在の高校カリキュラムにおける高校卒業まで）の数学と設定します。二次関数、指数関数・対数関数、微分・積分、三角関数、数列、ベクトル、複素数、確率・統計などが高校レベルになります[71]。方程式、2進数の計算などは中学レベルなので当然ながら含まれます。一方、線形代数学、微分方程式論、論理学、群論・環論・体論、集合論、位相空間論などは含まれません[72]。

　次に、ここでいうIT技術者をどう設定するのかが重要になります。Webデザイナーであれば高校数学を必要としないかもしれません。また、業務アプリケーションの開発、サーバーの運用などの現場においては高校数学を必ず使うとは限りません。高度な数学の処理についてはライブラリとして提供されており、アルゴリズムやデータ構造の設計さえ間違っていなければ問題にならないでしょう。しかしながら、本書では「高校数学レベルは必須」というスタンスを取ります。なぜなら、数学が苦手な人向けに書かれたIT技術書であっても、前提知識として高校レベルを要求することが多々あるためです。加えてIT技術は数学に基づいており、技術の成り立ちや背景を深く理解するには数学の知識が必要になるからです。

---

[70]：IT技術者の部分はプログラマーやエンジニアに置き換えられることもあります。

[71]：「高等学校学習指導要領（平成30年告示）解説　数学編　理数編」（https://www.mext.go.jp/content/1407073_05_1_2.pdf）を参考にしています。文部省の学習指導要領の変化によって、執筆時点と若干の違いがあるかもしれません。

[72]：これらは大学（学部）で学ぶ分野になります。ただし、数学好きの若者であれば高校のカリキュラムを無視して、高校時代にこれらの数学を独学していることでしょう。また、学校・塾の方針で学んでいるケースもあるかもしれません。

たとえば、暗号化機能を備えたソフトウェアを開発する場面を考えてみます。ソフトウェア開発者は暗号機能のコアとなる部分を実装することはしません。仕組みを知るためであったり勉強するためであったりすれば別ですが、通常は実装すべきではありません。なぜなら誤った実装により脆弱性が生まれたり、処理速度が遅くなったりする恐れがあるためです。暗号機能のコアとなる部分はライブラリという形で提供されています。ソフトウェア開発者は暗号機能のコアな部分の内部処理にはタッチせず、必要な場面でライブラリの関数を呼び、それ以外の実装に専念すればよいのです。以上より、ソフトウェア開発者は高度な数学を扱うことなく、高校数学レベルの範囲内で設計・実装すればよいことになります。

本当は大学レベル以上の数学についても習得しておいてほしいところですが、「必要性が生じたらその都度、学ぶ」というスタンスでも問題ありません。ただし、数学があらかじめ必要とわかっている分野に進むのであれば、話は別になります。たとえば、機械学習やデータサイエンスを扱うのであれば大学の学部レベルの数学、グラフィックスやゲームを扱う技術者であれば物理学（力学）も要求されます。当然、暗号理論やコンピュータサイエンスを研究するのであれば、高度な数学を理解できなければ話になりません。

他にも数学を学ぶと「数学がわかれば他の技術の上達が早い傾向にある」「数学は美しく面白い」「人生を豊かにしてくれる」「数学的思考はあらゆる場面で活躍する」「数学は人と科学を結ぶ言語となる」「数学は共通言語[73]」といったメリットがあります。

ホワイトハッカーに必要な数学とは

IT技術者に高校数学は必須という結論だったわけですが、「ホワイトハッカーにはどの程度の数学が必要か?」という疑問が出てくるでしょう。ホワイトハッカーはソフトウェア開発者よりはるかに困難な道であるため、高度な数学を要求されると想像するかもしれませんが、実際のところそうではありません。しかしながら、専攻するセキュリティのジャンルによっては、大学レベル以上の数学を要します。

[73]：映画「コンタクト」では宇宙人と交信するために数学が活躍します。数学は宇宙共通の概念なのです。

　先の例では暗号ライブラリを流用すればよいと説明しましたが、そのライブラリが存在するのは暗号の実装に詳しいハッカーたちが作ってくれたおかげです。そういった方面で活躍したいのであれば、対象とする暗号に関する論文を読まなければならず、そのためには高度な数学と語学力が必須です。そして、論文に載っている暗号のアルゴリズムをプログラミング言語で実装する能力も要します。

　ライブラリを利用するのはソフトウェア開発者です。そして、ライブラリを作るのは高度な技術に長けたIT技術者、すなわちハッカーでした。では、その暗号を設計するのは誰でしょうか。暗号学者です。彼らのような立場を目指すのであれば、当然ながら高度な数学やコンピュータサイエンスが必須になります。大学・大学院レベルの数学を知っているだけで安全性の高い暗号を新たに作れるわけではありません。暗号理論に関する専門知識と深い洞察力が必要になります。世界中の暗号学者たちが安全かつ効率性のよい暗号技術を作ろうと研究しているのです。一朝一夕で到達できるレベルではありません。

🗩 学校数学とどう付き合うべきか

　あなたが現役の学生（中学生・高校生）であれば、学校の数学を捨てないようにしてください。ホワイトハッカーに学歴は必要ありませんが、学校の授業を簡単に捨ててはいけません[74]。特に、数学や英語はそうです。得意科目にする必要性はありませんが、苦手科目になってしまうと今後の人生でずっと苦手意識を持ち続けてしまいます。これはとてももったいないことです。

　数学を避け続けてもIT技術者になれるかもしれませんが、数学を避けるという選択肢を選んだ時点で、活動できる場は狭まってしまいます。若者の時点からわざわざ将来の可能性を狭めてしまうことはありません。

🗩 これから数学に入門したい社会人の方へ

　理工系ではない大学生、もしくは社会人であれば、数学を学び直す機会はなかなかないかもしれません。仕事や生活に少しゆとりのあるタイミングで、数学書に挑戦することをおすすめします。いきなり本格的な数学書だと挫折してしまう恐れがあります。理解しながら読み進めようとすると、1ページにも相当の時間がかかります。

左余白縦書き：

3

ホワイトハッカーを目指すために知っておくべきこと

---

[74]：必ずしも学校に行く必要性は感じませんが、学校の教科を安易に捨てるべきではないという話です。熟考した上で捨てることを選択したのであれば、他人がどうこういう問題ではありません。

　最初は一般向けの薄い数学啓蒙書を手に取るとよいでしょう。試験勉強が目的ではないため、数学を学ぶことに対して新鮮に感じ、知的好奇心を満たせるはずです。特に、数学者の伝記、数学史などが載った本だと楽しく読めます。講談社のブルーバックスシリーズ[75]は初学者向けの良書が多いのでおすすめです。私も若いころには数学系の本に限らずたくさんを読み漁りました。数学科への進学を決定付けたシリーズでもあります。

　ある程度、数学の勉強が進み、より詳しい分野があれば、大学の教科書として使われるような専門的な数学書に挑戦してみましょう。

▶ どういった数学を学ぶのがよいか

　数学にはさまざまな専門領域があり、分類法もいろいろあります。ここでは純粋数学と応用数学という文類について解説します。応用数学とは数学的知識を他の分野に適用することを主眼とする数学の分野の総称です。一方、純粋数学とは応用数学の対となる概念であり、応用をあまり意識しない数学の分野になります。数学の厳密性や抽象性に基づく数学単体での美しさを重視します。ここでは2つに分けましたが、明確に分けられるわけではありません。

　コンピュータと密接に関係するのは応用数学です。ここでは応用数学と深い関わりのある理論をいくつか紹介します（表3-04）。その他にもゲームを開発するのであれば物理学の知識も必要になります。気になる用語があれば調べて見てください。

●表3-04　応用数学と深い関わりがある理論の例

理論	説明
情報理論	情報とその伝送を数学的に論じる分野
暗号理論	暗号や暗号技術を扱う分野
金融工学	数学的手法を用いて、金融に関する問題を解決する分野
ゲーム理論	社会や自然界における複数主体が関わる意思決定の問題や行動の相互依存的状況について、数学的モデルを用いて研究する分野
離散数学	離散的な（連続でない）対象を扱う分野
組み合わせ数学	有限の数をひたすら数えることを専門とする分野
グラフ理論	点の集合と辺の集合で構成されたグラフを研究する分野
計算複雑性理論	アルゴリズムのスケーラビリティ[76]や、特定の計算問題の解法の複雑性などを数学的に扱う分野
ネットワーク理論	通信、コンピュータ、生物、ソーシャルなどの複雑ネットワークを研究する分野

　ホワイトハッカーの観点から数学を学ぶのであれば応用数学に焦点を当てて学ぶことをおすすめします。とはいえ純粋数学を学ぶことに意味がないというわけでは決してありません。純粋数学として扱われてきた内容であっても、将来的に他の技術に応用されることはあります。実例を1つ挙げます。偉大な数学者ガウスは「数学は科学の王であり、整数論は数学の女王である」と言いました。当時の整数論は純粋数学の代表格だったからです。しかし現代では暗号理論で整数論が大活躍しています。時代が変わることで応用数学に傾いたというわけです。

COLUMN 数学に関する名言

　ここで数学に関する名言をいくつか紹介します。多くの偉人たちが数学を魅力的に感じていたことがわかります。

- 「万物の根源は数なり」(ピタゴラス)
- 「神は幾何学者である」(プラトン)
- 「神は数によって万物を創造した」(アイザック・ニュートン)
- 「自然という偉大な書物は、数学という言語で書かれている」(ガリレオ・ガリレイ)
- 「音楽は感覚の数学であり、数学は理性の音楽である」(シルベスター)

スキルアップとモチベーションアップの助けになる作品

■ 映画・テレビ番組

　これまでにたくさんのハッカー映画が公開されています。しかしながら、技術者から見ると荒唐無稽なコンピュータ、ハリウッド映画でよく見られる派手な演出、ステレオタイプなハッカー像が登場する作品ばかりです。エンターテイメントとして視聴する分にはまったく問題ありません。そういった映画をきっかけとしてハッカーに憧れたり、スキルアップのモチベーションを高められたりすることもあるでしょう。

　少数ながらスキルアップに直接貢献するような映画やTV番組もあります。特にドキュメンタリー番組には多数あります。たとえば、事件や犯罪組織の闇を暴く番組であれば、実際の犯罪の手口や法の抜け穴を学べます。その他には、数学者・科学者、ゲームの歴史、プレッパーズ[77]などをテーマにした番組が参考になります。ただし、娯楽性は落ちるので人を選びます。

　勉強になる内容であっても、楽しんで視聴できなければ続きません。そこで、誰でも楽しめつつ、学びもあるような映画・テレビ番組をいくつか紹介します。

◆ 「Mr. Robot」シリーズ

　「Mr. Robot」シリーズは米国のテレビドラマシリーズです。現役ホワイトハッカーが技術コンサルタントとして参加しており、的を射たハッキングシーンが登場します。サイバーセキュリティにおける技術的な問題と人間的な問題の両方を浮き彫りにしています。

　一般的なインターネットユーザーレベルであれば、ドラマを通じてセキュリティの重要性を再認識し、具体的な対策を学べます。番組に登場した技術的内容を考察するWebサイトがあり、ドラマの視聴と同時に技術の考証を楽しめます。

---

[77]：プレッパー(prepper)とは大災害や経済の崩壊、戦争などの最悪の事態に備える人のことです。複数形の「プレッパーズ」と表現されることもあります。自分のサバイバル能力を高めようとする人、食料をひたすら備蓄する人、核シェルターを備え付ける人、他の生存者から身を守るために武装する人など、プレッパーにもさまざまなタイプがいます。「プレッパーズ～世界滅亡に備える人々」(https://natgeotv.jp/tv/lineup/prgmtop/index/prgm_cd/995/)という作品にはプレッパーたちが登場し、専門家が採点します。さまざまな創意工夫が見られ、ハッカー精神に通じるところがあります。

◆「ブラック・ミラー」シリーズ

「ブラック・ミラー」シリーズは、元々はイギリスのテレビドラマ番組です。Netflixが番組を購入して、シーズン3以降を配信しています。各シーズンは3〜6話で1話当たり1時間ぐらいとなっています。1話完結のSFオムニバス作品のため、どのエピソードからでも観ることができます。

このシリーズに、ハチ型ロボット、ハッキングされたWebカメラ、社会信用スコアなど、さまざまな技術や発明が登場し、個人や社会がいかにして悪用するかを見事に描いています。

インタラクティブ映画である「ブラック・ミラー: バンダースナッチ」も配信されています。これは視聴者が物語を選択できるタイプの映画で、アドベンチャーゲームのようにバッドエンディングがあり、伏線を回収する意味でもさまざまな選択肢を試したくなる楽しみがあります。

◆「キャッチ・ミー・イフ・ユー・キャン」

「キャッチ・ミー・イフ・ユー・キャン」(原題は「Catch Me If You Can」)は1960年代に世界各地で小切手偽造事件を起こした天才詐欺師フランク(レオナルド・ディカプリオ)と、彼を追うFBI捜査官カール(トム・ハンクス)の姿を描いた映画です。

フランクは金融犯罪を成功させるために新しい脆弱性を見つけます。ソーシャルエンジニアリングを得意としており、他人になりすまして、さまざまな業界のセキュリティや認証を突破していきます。

セキュリティにおいては、攻撃者は防御者より優位になりやすいことを見事に描いています。レッドチーム演習においても同様の状況になる傾向があり、サイバーセキュリティの観点でも学びがあります。また、心理学の教科書のような映画とも評されています。

🔖 モチベーションアップ間違いなしの本

スキルアップを加速させるためには、モチベーションをアップさせる本が効果的です。勉強法をテーマにした本や自己啓発本を読むことでやる気が出ることも多々ありますが、わざわざ本を読むのであればハッカーになりたいという気持ちを増幅させつつ、さらにコンピュータに関する造形を深めるべきです。

たとえば、ハッカーといわれる偉人たちの伝記[78]や自叙伝、コンピュータ史、Linux精神やハッカー精神に関する本などが有効です。おすすめ本はたくさんありますが、切りがないため数冊をピックアップして紹介します。

◆『CODE　コードから見たコンピュータのからくり』(日経BP刊)

電球の点灯回路から始まり、電磁石、リレースイッチ、演算回路、フリップフロップ、メモリと下から積み上げていき、最終的には簡単なCPUまで登場します。コンピュータの本質はコードであることを理解できるはずです。内容は決して簡単ではありませんが、随所に工夫が見られ、初心者から上級者まで万人向けの本といえます。

URL https://www.nikkeibp.co.jp/atclpubmkt/book/03/579100/

おすすめ本を3冊選べと言われたら、この1冊を入れるぐらいに影響を受けた本です。これまでおすすめ本として何度も紹介している、最も一押しする本といえます。IT技術書の執筆を本業としている私にとって、一生のうちにこのような本を1冊でもよいので書き上げたいと願っています。

◆『ハッカーズ』(工学社刊)

第1章のハッカーの定義でも取り上げましたが、ハッカー文化、歴代のハッカーたちが紹介されている本です。ハッカーたちの生き生きとした姿を通じて、インターネット以前のコンピュータ黎明期の歴史を学べます。

URL https://www.kohgakusha.co.jp/books/detail/
978-4-87593-100-3/

[78]：ホワイトハッカーという枠を外せば読むべき伝記の範囲も広がります。偉人たちの勤勉さだけでなく、人間的な意外性を垣間見られます。歴史的にスポットライトが当たらなかった隠れた偉人たちがたくさんいる事実にも気付きます。

ハードウェアやゲームからコンピュータに興味を持ったハッカーたちが大勢いることに気付かされます。Appleを作ったジョブズとウォズニアック、Microsoftを創設したビル・ゲイツも登場します。他にも大勢のハッカーが登場しており、興味を持った特定のハッカーがいれば、深掘りしてみることをおすすめします。

ジョブズについてならたくさんの関連本が出版されています。『スティーブ・ジョブズ』（講談社刊）[79]はジョブズ公認の伝記になります。映画化もされていますが、書籍版を脚色したものであるため、書籍で読むことをおすすめします。

ウォズニアックに焦点を当てた本としては『アップルを創った怪物　もうひとりの創業者、ウォズニアック自伝』（ダイヤモンド社刊）[80]があります。コンピュータに没頭しつつ結果を残す姿勢は、ジョブズの生き方と対比させると考えさせられます。

また、レトロゲームや昔のコンピュータ（AppleⅡなど）の話に興味があれば、『ダンジョンズ&ドリーマーズ: コンピュータゲームとコミュニティの物語』（eelpie studio刊）[81]をおすすめします。

◆『カッコウはコンピュータに卵を産む』（草思社刊）

著者の天文学者がシステム管理者になってからの初仕事が、研究所のコンピュータシステムの使用料金が75セントだけ合致しないことの原因の究明でした。プログラムのミスであろうと軽い気持ちで調査を始めますが、正体不明の侵入者の存在が浮かび上がります。追跡するうちに、侵入者は国防総省、陸軍、CIAにまで手を伸ばしていることが判明します。どうやって侵入しているのか、そしてその正体は誰なのかを解き明かしていく物語です。

URL http://www.soshisha.com/book_search/detail/1_430.html

コンピュータの知識があまりなくても読めますし、楽しみながらコンピュータの歴史を知る教材として最適といえます。事件当時はかなり昔になりますが、コンピュータやネットワークの技術の根底にある部分はそれほど変わっておらず、基礎知識の重要性を再認識できます。

[79] : https://bookclub.kodansha.co.jp/product?item=0000208018
[80] : https://www.diamond.co.jp/book/9784478004791.html
[81] : https://www.amazon.co.jp/dp/B07Z4KT1NJ/

一番の読みどころは著者による侵入者の追跡劇です。慎重な侵入者は自分の存在がシステム管理者にばれないように随時、気を配ります。たとえば、10分ごとに接続中のユーザーをチェックして誰かに監視されていないかを確認したり、不信を抱いたことの報告メールを調べるプログラムを即興で作ったりしています。システムを守る側である著者は、単純に侵入口を閉ざすか、解放して泳がしておくのかの選択を迫られます。閉ざしたとしても、他の侵入口があればまた侵入されますし、特定の時刻に起動してシステムを破壊するプログラム（論理爆弾）が設置されている可能性さえあるわけです。著者は立場上、自分の裁量ですべてを実行できず、周囲の人に納得させるためにたびたび葛藤します。今も昔も変わらず、防衛者は攻撃者より不利な立場であることを示しています。

◆『ハードウェアハッカー　新しいモノをつくる破壊と創造の冒険』(技術評論社刊)

日本と中国のものづくり文化の違いを感じられる1冊です。日本でメイカー（ものづくり愛好家）といえば3Dプリンタを趣味でやっているようなイメージが先行しがちです。一方、この本で紹介されている中国のメイカーは、ビジネス面での成功を目的にしています。大量生産して世の中に流通させるまでのさまざまな苦労をドキュメンタリータッチで描いています。現代風のハッカー精神ともいえ、さまざまな気付きが得られるはずです。

特に、ガジェット好き、ものづくり愛好家、ハードウェアでビジネスをしたい人、ハードウェアハッカーに憧れている人であれば、興味深く読めるはずです。

URL https://gihyo.jp/book/2018/978-4-297-10106-0/

◆『エニアック　世界最初のコンピュータ開発秘話』(パーソナルメディア刊)

エニアック（ENIAC）とは、1946年米国のペンシルバニア大学で設計された世界最初の大型コンピュータです。床面積1800平方フィート、重量30トンという巨大なコンピュータであり、回路には1万7000本を超える真空管が使われていました。

3 ホワイトハッカーを目指すために知っておくべきこと

コンピュータ史に大きな影響を与えた存在であるエニアックが作られた背景、仕組みの概要を解説しています。しかし、一番のテーマは誰が最初に発明したかということに関する争いになります。真の開発者エッカートとモークリー、対して名誉を独占したノイマン、彼らの人間ドラマが描かれています。同様の悲劇をたどらないように反面教師になります。

URL https://www.personal-media.co.jp/book/
general/183sp_index.html

こうした人間ドラマが好きな人は、ドイツ軍のエニグマ暗号機を解読したアラン・チューリングの話も興味を持てるでしょう。たくさんの書籍や映画があるので、手にすることをおすすめします。

🎲 遊びながら学べるゲーム

コンピュータやハッキングを扱ったゲームはこれまでにたくさん発売されています。ハッキングやスパイ活動の雰囲気を味わえるものから本格的なものまであります。疑似ハッキングや疑似スパイのゲーム、プログラミング系のパズルゲームにも面白いものはたくさんありますが、ここではあえて外しました。ハッキングの雰囲気を味わうぐらいであれば、CTFや脆弱サーバーに挑戦したほうがはるかに勉強になるからです。そこでコンピュータのスキルアップに直結しそうなゲームをピックアップしました。

◆ PC Building Simulator(PCBS)

「PC Building Simulator」(PCBS)は自作PCシミュレータです(図3-14)。

URL https://store.steampowered.com/app/621060/
PC_Building_Simulator/

通常は約2000円ですが、Steamのセール時なら半額以下で買えます。Humble Bundle[82]であれば、ゲーム本編単品が1ドル、本編に9種類のDLC付きが15ドルで買えたこともあります。

ひたすらPCを修理・診断・組み立てするPC修理会社を成長させるキャリアモードと、好きに自作PCを組むフリービルドモードが用意されており、現実のPCパーツメーカーが協賛していて、実在のパーツが多数、登場します。

---

[82]：電子書籍、ゲーム、ソフトウェアなどのセット(バンドルという)を格安で販売している海外サイトです(https://www.humblebundle.com/)。

　実際に自作PCを組むと十数万円かかるので、通常は頻繁に自作できませんが、そこで役立つのがこのゲームです。実物の部品を触るわけではありませんが、多少の自作欲を発散できるでしょう。

● 図3-14　修理したPCの起動確認

◆ Cypher

　「Cypher」は暗号解読をテーマにしたゲームです（図3-15）。

URL　https://store.steampowered.com/app/746710/Cypher/

● 図3-15　換字式暗号の暗号解読

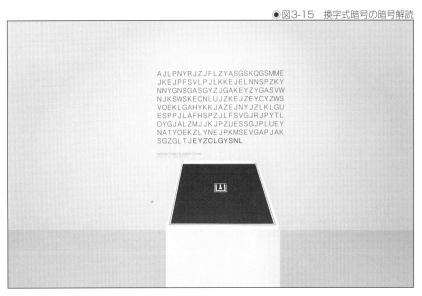

Steamにて約500円で購入できます。暗号解読の薄い問題集のようなもので、さまざまな種類の暗号の仕組みや解読法を学べます。

最初はちょっとしたクイズに近いものですが、徐々に難易度が上がっていき、後半は紙にメモしながら頭を抱えながら解くことになるでしょう。

古典暗号についてまったく知らない場合は『暗号解読』（新潮社刊）[83]を読んでからCypherに挑戦しましょう。解けない問題に出会ったらゲーム内のヒントを参考にします。副読本としては『暗号技術のすべて』（翔泳社刊）[84]の古典暗号の章が参考になるでしょう。ちょっとした思い付きが解く鍵になることが多いので、解けない問題は保留して先に進めるとよいでしょう。どうしてもわからない場合は直接的な回答を探すのでなく、関連用語（たとえば、ステガノグラフィ、シーザー暗号、頻度分析など）で検索してみましょう。それらですぐに問題を解けなくても、暗号理論や暗号解読についての知識の底上げに役立つはずです。

◆ Turing Complete

「Turing Complete」は自作CPUをテーマにしたゲームです（図3-16）。

URL https://store.steampowered.com/app/1444480/
Turing_Complete/

◉図3-16　4ワード×8ビットのメモリアレイ

[83]：https://www.shinchosha.co.jp/book/215972/
[84]：https://www.shoeisha.co.jp/book/detail/9784798148816/

Steamにて約2000円で購入できます。

「NANDゲート⇒基本的な論理ゲート⇒半加算器⇒フリップフロップ回路⇒メモリ⇒ALU⇒CPU」のように、デジタル回路を組み合わせて最終的にはCPUを作り上げます。CPUを組んだ後は、メモリにバイナリコードを入力して、アセンブリ言語を実装します。最終的にそのアセンブリ言語でプログラミングするところまで学べます。

デジタル回路についてまったく知らない場合は『CODE』(日経BP刊)[85]を読んでからTuring Completeに挑戦しましょう。それでも解けない場合は『ディジタル回路設計とコンピュータアーキテクチャ』(翔泳社刊)[86]や『コンピュータシステムの理論と実装』(オライリー・ジャパン刊)[87][88]などといったCPUやアーキテクチャ[89]に関する本を参照してください。解答はネットで調べれば見つけられますが、仕組みを理解することが目的であるため、焦らずにじっくりと取り組んでほしいと思います。試行錯誤できるチャンスを自分から捨てるのはもったいないです。「なぜそういう回路になっているのか」「回路の一部を別のゲートに置き換えたら出力がどう変わるか」「もっときれいな回路にならないか」など、実際に手を動かして実験することが大事です。

後継のゲームとして、描画ベースの回路基板シミュレーター「Virtual Circuit Board[90]」があります。描画ツールで回路を編集して、アセンブリエディタでプログラムを作成します。

◆ Nandgame

「Nandgame」はTuring Completeと同様のコンセプトのブラウザゲームです(図3-17)。

URL https://nandgame.com/

---

[85]：149ページでも紹介した、私のおすすめ本の一冊です(https://www.nikkeibp.co.jp/atclpubmkt/book/03/579100/)。
[86]：https://www.shoeisha.co.jp/book/detail/9784798147529/
[87]：https://www.oreilly.co.jp/books/9784873117126/
[88]：公式サイト(https://www.nand2tetris.org/)には、同様のコンセプトのゲームがあります。これはNANDゲートからCPUを構築し、最後はテトリスを作るというものです。著者らによるヘブライ大学でのオンライン講義がCourseraに登録されています(https://ja.coursera.org/learn/build-a-computer/)。本を読んだ後に聴講するのもよいでしょう。
[89]：コンピュータにおける基本設計や設計思想のことです。
[90]：https://store.steampowered.com/app/1885690/Virtual_Circuit_Board/

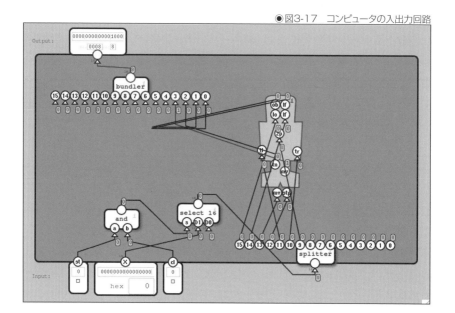

　無料で遊ぶことができ、NANDゲートから徐々に複雑な回路を組み合わせて、最終的にCPUを作り上げます。

　CMOSを使ったNAND回路、演算、浮動小数点などといったデジタル回路をより学べるオプションが用意されています。

🔷 スキルアップのモチベーションをアップさせる名言

　スキルアップに励む過程において「本当にホワイトハッカーになれるのか」「勉強がマンネリ化してきた」「なかなか進展がなくてつらい」「努力しているが成長を感じられない」「すごい人ばかりで自分はちっぽけな存在だ」といった疑念を抱くことがあるかもしれません。そういった場合は、次に紹介する言葉で自分を奮い立たせてください。

- 「君がどんなに遠い夢を見ても、君自身が可能性を信じる限り、それは手の届くところにある」(ドイツ生まれのスイスの作家 ヘルマン・ヘッセ)
- 「誰よりも三倍、四倍、五倍勉強する者、それが天才だ」(日本の細菌学者 野口英世)
- 「お前らが休んでいるとき、俺は練習している。お前らが寝ているとき、俺は練習している。お前らが練習しているときは、当然俺も練習している」(50戦全勝のプロボクサー メイウェザー)

- 「明日はなんとかなると思う馬鹿者。今日でさえ遅すぎるのだ。賢者はもう昨日済ましている」（米国の社会学者 チャールズ・クーリー）

- 「できると思えばできる、できないと思えばできない。これは、ゆるぎない絶対的な法則である」（スペインの芸術家 パブロ・ピカソ）

- 「ステップ・バイ・ステップ。どんなことでも、何かを達成する場合にとるべき方法はただひとつ、一歩ずつ着実に立ち向かうことだ。これ以外に方法はない」（米国のバスケットボール選手 マイケル・ジョーダン）

- 「失敗したからって何なのだ？ 失敗から学びを得て、また挑戦すればいいじゃないか」（米国の実業家 ウォルト・ディズニー）

- 「人間を賢くし人間を偉大にするものは、過去の経験ではなく、未来に対する期待である。なぜならば、期待を持つ人間は、何歳になっても勉強するからである」（アイルランドの劇作家 バーナード・ショー）

- 「どんなに勉強し、勤勉であっても、うまくいかないこともある。これは機がまだ熟していないからであるから、ますます自らを鼓舞して耐えなければならない」（日本資本主義の父 渋沢栄一）

- 「そりゃ、僕だって勉強や野球の練習は嫌いですよ。誰だってそうじゃないですか。つらいし、大抵はつまらないことの繰り返し。でも、僕は子供のころから、目標を持って努力するのが好きなんです。だってその努力が結果として出るのはうれしいじゃないですか」（日本のプロ野球選手 イチロー）

- 「嫌なことは何であれ、プレッシャーや困難なことへの挑戦など、自分を成長させる機会だと思っている」（米国のバスケットボール選手 コービー・ブライアント）

- 「何かに挑戦したら確実に報われるのであれば、誰でも必ず挑戦するだろう。報われないかもしれないところで、同じ情熱、気力、モチベーションをもって継続しているのは非常に大変なことであり、私は、それこそが才能だと思っている」（日本の将棋棋士 羽生善治）

- 「1日1日を無駄に消費せず、毎日を価値あるものにせよ」（米国のプロボクサー モハメド・アリ）

- 「少しでも興味を持ったこと、やってみたいと思ったことは、結果はともあれ手をつけてみよう。幸福の芽はそこから芽生え始める」（日本のホンダの創業者 本田宗一郎）

- 「栄光や評価など求めず、大好きなことに熱中する。それ自体が喜びであり、幸せなんです。私の場合、それは漫画を描くことだった。その行為が金銭的に報われるほうがいいに決まっているが、結果の良し悪しには運が付きまとう」（日本の漫画家 水木しげる）

- 「人は、できると思い始めたとき、実に並はずれた能力を発揮する。人は、自分の力を信じるとき、成功の一番の秘訣を手にする」（米国の牧師兼著作家 ノーマン・ヴィンセント・ピール）

- 「私たちの最大の弱点は諦めることにある。成功するのに最も確実な方法は、常にもう一回だけ試してみることだ」（米国の発明家 トーマス・エジソン）

- 「よい評判を得る方法は、あなた自身が望む姿になるよう努力することだ」（古代ギリシアの哲学者 ソクラテス）

- 「大事は寄せ集められた小事によってなされる」（オランダの画家 フィンセント・ファン・ゴッホ）

- 「行動がすべての成功への基本的な鍵である」（フランスで制作活動をした画家 パブロ・ピカソ）

- 「我々には、これからも毎日困難が待ち受けている。それでも私には夢がある」（アフリカ系アメリカ人公民権運動の指導者 キング牧師）

- 「やる気があるときなら、誰でもできる。本当の成功者は、やる気がないときでもやる」（米国のテレビ司会者 フィル・マグロー）

- 「一度も失敗をしたことがない人は、何も新しいことに挑戦したことがない人である」（ドイツ生まれの理論物理学者 アインシュタイン）

- 「恐るべき競争相手とは、あなたのことをまったく気になどかけず、自分の仕事を常に向上させ続けるような人間のことだ」（米国の自動車会社フォード・モーターの創設者 ヘンリー・フォード）

　ただし、生存者バイアスには気を付けてください。生存者バイアスとは成功を収めた結果のみを詳しく調査し、それに付随する失敗を見過ごしてしまうことです。上記の名言はあくまで成功者たちのものであり、同じことをしても失敗している人が大勢いる可能性は否定できません。よって、名言の内容を絶対視せずに、モチベーションを高める際に活用するぐらいに考えればよいでしょう。

CHAPTER
04

ホワイトハッカーに
なるための教材

　前章ではホワイトハッカーになるための心構えを中心に、IT技術のスキルアップの概要を解説しました。

　本章ではスキルアップに役立つ教材を具体的に紹介します。現在は本、動画、オンライン学習コンテンツなどの良質な教材にあふれています。教材を入手しやすい環境であるのはよいことですが、人によってはかえって迷ってしまうかもしれません。また、教材の種類に応じて、向き合い方も変える必要があります。本章では私が実践している方法を主に紹介していますが、読者の皆さんに向いているかどうかは実践した上で判断してください。常に自己のスキルアップ法を改良しようとする姿勢が大事です。

本で学習する

🔹 本は独学最大の友

　教材として最初に本を採用するのは、学びにおける最初のステップとして読書がとても有効であるためです。本は体系的に学ぶのに最適であり、初級者から上級者まで、どのレベルの人でも読書を避けて通れません。

　もし読書が苦手であれば、克服しなければなりません。そのためにはIT技術書を読む以前に、読書自体に慣れ親しむとよいでしょう。

🔹 本や読書の特徴

本を読むこと、すなわち読書の特徴は次の通りです。

● メリット

　○ コストパフォーマンスが非常に高い。IT技術書は1冊数千円程度。数千円でスキルアップできることを考えると他の教材よりもコストパフォーマンスは高い。

　○ 知りたいことをピンポイントで学べる。目次や索引で知りたい情報が載っているページを探せる。通読しながら、付箋を貼ったりページを折ったりすることで簡単にインデックス化できる。速読ができれば、本文のみから知りたい情報を見つけられる。一方、動画の場合は知りたい情報を探すために再生やスキップを多用することになり、時間的なロスが大きい。

　○ 著者は時間と精神を削りながら執筆しており、その結晶が本である。そのため、本を読むことで、著者の考えや思いに触れられる。

　○ 読者の理解を助けるために、文章のレイアウトや装飾、図表、イラストなどの工夫が施されている。

　○ 一般に体系化されている。Webページのように断片的な情報だけで完結していない。

　○ 先人の知恵を得ることでスキルアップを効率化できる。その1冊を作り上げるために著者は数カ月の執筆時間を費やしている。さらに、情報収集やその情報を熟成するために数年かけたという本も少なくない。読者はその1冊を読めば著者が苦労したよりも効率よくスキルアップできる[1]。

---

[1]：本に著者の知っていることがすべて反映されているわけではありません。そして著者が体験した苦労が無駄だったというわけでもありません。しかし、本を通じて、読者が効率よくスキルアップできることには間違いありません。

読めば読むほど発見がある。新しい本を読めばまだ知らないことを学べる。過去に読んだ本であっても再読すると新たな発見がある。

好きなときに読める。物理本であればページを開くだけ。電子書籍であればいつでもどこでも読める。

自分以外の存在がその本に興味を持つ可能性がある。リビングなどの身近な場所に本を置いている家庭では、子供が本好きになりやすい[2]。知識が増えるだけでなく、親子間のコミュニケーションも増える。

表現法を工夫して、情報の密度を高められる。特に理工学書に当てはまる。たとえば数学書に載っている1行の数式にはものすごい情報量が詰め込まれている。その数式の意味を文章だけで説明すると、数ページに渡ってしまう。

● デメリット

最新技術が本に載るには時間がかかる。「企画⇒執筆⇒編集・DTP・校正⇒印刷」という工程を経て1冊の本ができあがる。情報の鮮度については、本より雑誌、雑誌よりWebページや動画が有利といえる。

流行を追いかけるには不向き。企画時に話題のテーマであっても、出版時にもその話題性が継続しているとは限らない。ただし、IT技術の場合は、注目度が下がったとしても人気がなくなったことに直結するわけではない。普及した結果、話題性がなくなっただけかもしれないからである。枯れた技術はそれだけの蓄積があるため、技術者からすると歓迎すべき状況といえる。

本によっては読破するのに時間がかかる。数学書や哲学書などはその典型である。

本によるスキルアップの効果は、読書する本人のやる気、時間、スキルに大きく依存する。1つでも欠けていると、学習の効率性が低下する。活字や読書に慣れていないと、なかなか学習がはかどらない。

本は体系的にまとまっているが、完璧な本というものは存在しない。つまり、専門家を目指すのであれば、複数の本を読むしかない。ただし、これは本だけに限らず他の教材でも同様である。

インプット学習には最適だが、気を付けないとアウトプット学習がおろそかになってしまう。

内容によっては情報が古くなっていることがある。ソフトウェアのバージョンが古くなって、本の通りに実行してもうまくいかないことがある。正誤表やサポートページで対処する。

ホワイトハッカーになるための教材

---

[2] : リビング学習の一形態です。「東大などの難関大学に行く子の多くはリビングで勉強している」と主張する雑誌がよく売れたことで、リビング学習が注目されました。ただし、リビング学習にはメリットとデメリットがあるため、各家庭でよく検討すべきです。

📦 IT技術書の種類

IT技術書は一般に次の3つに大別できます[3]。

◆リーディング型

リーディング型は読み物の形式であり、簡潔な文章やイラストによる入門書、あるいは専門的な内容を物語で説明しています。プロジェクトマネジメント、ソフトウェア開発技法、ライフハック、ビジネス手法を扱った本に多く見られます。

後述のプロダクション型と比べて集中力を要せず、手を動かすことも少ないため、テンポよく読み進められます。たとえば、電車での通学・通勤時間、ちょっとした休憩時間や待ち時間、就寝前のベッドの中などの細切れ時間を活用できます。勉強の息抜き、スランプ時にも最適です。

リーディング型のIT技術書を読むことで、IT技術者としての生き方を改善したり、用語を覚えたりできます。

◆プロダクション型

プロダクション型は手を動かしながら学ぶ形式です。章を追ってスキルアップを図り、最終的に何らかの成果物が得られます。

プロダクション型では実際にプログラムやコマンドを入力したり、サーバーを構築したりします。つまり、読書しながらPC操作することになります。物理本と電子書籍のどちらを選んでも、学習効果に差はほとんどありません。好みで選べばよいでしょう。本にメモする人は物理本が向いていますし、プログラムやコマンドをコピー&ペーストしたい人は電子書籍が向いています。IT技術者であれば、プロダクション型の技術書を読み、実践力を習得する必要があります。

◆リファレンス型

リファレンス型は辞書のように扱う形式です。用語辞典、コマンド集、関数事典が該当します。

リファレンス型の本によっては通読できますが、一般には調べ物の際にページを開くという使い方になります。素早く目的のページを開くことが重要なので、一般的に物理本が向いています（検索ができるのであれば電子書籍でも代用可）。出先でも調べる必要があれば、電子書籍が向いています。

---

[3]：これらの3つに該当しない本もあります。大学の教科書のような理論メインの専門書、リーディング型とリファレンス型の両方と兼ね備えた複合型の本、資格対策本などです。

🔖 紙か電子か

本を媒体で分類すると、紙で作られた物理本、電子データで作られた電子書籍の2つに分けられます[4]。それぞれかなり特徴が異なります。どちらかが絶対的によいというものではなく、それぞれ異なるよさがあります。ここでは物理本と電子書籍を比較します。

◆ 物理本の特徴

物理本の特徴は次の通りです。

- メリット
  - リアル書店で実際に内容を確かめてから購入できる。
  - 紙媒体を好む人であれば、モチベーションを維持しやすい。
  - 都内の大手書店では、一部のIT技術書が先行販売されることがある。
  - 不要になったら、貸したり売ったりできる。
  - 中古であれば電子書籍より安く購入できることがある。
  - 自由にマーカーを引いたりメモしたりできる。メモ用紙や付箋を貼り付けられる。
  - 読書の進捗が一発でわかる。
- デメリット
  - 分厚い本だと持ち運びしにくいため、通学・通勤時での読書に向いていない。
  - 所有する本の数に比例して、管理コストが大きくなる。本が膨大になると保管にスペースを圧迫し、金銭的コストにも直結する。目的の本を探すのに時間がかかる。引っ越しが大変になる。

◆ 電子書籍の特徴

電子書籍の特徴は次の通りです。

- メリット
  - どこでも読書できる。
  - 新品の物理本と比較して、基本的に少し安い。
  - セールやキャンペーンの際にはお得に入手できる。
  - 出版社にもよるが、読み放題のサブスクがある。
  - 電子書籍の種類[5]によってはキーワード検索できる。
  - 電子書籍の種類によってはテキストをコピーできる。ソースコードやコマンドをコピー&ペーストすれば間違えにくい。英文をDeepL翻訳できる。

[4]: デジタルの音声データも電子データに含まれますが、本書ではオーディオブックとして扱います。
[5]: PDFやKindle（リフロー形式）は該当しますが、Kindle（固定レイアウト形式）は該当しません。

163

○ 部屋の照明を消してもバックライトで読める。

○ タブレットをジップロックに入れると簡易的に防水化でき、風呂場で読める。

○ 電子書籍アプリで音声再生できる。

○ 電子書籍アプリの辞書機能で、知らない用語や英単語の意味をすぐに調べられる。

○ 場所を占有しない。ミニマリストと相性がよい。

○ リーディング型のIT技術書はスマホでも読める電子書籍が向いている。何度も読み返したり、PC片手に本を読んだりする必要がないためである。文字だけを追えばよいのでスマホでも十分読める。

○ 複数のデバイス（PC、スマホ、タブレット）を使っていても、同一の電子書籍アプリ上であれば読んでいる最後のページが開く。

○ 電子書籍がPDFであれば、ノートアプリ（GoodNotes、Notability、コンセプトなど）と組み合わせることで、自由度の高いメモ環境を構築できる。

○ 他者に知られたくない本を管理しやすい。読書に理解のない人たちに囲まれた環境では物理本を買うたびに肩身の狭い思いをするが、電子書籍であれば秘密裏に保管できる。

○ 地震や水害の影響を受けない。

● デメリット

○ 電子書籍化されていない本が存在する[6]。

○ 電子書籍プラットフォームが乱立し、さらにデータ形式もいろいろあるため、管理に手間がかかる。メインとして使うプラットフォームを決めると少しは改善できるが、一元管理することにこだわりすぎて読書という本来の目的を忘れてしまうのは本末転倒[7]。

○ 電子書籍が出るとしても、物理本と同時に販売されるか、少し遅れて販売される。IT技術書だと電子書籍の販売ページが公開されるまで若干の遅れがあることもある。

○ 電子書籍アプリのマーカー機能は便利だが、メモ機能は一般に使いにくい。

○ 簡単に他人に貸したり、譲ったりはできない[8]。

○ 相続しにくい[9]。

---

[6]：自力で物理本を裁断してスキャンすることで電子書籍化できます。これを俗に自炊と呼びます。自分で裁断しなくても、裁断済みの本を格安で入手するというアプローチもあります。

[7]：セールやクーポンを駆使して書籍を格安で入手できます。私の場合は電子書籍の一元管理は諦めて、金銭的にお得な方法を追求しつつ読書しまくることを選択しました。

[8]：電子書籍のデータを他者に渡してしまうと不正コピーになります。アカウントを共有すれば見られますが、規約違反になりかねません。

[9]：PDFのように買い切りの電子書籍でない限り、電子書籍のデータを読む権利を得ているにすぎません。よって、被相続人が何百冊ものKindle本を持っていても、相続人は基本的にそれを相続できません。ただし、亡くなったことを伏せて被相続人のアカウントを使うのであれば、法律や規約を別として技術的には読めます。

✒ IT技術書は物理本と電子書籍のどちらが向いているか

　以上、物理本と電子書籍のメリット・デメリットを列挙しました。ホワイトハッカー志望であれば、物理本や電子書籍のどちらかでなければならないという考えは捨ててください。それぞれを適材適所で使い分けるのです。

　何度も見返すような名著であれば、同一タイトルの物理本を2冊所有して、自宅と職場に置くことを検討します。「新品と中古品で揃える」「改訂されるたびに買い替える」と同じ本が増えていくので、それぞれを別々の場所に置けばよいでしょう。

　また、同一タイトルの物理本と電子書籍の両方を買うことも有効です。作業机の近くに物理本を置いておき、出先では電子書籍を読むのです。

　私の場合は自分の本に関しては、物理本と電子書籍の両方を揃えています。本の内容について質問があったときに、自宅であれば物理本で確認して対応しますが、出先であれば電子書籍がなければ確認できないからです。さらに、物理本については増刷[10]されて見本誌が送られてくるたびに、それぞれの刷を保管しています。その理由は（修正箇所があれば）刷られるたびに誤字脱字などが修正されるからです。本棚には初刷、第2刷、…の本が並ぶことになります。

　ところで、技術書はリーディング型、プロダクション型、リファレンス型の3つに大別されると述べました。それぞれが物理本に向いているか、電子書籍に向いているかを示したものが表4-01になります。

●表4-01　技術書のタイプと特徴

タイプ	主な特徴	物理本	電子書籍
リーディング型	読み物	△	◎
プロダクション型	手を動かして実践する	○	△
リファレンス型	辞書のように扱う	◎	×

[10]：版を変えずに増し刷りすることです。

🧊 洋書でスキルアップを加速させる

　一般に読書というと日本語で書かれた和書や翻訳書を対象としています。洋書を加えることで次に示す観点からスキルアップの加速を期待できます。

◆ 本選びの選択肢が増える

　すべての洋書が翻訳されているわけではありません。翻訳はビジネスの一環であり、原作である洋書が売れていなかったり評価が低かったりすれば、翻訳される可能性が下がります。つまり、翻訳本しか読まない人にとって、一生出会えない本があるわけです。

　第3章でも触れましたが、語学力は学習効率をブーストさせます[11]。その大きな理由は学習コンテンツの選択肢が圧倒的に増えるからです。選択肢が増えるということは良質な教材にも出合いやすくなります。これは本についても同様です。

◆ 最新の情報を得られる

　翻訳作業には時間がかかるため、翻訳書が出るのを待っていると読むタイミングが遅くなってしまいます。

◆ 洋書と翻訳書を読み比べられる

　後発の翻訳書では、原書の修正内容が反映されます。加えて、翻訳者による訳注や特別寄稿が追加されることもあります。洋書を読んでいてわからなければ翻訳書を読めばよいですし、逆に翻訳書を読んでいてわかりにくければ洋書を読むという方法が有効です。

◆ 洋書は翻訳書より一般に安い

　翻訳書が出版されるまでには大勢の関係者が絡みます。ざっと挙げるだけでも、翻訳者、日本での出版社、日本と海外の出版社の間を取り持つエージェント[12]、翻訳書の表紙を担当するデザイナー、印刷所などです。そのため、人件費がかさむのは自明といえます。

---

[11]：136ページを参照してください。
[12]：翻訳権の契約を行う代理人のことです。

また、日本語の文字はアルファベットより幅を取るため、同一の内容でも日本語の文は英文より長くなります。半角・全角の違いを想像するとわかりやすいでしょう。日本語は全角ですが、英語は半角になります。ただし、印刷される文字のフォントは等幅でなく、単純にアルファベット2文字が日本語1文字に対応するわけではありません。それでも日本語は幅を取るのは明白です。小さな差のように思えますが、本1冊分になると大きな差になって現れます。つまり、一般に翻訳書は分厚くなるか、本のサイズが大きくなりやすいのです。これは印刷や素材（紙）のコストに直結し、結果的に本の価格が高くなります[13]。

◆ 洋書のサブスクを活用できる

電子書籍の読み放題サービスを提供している海外のWebサイトがあります。IT技術書でいえば、O'Reilly online learningとPacktが有名です。

O'Reilly online learning[14]は同社の本に特化したサブスクになります。オライリー本が好きな人は十分に満足する内容といえるでしょう。

一方、Packt[15]はセキュリティやハッキング本を多数扱っています。電子書籍の買い切りもできますが、サブスクであれば5000超の電子書籍、2000超の動画コンテンツが対象になります[16]。

初回であれば無料期間もあるので、自分に向いているサブスクを探してみてください。

◆ Humble Bundleで洋書をまとめ買いする

Humble Bundle[17]では電子書籍、ゲーム、ソフトウェアなどをバンドル[18]という形でセット販売しています。

取り扱っている電子書籍は特定のテーマの洋書になります。過去にはオライリーのプログラミング本、セキュリティ本のバンドルなどが期間限定で販売されていました。

---

[13]：ごくまれに洋書より翻訳書の方が安いというケースもあります。
[14]：https://www.oreilly.com/online-learning/
[15]：https://www.packtpub.com/
[16]：Packtの動画コンテンツの特徴については、193ページを参照してください。
[17]：https://www.humblebundle.com/
[18]：単体でも提供できる製品やサービスを複数組み合わせてセットで販売・提供することをバンドルといいます。

次のリストはセキュリティ本のバンドルをいくつかピックアップしたものになります。

- Humble Book Bundle: Cybersecurity & Cryptography by Wiley Dec 22, 2020 US$18.00
- Humble Book Bundle: Hacking 101 by No Starch Press Dec 2, 2020 US$18.00
- Humble Book Bundle: Advanced Computer Security and Privacy by Morgan & Claypool Aug 25, 2020 US$15.00
- Humble Book Bundle: Cybersecurity 2020 by Wiley Feb 17, 2020 US$15.00
- Humble Book Bundle: Cybersecurity 2019 by Packt Nov 18, 2019 US$15.00
- Humble Book Bundle: Hacking 2.0 by No Starch Press May 27, 2019 US$15.00
- Humble Book Bundle: Hacking for the Holidays by No Starch Press Dec 17, 2018 US$15.00
- Humble Book Bundle: Cybersecurity by Packt Nov 28, 2018 US$15.00

1ドル〜15ドル(あるいは18ドル)の範囲内で段階的に値付けされています。IT技術書であれば1ドルで5冊、15ドルで20冊ほど入手できます。

実際に購入したバンドルに含まれている本を紹介します(図4-01)。PDF、EPUB、MOBIの形式で提供されているので、自分の電子書籍アプリに合ったファイル形式を選べます。

● 図4-01　バンドルされていた電子書籍の一部

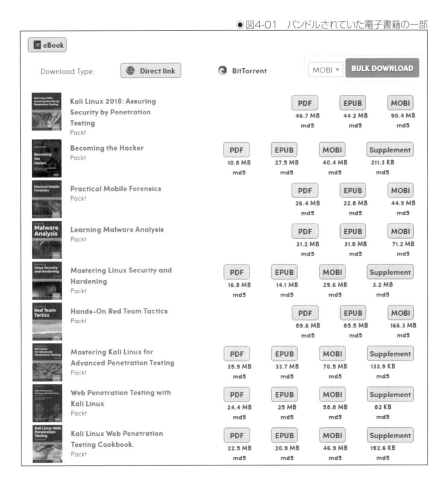

◆ 洋書の物理本という選択肢

　日本で洋書の物理本を入手するには、入手コストが高い、届くまで時間がかかるなど若干ハードルは高いといえます。しかし、すべての本が電子化されているわけではないため、どうしても読みたい本があれば物理本に頼るしかありません。ネットショップや海外フリマサイトから購入できます。大型書店であればIT技術書の物理本が販売されています。

　プロダクション型やリファレンス型であれば物理本が向いていると述べました。また、電子書籍より物理本が好きという人もいることでしょう。自分の読書スタイルに合わせて、物理本の洋書も選択の余地に残しておいてください（図4-02）。

●図4-02　英語のセキュリティ書籍（物理本）[19]

🐟 中国語の本の選び方

　英語のセキュリティ本が日本語に翻訳される例はたくさんありますが、その逆はほとんどありません。しかしながら、日本語のセキュリティ本が英語の本に劣っているわけでもありません。同様の事例は別の言語でも起こりうると想像できます。たとえば、良質の内容である中国語のセキュリティ本があったとしても、ほとんど英語に翻訳されていません。当然、日本語にも翻訳されていません。

　本書では中国語のセキュリティ本を読むのを諦めるのではなく、挑戦することを推奨します。IT技術書であれば、中国語がわからなくてもなんとなく読めるはずです（図4-03、図4-04）。いろいろな本に挑戦して掘り出し物を探してみましょう。

[19]：atom（@atom_at_work）さんから画像を提供していただきました。

● 図4-03　中国語のIT技術書（物理本）[20]

● 図4-04　中国語のセキュリティ書籍（物理本）[20]

[20]：atom（@atom_at_work）さんから画像を提供していただきました。

4

ホワイトハッカーになるための教材

　中国語といっても大陸用語と台湾用語では違いがあります。漢字や発音が共通するものもありますが、ざっくりと7、8割の漢字の表し方が異なります。図4-05は大陸用語と台湾用語におけるIT用語の違いを表したものです[21]。英語の「setting」であれば、大陸用語では「設置」、台湾用語では「設定」と表記します。他の用語の例を見ると、まったく漢字が異なります。大陸用語は簡略化した文字であり、日本で教えられている漢字に近いものになります。つまり、読みやすさを重視するなら、大陸用語の本を選択した方がよいということです。

●図4-05　大陸用語と台湾用語の違い

電脳網路用語					
台灣用語	英文	大陸用語	台灣用語	英文	大陸用語
軟體	software	軟件	解除安裝	uninstall	卸載
視窗	windows	窗口	檔案	file	文件
當機	freeze	死機	登出	log out	退出登錄
伺服器	server	服務器	圖示	icon	圖標
互動	interact	交互	滑鼠	mouse	鼠標
句點	period	句號	設定	setting	設置
程式	program	程序	螢幕	screen	屏幕
工作列	task bar	任務欄	印表機	printer	打印機
掃描器	scanner	掃描儀	搖桿	joystick	手柄
撥號器	dialer	撥號工具	網域	domain	域
登入	login	登錄	桌面	desktop	壁紙
連結	link	鏈路	協定	protocol	協議
硬碟	Hard drive	硬盤	主機板	Mother board	主板
輕按兩下	Double -click	雙擊	硬體	Hard ware	硬件

[21]：「http://www.hintoninfo.com.tw/Upload/mag/words.pdf」の対応表から抜粋しました。

　中国語の本の入手先について解説します。電子書籍は入手しやすいですが、物理本だと若干敷居が高くなります。日本のAmazonでも買えますが、高いですし、ラインナップは少なめです。日本に発送できるネットショップで購入することになります。

　大陸用語の本であればglobal.jd.com[22]、台湾用語の本であればbooks.com.tw[23]が購入先の候補に挙げられます。

　漢字で検索しにくければ、英語のプログラミング言語名や製品名で検索するとよいでしょう。ここでは実験として「Kali Linux」というキーワードで検索してみました。図4-06はglobal.jd.com、図4-07はbooks.com.twで検索した結果になります。

●図4-06　global.jd.comで検索した結果

[22]：https://global.jd.com/
[23]：https://www.books.com.tw/

◉図4-07　books.com.twで検索した結果

　余談ですが、中国のセキュリティイベントや学会に行ったり、中国のセキュリティエンジニアと交流したりする際には、イベント会場地や相手の地域に合わせて言語を使う分ける必要があります。台湾ではセキュリティの学会もよくあり、そういった場合は台湾用語の方が有利です。

COLUMN
洋書を選ぶ際に参考になるキーワード

　本のタイトルと内容にギャップがあるかもしれませんが、タイトルは内容の方向性や難易度の判断材料にはなります。これは日本の書籍だけでなく洋書でも同様です。ここでは英語のセキュリティ書籍を選ぶ際によく登場するキーワードを紹介します。

◉表4-02　洋書でよく登場するキーワード

キーワード	説明
hands-on	「ハンズオン」「実地訓練」「実践的な」という意味。体験型の学習内容を示唆する。IT技術書であれば、実際に手を動かしながらプログラミングやサーバー構築を体験できる
from scratch	「ゼロから始める」「一から作る」という意味。前提知識が不要であったり、初心者向けであったりすることを示唆する
step by step	「一歩ずつ」「着実に」という意味の副詞。「step-by-step」のようにハイフンが入ると「段階的な」という意味の形容詞になる。入門書で使われることがある
how-to	「ハウツー」という意味。何らかの作業や手順に関する非形式的な記述で、それを集めたもの。ハウツー本は必ずしも入門書といえないが、初心者向けに書かれていることが多い

キーワード	説明
cookbook	「レシピ集」「秘訣集」という意味。元々は料理本のことであるが、転じて特定の技術についての汎用的なレシピ集を指す
reference	「リファレンスマニュアル」「辞書的な使い方をする説明書」という意味。最初から順番に読むものではなく、必要に応じて知りたい項目を参照できる構成になっている。邦書では「逆引き」というキーワードとセットで使われることも多い。この場合は、やりたいことから探せる構成になっている
handbook	「ハンドブック」「手引き集」という意味。特定の主題とその解決法が書かれた本のこと
from beginner	「初歩から」「初心者から」という意味。初学者向けを示唆する
to advanced	「上級の」「高度な」という意味。発展的な内容を含むことを示唆する
practical	「実践的な」「応用的な」という意味。応用的な内容を含むことを示唆する
training course	「訓練コース」「研修コース」という意味。最終的な目標が設定されており、その目標を達成するためにある程度のページを割いて解説されていることを期待できる
drill	「ドリル」「反復練習」という意味。IT技術書ではあまり使われない。同等の解法で解決できる問題がたくさん載っていて、それらを解くことで技能を定着させたり、解答速度や正確性を高めたりすることを狙いとする
answer book	「解説書」「虎の巻」「マニュアル」という意味。たとえば、古典的名著である『C Programming Language』には『C Answer Book』という副読本がある[24]
introduction to	「～入門」という意味。必ずしも初心者向けとは限らない。たとえば、アルゴリズムとデータ構造の教科書として『Introduction to Algorithms』[25]は有名である。1000ページ以上あり、内容については前提として数学的知識が必要となる
crash course	「短期集中コース」「特訓コース」という意味。短期的かつ集中的に学ぶことを示唆する
white hat	ホワイトハットのこと。ホワイトハットの詳細については第1章で説明した。ホワイトハッカーやエシカルハッカーというキーワードが対応する
black hat	ブラックハットのこと。このキーワードがついていると攻撃の手法やプログラミングの解説を期待できる
ethical hacker	エシカルハッカーのこと。「ethical hackers」と複数形が使われることもあるが、「ethical hacker」で検索すれば単数形・複数形のどちらもヒットするので問題ない
hacker	ハッカーのこと。このキーワードを使えば、「ethical hacker」も一緒にヒットする
maker	「メイカームーブメント[26]に参加する人」「ものづくりをする人」のこと。メイカームーブメントに派生するDIYや電子工作に関する本によく使われる

購入する書籍が決まったら、最新版かどうかを確認してください。同一タイトルで第2版があれば「second edition」や「2nd Edition」とタイトルに付いています。

4

ホワイトハッカーになるための教材

---

[24]：前者は『プログラミング言語C』（共立出版刊、https://www.kyoritsu-pub.co.jp/bookdetail/9784320026926/）、後者は『プログラミング言語Cアンサー・ブック』（共立出版刊、https://www.kyoritsu-pub.co.jp/bookdetail/9784320027480/）という翻訳本が出版されています。

[25]：翻訳本である『アルゴリズムイントロダクション 第3版 総合版』（近代科学社刊、https://www.kindaikagaku.co.jp/information/kd0408.htm）が出版されています。大学や大学院の講義用教科書としても有用です。

[26]：クリス・アンダーソンの『MAKERS—21世紀の産業革命が始まる』（NHK出版刊、https://pr.nhk-book.co.jp/makers/book/）にて、メイカームーブメントという言葉が提唱されています。メイカームーブメントとは世界中のガレージ（自宅の工作室）をオンライン化し、仕事とデジタルツールを融合することで起こるムーブメントのことです。従来は大きな製造業者に牛耳られていましたが、それに対して個人が立ち上がり革命をもたらす面があります。

🔹 本の選び方

　ホワイトハッカーを目指してスキルアップするのであれば、読むべき本はたくさんあり、本選びに悩んでいる時間はありません。まずは目の前にある本に手を付ければよいのです。結局のところ、スキルアップは長期に渡るわけで、目の前の本を先に読むか後に読むかの違いでしかありません。とにかく読書という行動を起こすのです。その結果、改善点があればフィードバックすればよいだけです。

　以上のように本書は「今すぐ読書しろ」というスタンスですが、その行動を取った上で本選びに悩むという状況はあります。そういった場合には次に示すヒントを参考にしてください。

◆ 教材の媒体や種類にこだわらない

　本体の目的はスキルアップであり、教材の媒体にこだわってはいけません。物理本、電子書籍、オーディオブック、音声コンテンツ、動画コンテンツのどれでもよいのです。好きな教材を選んで、貪欲に知識を吸収してください。

◆ 学び始めは無理に背伸びする必要性はない

　いきなり分厚い本、難解な本から読み始める必要はありません。分厚く権威のある本は良書の可能性が高いですが、あなたのスキルアップにとって効果的かどうかは別問題です。

　特に苦手な分野や初挑戦の分野であれば、薄い初学者向け本を十数冊読むことをおすすめします。子供やジュニア向けの本、非IT技術者向けの本でもかまいません。大体3冊ほど読むと、その分野のことがなんとなくにでも頭に入ってきます。本質的または重要な箇所は、別の本でも繰り返し登場します。それぞれの本が違った角度から説明しているため、知識の理解の助けになります。薄くても読破すれば達成感を得られて、スキルアップの進捗を実感できます。以上のようにざっと一石三鳥の効果があります。ある程度、知識を身に付けてから、分厚い本に挑戦しても遅くないのです。

◆ 月に1度はリアル書店に行く

　ネット書店で購入すれば、ポイントが付き、翌日には家に届くといった利点があります。それでもリアル書店には定期的に訪れてください。目安としては少なくとも月に1回です。多い分にはまったく問題ありません。

　目の前に広がった本たちを見て、まだまだ勉強すべきことがたくさんあるというやる気を得られます。書店員の工夫も見逃せません。ポップや本の配置から売れ筋の本がわかります。気になるタイトルや表紙の本があれば、積極的に手に取ってください。パラパラと中身をざっくり眺めて、自分のレベル感に合っていそう、興味を持って読み進められそう、読みやすい文章だと感じたら、その本を購入するのをおすすめします。本との出会いは一期一会です。直感的に相性がよさそうと思った感情を大事にしてください。その本が今後の人生を決定付ける大事な1冊になるかもしれないのです。

◆ 長期休暇に向いている本がある

　長期休暇には、難しい本や分厚い本など、じっくりと取り組むことになる本に挑戦してみるとよいでしょう。特に学生であれば、夏休みに自作OS、自作CPU、自作プログラミング言語に関連する本に挑戦してみることをおすすめします。こうした本はコツコツと手を動かす内容であり、1冊を読破するのに多大な時間がかかります。

　長期休暇を活用して、熱が冷めてしまわないうちに集中して読破してしまうのです。学生のうちに読破すれば、若くして基礎知識が強固になると同時に、自信を持てるようになります。

◆ 読書上級者は直感で選んでよい

　読書初級者が直感で選んでしまうと悪書を引いてしまう可能性が高いだけでなく、その本に悪い影響を受けてしまう恐れさえあります。とはいえ悪書を避けようとして読書しないのでは意味がありません。レビューや評判に影響されてしまうと、なかなか読書初級者を脱せられません。悪書に出会うのも経験であり、経験を通じて悪書に対する嗅覚が鋭くなるはずです。

　逆に、読書上級者であれば直感を大事にして本を選んでも問題ないでしょう。無意識のうちに悪書を避け、自分と相性のよい本をしっかりと選択できるようになります。

4

ホワイトハッカーになるための教材

◆ 同人誌即売会に行こう

　商業誌とは全国の書店で販売されている本のことです。一方、同人誌とは個人あるいは仲間で資金を出して制作した本のことです。同人誌即売会やネット通販で購入できます。元々同人誌というと、イラスト、漫画、小説などの創作系の作品が主流でした。最も有名な同人誌即売会はコミックマーケットでしょう。

　最近は技術書の同人誌が流行っており、こうした技術同人誌に特化した同人誌即売会も開催されています。たとえば、たとえば、技術書典[27]、技術書同人誌博覧会[28]、情けっと[29]、おもしろ同人誌バザール[30]などがあります。

　ここでは、同人誌を入手・購入する側として同人誌即売会に参加することの有用性について紹介します。商業誌はビジネスとして出版するわけでどうしても利益を追求することになります。売れそうにもない本の企画が通ることは通常ありません。営利の追求は悪いことではなく、次のような利点もあります。プロの編集者、デザイナー、校正者がかかわるため、ある一定以上の品質が担保されます。書店営業や出版取次のおかげで、全国の書店に流通します。そして、広報や広告営業のおかげで宣伝してもらえます。

　対して、同人誌は筆者の好きなものを自由に書けます。技術同人誌であれば、売れるかどうかは二の次という本が大半です。つまり、商業誌ではありえないようなマニアックな本が多数存在するのです。読者からすればピンポイントで好奇心を刺激するニッチな本が出合える可能性があるわけです。

　技術同人誌はネット通販でも購入できる場合も多いですが、一度は同人誌即売会の会場に訪れることをおすすめします。思いがけないニッチな本に出合ったり、同人誌の著者に会ったりできます。一般参加者とサークル参加者の全員がイベントをお祭り感覚で楽しんでいます。刺激のある時間を過ごせて、スキルアップのモチベーションも高められるはずです。

[27]：https://techbookfest.org/
[28]：https://gishohaku.dev/
[29]：https://zeniket.jimdofree.com/
[30]：https://hanmoto1.wixsite.com/omojin/

◆ 無料公開の書籍はたくさんある

インターネット上には正式に無料配布されている書籍が多数あります。その中にはIT技術書も含まれ、無料でも十分にスキルアップに活用できます。たとえば、次に示すものが挙げられます。

- 著者・翻訳者や出版社が公式に無料配布していることがある。特に、海外の大学教授が自分の著書（教科書）を全文公開していることがよくある。
- Zenn[31]にて本1冊に相当する情報を公開してくれている人がいる。
- 無料頒布の技術同人誌が多数存在する。ページ数が少ない本、既刊の本が対象になりやすい。
- Amazon Unlimited会員であれば、200万冊以上の本が読み放題。対象の本にはIT技術書も多数ある[32]。
- PRのために出版社が期間限定で全文無料公開することがある[33]。特に、年末年始、大型連休の直前はチャンス。

◆ 誰かにおすすめ本を聞くのは最後の手段

誰かにおすすめ本を聞くのは、自分で努力した上でそれでも本選びに悩んでいるときにしてください。その際にはあなた自身の現状のスキル、および悩んでいることを明確にしなければなりません。

行動を起こす前に漠然とおすすめ本を聞くという行為は避けるべきです。相手が読書好きであったとしても同様です。質問者は雑談のつもりかもしれませんが、回答者は真剣におすすめ本を考えようとします。しかしながら、質問に答えるための情報が少なすぎて、適切な本を紹介できません。情報を引き出すために「質問者にとってのおすすめ本を聞きたいのか」「聞かれたこちらが影響を受けた本なのか」と返すことになります。前者の意図で質問したとしても、質問者の前提スキル、費やせる時間、好きな分野などがわからなければ、本を選びようがありません。

[31]：エンジニアが技術・開発についての知見をシェアする場所です（https://zenn.dev/）。読者から対価を受け取れる仕組みが備わっています。
[32]：読者は完全無料でコンテンツを楽しめ、1ページ開くたびに0.5円程度の収益が著者に分配されます。Win-Winの関係ですので、遠慮せずに読みましょう。
[33]：拙著『ハッキング・ラボのつくりかた』（翔泳社刊）は2020年12月にAmazonレビュー100件突破記念として、期間限定で無料全文公開し、同時にキーボードのREALFORCEのプレゼントキャンペーンを実施しました（https://codezine.jp/book/campaign/hackinglabo）。

　回答者が真面目であればあるほど、質問者と回答者の本気度にギャップが
生まれやすいので注意が必要です。回答者は何度もコミュニケーションして
真剣に本を選んだのに、質問者がその本に本気に取り組む姿が見られなけれ
ば、回答者は失望するでしょう。一度、失望してしまうと、信頼を取り戻すのは
難しいといえます。

　質問するのであれば礼儀と感謝を忘れないようにしてください。回答してく
れたにもかかわらず「時間がないから今は行動に移さない」「回答だけを聞い
て満足した」と思うのであれば、最初から質問すべきではありません。回答者
の貴重な人生の一部を無駄に消費させたことになります。

🔖 自分に合った読書法を確立する

　最後に読書に関するヒントを紹介するので、参考にして自分に合った読書法
を確立してください。

◆ 良書・悪書に振り回されない

　読書初心者のころは、どの本が良書なのか悪書なのか判断できません。ス
キルアップの過程で大量の本を読むわけであり、悪書を避けられません。読
み手のスキルの有無によって、良書と悪書のどちらにもなりうる本もありま
す。そして、大勢が良書として評価している本があったとしても、あなたにとっ
ての良書とは限りません。

　悪書に出会うのも1つの経験としてポジティブに捉えてください。悪書で
あっても何か吸収できるものはあるはずです。すべての本を読むつもりでい
れば、悪書を避けたいという考えを持たなくて済みます。

◆ 読書法に正解はない

　読書スタイルにはいろいろあります。精読・深読[34]・速読・多読・音読・黙
読・乱読などです。

　初心に立ち返って本当の目的を思い出してください。スキルアップこそが
目的だったはずでした。読破数や読書スタイルにこだわる必要はないのです。
あなたに合った読書法を選ぶべきです。多読・乱読が向いている人もいれば、
精読が向いている人もいます。じっくり読んでも頭に入らなければ意味がな
く、逆に飛ばし読みや斜め読みでも知識を吸収できればよいのです。

---

[34]：文章の意味を必要以上に深く読みとることです。

　また、意識の違いによって、同じ読書スタイルでも得られる効果が異なります。たとえば、同じ速読であっても、漠然と読むのと、重要なトピックや用語の周辺を重点的に読むのでは、得られる効果が大きく変わってきます。自分の得意な読書スタイルを確立すると同時に、状況に応じて適切な読書スタイルを切り替えるのです。

◆ 気になった新刊はなるべく早く読む

　「新たに本を買ってしまうと積読[35]になってしまう」「安いタイミングで買いたい[36]」「まだ読むレベルに達していない」などの理由で、気になった本があるにもかかわらず購入を見送ることがあるかもしれません。しかしながら、次の理由からすぐに買って読むことをおすすめします。

　第1の理由は、注文直前と実際の本を手にした瞬間に最もモチベーションが高くなるためです。この高まったモチベーションを活用しないことは、とてももったいないことです。後になってから同等のモチベーションを得ようとしても、なかなか実現できません。そのため、進んで読みたいと思って購入したのであれば、すぐに読むことをおすすめします。

　第2の理由は、後回しにすればするほど本の内容が古くなるからです。本の種類にもよりますが、出版されて時が経つとソフトウェアやサービスのバージョンアップによって、本で説明されている通りにやっているにもかかわらずうまく動作しないということが多々あります。下手するとまったく対処法がないことさえあります。

　第3の理由は、発売直後であれば厚いサポートを期待できるからです。発売直後の本であれば、不明点やうまくいかない箇所について著者や出版社に問い合わせすると、適切な返答が返ってくる可能性が高いといえます。なぜならば、発売直後であれば同じ問題で悩んでいる新規の読者がたくさんいることを示唆するため、著者は本気で取り組まざるを得ないからです。しかし、発売して数年経過してしまうと新規の読者は数少ない上に、解決が難しくなっていることがあり、著者としては対処しにくい状況になります。

　第4の理由は、絶版リスクを避けられるからです。専門書は想像以上に絶版になりやすいといえます。後で買おうとした本がいつの間にか絶版になってしまい、中古本が高額で販売されているという例がよくあります。

---

[35]：入手した本を読まずに、積んだままにしている状態のことです。
[36]：電子書籍が安く買えるキャンペーンを待つ、あるいは物理本が中古市場で出回ることを待つことを指しています。

　第5の理由は、著者を救うことになるからです。著者や出版社は発売直後の売上を最も重要視します。大学の教科書のようにある程度の量を長期に渡って売れる本は貴重ですが、一番評価されるのは発売直後に爆発的に売れる本です。本が売れなければ、その著者に次の本の企画が来なくなります。そして、その本が扱っていたテーマは避けられがちになります。逆にいえば、売れればその本が改訂されたり続編が作られたりする可能性が高くなります。さらに、他の出版社が人気に便乗し、似たテーマの本がたくさん書店に並ぶことになります。結果的にIT技術者がそのテーマを学びやすい環境が整います。

◆ フラットな状態で読む

　人は自分が正しいと思うことや都合のよい情報ばかりを無意識に集めてしまう傾向があります。これを心理学では確証バイアスといいます。その結果、まれに起こる事象を過大評価しがちになります。たとえば、高齢者の運転は危険という先入観があると、高齢者の交通事故のニュースばかり目に付き、先入観の確証を強めてしまいます。

　確証バイアスは読書でも起こりえます。中でも乱読・多読する時期は確証バイアスに注意してください。読めば読むほど、都合の悪い情報を無視して、持論を強化するような部分ばかり読み込んでしまう結果になります。これは初学者だけに限った話ではありません。ある程度の知識やスキルを身に付けて中級者になると、少々の自信が出てきます。こういったレベルになると、自分の知識を頼りにして、他人の意見を受け入れなくなってしまう人が多くなるのです。

　この問題から克服して上級者になるためには、自分の知識をいったん置いておき、学習（ここでは読書）の場において心をフラットな状態にして、先入観をなくして素直に情報を吸収するのです。初めて読む本であればどんな意見でも一度は受け入れるぐらいの心を広げてみてください。批判的に読むのは、再読のタイミングでも遅くはありません。

◆ 再読を楽しむ

本は一度の読書で理解しなければならないというルールはありません。最初は概要を把握するためにざっと目を通します。最初はわからないところだらけかもしれませんが、飛ばしてもかまいません。再読時にはじっくりと読み、前回わからなかったところもしっかりと理解してください。その本で理解できなければ、他の本やWebで調べます。これを繰り返して、どんどんと不明点を潰していくのです。

IT技術書や理工系の学術書の場合、よほど才能に溢れていない限り一度で理解できる方が珍しいといえます。繰り返し読んで理解を深めていってください。

再読によって前回には気付かなかった知見が得られたり、なんとなく理解したつもりだった箇所が鮮明に理解できたりします。索引や注釈に注目するなど、違った視点で再読するのも効果的です。

◆ 索引を活用して熟知度を測る

索引には重要な用語がたくさん並んでいます。これらの用語を1分程度で説明できるレベルになれば、その本をかなり理解したと判断できます。この方法は資格勉強でかなり有効に働きます。試してみると想像以上に難しく、自分の弱点を明確化できます。

◆ 読書記録を活用する

若干の手間はありますが、読書したことを管理することをおすすめします[37]。読書メーター[38]やブクログ[39]といった読書管理サービスを活用できます。単純にExcelなどに記録していくのでもかまいません。

記録すべき項目としては、タイトル、出版社、読書開始日、読了日などです。余裕があれば読書媒体（物理本か電子書籍か、電子書籍ならKindleなのかPDFなのか）、活字か漫画かどうかの区別もできるとよいでしょう。なぜなら、同一のタイトルであっても、活字版と漫画版、物理本と電子書籍があるためです。

読書記録を残すことで、次のメリットを期待できます。

- 読破した本が増えることがうれしくて、読書のモチベーションが上がる。
- 再読したときに、過去の記録と比べられる。読了までに要する日数が短くなっていれば、それだけ成長した証拠である。
- 振り返り用のデータを蓄積できる。読了数を集計しやすい。

---

[37]：ここでいっているのはあくまで読書記録であり、読書ノートではありません。必要があれば読書ノートをデジタルデータとして記録します。Scrapbox、Evernote、Notionなどを活用できます。
[38]：https://bookmeter.com/
[39]：https://booklog.jp/

◆ 書見台を使って読書しながらPC操作する

書見台とは書物を読むために用いる台のことです。ブックスタンドとも呼ばれます。書見台を使うと本を開いたままで固定し[40]、斜めにして見やすい状態にできます。モニターの脇に配置すれば、本とモニターの間の視線移動が楽になります。読書しながらのPC操作にぴったりなので、プロダクション型の本の読書に最適といえます。図4-08は書見台に本をセットして、PCを操作している状況です。800ページ超の本ですが安定して固定できています。

書見台は1500円前後で購入できます。安価な割に活躍する場は多いので、1つ持っておくことをおすすめします[41]。

◉図4-08　書見台を用いてPC操作する風景

◆ 要約サイトで読書時間を短縮する

有料でビジネス書の要約が読み放題なサービスはいくつかあります。その中で比較的安価なサービスとして、flier[42]が挙げられます。要約サイトで気になる本が見つけたら、実際に本を買ってみましょう。

YouTubeには本の要約動画があり、要約サイトの代替として活用できます。

---

[40]：固定だけで考えると文鎮でも実現できますが、机上で場所を取ってしまいますし、厚い本だとページを開いたまま固定しにくかったりします。

[41]：私は書見台を愛用しており、複数の書見台を使い分けています。

[42]：https://www.flierinc.com/

◆「基本と応用」「最新技術と基礎学問」はバランスよく

　古典的名著は普遍的な基礎学問を学べますが、読破にとても時間がかかります。ずっと時間を費やしてもきりがなく、あっという間に数年が経過してしまいます。だからといって、まったく読まないという選択肢はありません。その一方で最新技術も学んでおかないと業務上の作業に支障が出てしまいかねません。結局のところ、両方ともバランスよく学び続けるしかないのです。

◆ 読書はインプット学習だけでなくアウトプット学習にも効果的

　読書は学びにおける最初のステップに有効と言及しましたが、これはインプット学習に向いていることを意味します。その一方でアウトプット学習についてはどうでしょうか。アウトプットにもいろいろありますが、本の執筆活動であれば最終的には自分の原稿を校正しなければなりません。誤字脱字、文法ミス、および表記ゆれをチェックし、漢字やカタカナの表現を統一します。説明を改善し、冗長な文をカットします。この校正という作業は、原稿のミスを探しながら読書する行為そのものです。よって、読書はインプット学習だけでなく、アウトプット学習にも必須な作業というわけです。

◆ 感動を大事にする

　感動は脳に強い記憶として刻まれ、今後の人生に大きな影響を与えます。映画やライブイベントだと感動を得やすいですが、読書でも感動を得られます。長年に渡って大量の本を読書し続ければ、いつか感動するIT技術書に出会えるはずです。そういった本は繰り返し読むに値します。自分の血肉になるぐらい読むのです。一部の読書家は血肉にしたい本を10回、100回繰り返し読むといいます。

🟦 耳学習でいつでもどこでもインプットする

　耳学習は別の作業中のインプット学習に最適です。家事や運動をしながらでもできるわけです。また、「両手がふさがる」「目を閉じている」という状況でも耳学習ならできます。通勤・通学時、運転、睡眠直前などの状況が当てはまります。

　以上のように、時間を有効活用できるだけでなく、やる気がそれほどなくてもできます。耳からの刺激が脳によい刺激になることも忘れてはいけません。特に記憶の定着に有効であり、試験や資格の勉強目的にも向いています[43]。

---

[43]：ボイスメモを使って自分で耳学習用の教材を作るのも効果的です。

オーディオブックならAudibleとaudiobook.jpが有名です。どちらも聴き放題プランを設けています[44]。比較的安価で小説やビジネス書を耳読書できます。倍速を活用することでインプット時間を効率化できます。専用のスマホアプリが用意されているため、自分で再生環境を構築する必要はありません。

◆ オーディオブックの代表例

オーディオブックの代表例には「Audible」と「audiobook.jp」が挙げられます。

- Audible
  URL https://www.audible.co.jp/
- audiobook.jp
  URL https://audiobook.jp/

Audibleの特徴は次の通りです。

- 12万以上の対象作品が聴き放題。
- Amazonが提供している。
- 月額1500円。
- 声優やナレーター陣が豪華。
- スマホアプリにドライブモード搭載。
- オーディオブック単品での購入も可能。
- オフライン再生可。
- 聴き放題対象外のオーディオブックは、Audible会員なら30%引きで単品購入できる。

audiobook.jpの次の通りです。

- 対象作品が聴き放題。
- 月額880円。1年分の一括前払いは7500円（月額625円相当）。
- 日本語コンテンツが多い（約2万7000冊があり、そのうち聴き放題対象は約1万冊）。
- 書籍以外のオリジナルコンテンツ（10分〜30分程度で聴ける外国語講座や講演会の音声など）がある。
- 絵本のオーディオブックが約1000冊。
- オフライン再生可。
- 単品購入可。

[44]：以前はAudibleに聴き放題プランがありませんでしたが、2022年から聴き放題に対応しました。

◆ YouTubeの動画で耳学習する

　YouTubeの動画を耳学習に活用するという方法もあります。耳学習に向いている動画は「しゃべりが中心で動画を観なくてよい」「しゃべりのテンポがよい」という条件を満たすものになります。こうした条件を満たす動画はそれほど多くありません。また普通に視聴していると娯楽系動画が出てきてしまい、勉強の妨げになります。これを防ぐためにも、聞く予定の動画をプレイリストにたくさん入れておいて、長めにしておくのがコツです。耳学習でYouTubeを活用し始めると、広告が邪魔になるので何らかの対策が必要になります[45]。バックグラウンド再生もでき、通信量やバッテリーの節約にもつながります。

◆ 音声データ配信サービスを活用する

　近年は投げ銭機能やスポンサー機能で収益性を確立化しやすいことで、データ音声配信サービスが再注目されています。代表的なサービスは「ポッドキャスト」と「Voicy」です。

- ● ポッドキャスト
  - URL https://www.apple.com/jp/apple-podcasts/
- ● Voicy
  - URL https://voicy.jp/

ポッドキャストの特徴は次の通りです。
- ● 国内外にテック系のポットキャストが存在する。
- ● 最先端の技術やトレンドについての話、ガジェットの話、現役のIT技術者の声を聞ける。セキュリティのポットキャストもある。
- ● 英語の放送は語学学習に使える。

Voicyの特徴は次の通りです。
- ● 声のブログともいわれている。
- ● 一定の基準[46]を満たす厳選された人が放送している。
- ● さまざまな分野の専門家が揃っている。
- ● 番組は10分単位で区切られているので、テンポよく聞ける。

---

[45]：YouTubeの広告をカットするには「YouTube Premium（有料会員）に加入する」「広告カットのプラグインをブラウザに適用する」「Braveブラウザを使う」といった方法が有効です。なお、YouTube PremiumはスマホアプリからではなくWebから加入するとかなりお得になります。後述するVoicyのプレミアムリスナーの登録も同様です。
[46]：審査通過率5%のパーソナリティが配信しており、厳選された放送だけを楽しめることを謳っています。

動画コンテンツで学習する

🔲 動画コンテンツで学ぶということ

　2番目に紹介する教材は動画コンテンツ（以降、動画と略す）です。一昔前の学習用の動画は有料ばかりでしたが、今ではYouTubeで有益な動画が無料で公開されています。これを活用しない手はありません。

　しかし、何でも動画がよいというわけではありません。本と動画では情報の伝え方が異なります。本は文字と画像、動画は映像と音声で情報を伝えます。それぞれに向いた情報があります[47]。IT技術の習得という意味で、動画はハンズオン形式の解説に向いています。

　たとえば、リバースエンジニアリングを解説する状況を考えます。本の場合は文と画像を組み合わせて手順を説明することになります。一般的に解析時は、複数の画面を切り替えたり、コード上を行ったり来たりといった操作が多くなります。ショートカットを多用して、作業を進めます。これを本で解説すると非常に煩雑になってしまいます[48]。一方、動画であれば実際の操作画面を見せるだけで済みます。補足することがあれば、声やテロップで説明を入れればよいのです。

　以上より、動画は状況によっては強力な教材となりえます。そういう意味では、普段は読書で学習する人であっても、たまに動画で学ぶことは大変有意義です。動画のメリットを最大限に活かして、スキルアップを加速させましょう。

🔲 動画コンテンツの特徴

　動画コンテンツにおける、メリットとデメリットを列挙します。

- メリット
  - 活字を追う形で学習するのに慣れていない初学者でも、動画ならハードルが低く、内容も理解しやすい。
  - 学びの足がかりに最適。
  - 同時配信型[49]の動画であれば、同時に講義に参加している空気感を感じられる。

---

[47]：陸上選手のジュリアス・イエゴは自国に指導者がいないにもかかわらず、YouTubeを観て独学で練習して金メダルを獲得しました。彼は「私のコーチは自分とYouTubeの動画です」というコメントを残しています。陸上の教則本では伝わりにくいことでも、動画により解決できたのです。

[48]：一般には試行錯誤の様子を書く余裕はなく、成功への過程のみを書いてしまいがちです。

[49]：リアルタイムに放送される方式です。いわゆるライブ配信のことです。

4

ホワイトハッカーになるための教材

○ 動画の内容によっては、映像を見ずに耳読書として活用できる。つまり、並行作業に向いている。

○ 最新かつ良質な動画が無料で手に入る。

○ コンパクトな動画[50]を選べば、隙間時間を学びに活用できる。

● デメリット

○ 動画を観ただけで勉強したつもりになりやすい[51]。

○ 個人で作られた動画の場合、内容が正確とは限らない。

○ 知りたい内容をピンポイントで探しにくい。ただし、動画のスクリプト（台本）があれば、この問題は若干改善する。

○ 現実の講義の緊張感までは再現できない。

○ より専門的な内容を学ぶ場合は、一般に動画より本が向いている。

○ 倍速で視聴しても、速読には負ける。

動画コンテンツを選ぶポイント

一言で動画といってもプラットフォームはさまざまです。スキルアップに適した動画を選ぶには、表4-03に示すポイントに注目する必要があります。

●表4-03　動画の注目ポイント

ポイント	説明
配信方式	同時配信型、オンデマンド型[52]
コンテンツの内容	質、量、品質、正確さ、わかりやすさ、スライドショーかアニメーションか
配信者	印象のよさ、言語能力（ネイティブ、癖のある話し方）、聞き取りやすさ、メリハリ、顔出しの有無
再生速度	低速、倍速、スキップ機能（5秒、10秒といった数秒間をスキップする機能）
字幕	字幕の有無、翻訳字幕、スクリプト（台本）の提供の有無
コミュニケーション	コメント、質問
学習ノイズ	広告の有無、おすすめ動画で気が散らないか
学習サポート	課題、小テスト、試験、レポート
視聴の証明	修了証の配布

外国語の動画を自動翻訳する

スキルアップに大きく貢献する外国語の動画コンテンツはたくさん存在します。しかし、動画の質はさまざまであり、「話すスピードが速すぎて聞き取れない」「理解できない言語で話している」「訛りがひどくてわからない」などの課題があります。

[50]：YouTubeの動画はだいたい10〜20分、長くても30分程度にまとめられているケースが大半です。
[51]：これが動画で学習することの最大のデメリットです。動画を観るという行為は受け身になりがちで、理解せずに見続けているだけで視聴を終えてしまうのです。このような状況で動画を観ても、学習効果は上がりません。
[52]：録画した動画を再生する方式です。一般向けの動画コンテンツの多くはオンデマンド型に該当します。大学などの教育機関、塾・スクールではオンデマンド型をセールスポイントにしているところもあります。

　スクリプトが提供されていれば一言一句のセリフのテキストを得られるので、DeepL翻訳にかければこれらの課題の多くが解決できます。

　字幕しか提供されていなければ、Capture2Text[53]というソフトウェアが役立ちます。選択範囲内の文をOCRエンジンでテキスト化してクリップボードに保存するソフトウェアです。画像や動画の上でも選択範囲を指定できます。その上、Google翻訳してくれる機能も内蔵されています[54]。

　問題となるのは、字幕やスクリプトがない動画、間違いが多い字幕やスクリプトがある動画です。最も素朴な対応策は、音声からテキストを生成することです。ここではYouTubeの自動字幕起こし機能を流用する方法を紹介します。動画コンテンツをダウンロードして、YouTubeに非公開でアップロードして自動字幕起こしをするのです。こうすることで字幕を自動生成できます。その字幕から起こしたテキストをDeepL翻訳にかけての別言語にも翻訳できます。

🎁 実際に動画コンテンツを試してみよう

　スキルアップに活用できる動画コンテンツを具体的に紹介します。

◆ Udemy（ユーデミー）

　Udemyは近年人気の動画学習サービスです。

　URL https://www.udemy.com/

　Udemyの特徴は次の通りです。

- 学問的なことだけでなく、趣味的なものもあり、多種多様な講座が用意されている。そのため、講座数が10万を超え、他の動画学習サービスと比べて圧倒的に多い。
- ほとんどの講座は有料。1000円程度から1万円を超えるものなど、価格の幅は広い（講師側が値段を設定できるため）。無料コースも少しだけある。
- 頻繁にセールをやっている。セール中であれば1万円を超える講義が2000円前後に値下げされることも珍しくない。講師がクーポンを配ることもあるので、講師のサイトやSNSを要チェック。
- プログラミング、セキュリティ、ハッキングの講座もたくさんある。ただし、ハッキングの講座のほとんどは英語。日本語のコースも若干数ある。

---

[53]：公式サイト（http://capture2text.sourceforge.net/）を見ると日本語漫画のセリフを翻訳している例が載っています。日本人が海外ゲームを翻訳したい場合にも活用できます。

[54]：クリップボードに保存されているため、好きな翻訳ソフトウェア（DeepL翻訳など）に貼り付けて翻訳できます。

- 自動字幕生成機能あり。ただし、一部の英語の講義で字幕が表示できない（非設定になっている）。
- メモ機能あり。
- 再生速度を変更できる。
- 誰でも講師になれるので、講義や講師の質はバラバラ。
- 質の悪い講義を購入しないためには、サンプル動画、星評価、レビューを参考にする。また、講義の購入者数も参考になる。購入者数が多く星評価も高ければ、それだけ受け入れられた動画コンテンツだと判断できる。
- 講師によっては質問にすぐに回答してくれることもあり、本にはない人のぬくもりを感じられる。
- 人気講師にはファンが付き、人気講師の講座は満足度が高いことが多い。
- ハンズオン系の動画も多い。
- ポイントサイトを経由するとさらにお得に購入できる場合が多い[55]。

◆ Udemy Business

Udemy Businessは企業向けのUdemyです。

URL https://ufb.benesse.co.jp/

Udemy Businessの特徴は次の通りです。

- 定額で見放題。
- 1年見放題のライセンスが、1名当たり約3万円。ライセンス数が多ければ割引される。
- 所属する会社や組織がUdemy for Businessに入っているのであれば、活用してみるとよい[56]。
- 無印のUdemyは約15.5万の講座があるが、そこから一般レビューで厳選された法人向けの5000講座がUdemy Businessの対象である。
- 法人向けのコンテンツなので、趣味・フィットネス・音楽といったカテゴリは除外されている。大半はITのスキルアップ系のコンテンツが占める。

[55]：楽天Rebates（https://www.rebates.jp/）やハピタス（https://hapitas.jp/）などを経由すればポイントが還元されます。過去には7.5％ポイント還元のこともありました。
[56]：たとえば、就職を目指す人向けの「にであうトレーニング」（https://ni-deau.jp/nideau_training/）に所属すると、就職活動中はUdemy Businessが利用できました（執筆当時）。

4
ホワイトハッカーになるための教材

◆ Schoo（スクー）

　Schooは同時配信型とオンデマンド型をミックスした動画学習サービスです。

URL https://schoo.jp/

　Schooの特徴は次の通りです。

- 「世の中から卒業をなくす」「大人たちがずっと学び続けるコミュニティ」を目指している。
- 生放送の授業は無料で視聴でき、リアルタイムで受講生や講師とコミュニケーションを取れる。
- プレミアムサービス（月額980円[57]）に加入することで、過去の録画授業が見放題になる。
- 録画授業は5000本以上あり、好きな時間に視聴できる。
- 学べるコンテンツの幅は広い。ただし、基本的なセキュリティの講義はあるが、ハッキングの講座はない。プログラミングの講座はそれなりにある。執筆時点では「Python」で検索すると60講座、「統計」で検索すると75講座がある。
- 講師は基本的に日本人。
- 生放送だとリアルタイムに意見交換でき、学校の授業のような雰囲気を感じられる。
- 生放送のスピードが遅いと感じられれば、録画授業を倍速で視聴すればよい。見放題なので自分に合わない動画があっても損をしたと感じにくい。
- 利用期間を1カ月単位で決めて集中的に視聴し、見る頻度が減れば休止することでコストパフォーマンスを最大限に上げられる。

---

[57]：アプリ経由の場合は月額1080円です。Schooだけに限った話ではありませんが、ブラウザ経由とアプリ経由を選べる場合は、前者で課金したほうが金銭的にお得です。

◆ Packtの動画コンテンツ

　Packtは電子書籍をメインとしていますが、動画コンテンツも多数あります（図4-09）。

　URL https://www.packtpub.com/

● 図4-09　動画コンテンツのユーザーインターフェイス

特徴は次の通りです。

- 有料。本や動画の値段には幅がある。ただし、定期的に5ドルセールがある。このときはどの電子書籍や動画コンテンツでも1つ5ドルで買える。
- 電子書籍と動画のサブスクがある。5000を超える書籍、2000を超える動画が対象。
- 購入した動画はダウンロード可能。
- 動画に関しては当たり外れがある。逆にいえば掘り出し物を探す楽しみがある。
- Humble Bundle[58]では電子書籍のバンドルがよく販売されているが、まれに動画コンテンツが含まれていることがある。たとえば、Humble Book Bundle: Cybersecurity 2019 by Packtは電子書籍と動画コンテンツのセットであった（図4-10）。

---

[58]：Humble Bundleについては167ページを参照してください。

●図4-10 バンドルされていた動画コンテンツ

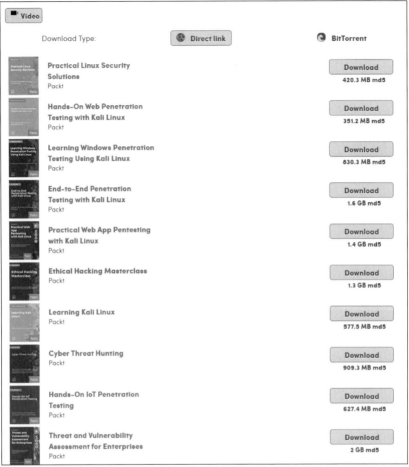

◆ YouTube

YouTubeは世界最大の動画共有サービスです。

URL https://www.youtube.com/

YouTubeの特徴は次の通りです。

● Google検索に次いで2番目にアクセス数が多い。
● 原則無料。ただし、特定のチャンネルを支援する有料のメンバーシップ機能が
あり、メンバー限定の特典を受けられる。
● 動画の品質はピンキリ。近年は質の高い動画が多くなっている。

- IT技術のスキルアップに使える。
- ハッキングの解説動画、CTFのwriteup[59]、トレーニング用脆弱サーバー(Try HackMe、Hack The Boxなど)のチュートリアルもある。
- 初学者はどの動画から観るべきかわからないかもしれないが、ハッキングやセキュリティの用語[60]で検索して気になる動画を順に観ていけばよい。十数個の動画を観れば、自分の興味にマッチするチャンネルが見つかる。
- YouTubeにチャンネルを持つUdemy講師もいるので、その観点から探すことも有効である。
- セキュリティ系のチャンネルはたくさんある。Null Byte、Hak5、Network Chuck、LiveOverflowrなど。
- エンタメ動画がおすすめとして表示されたり、広告が再生されたりといった学習を妨げるノイズが多少ある。

◆ MOOC(ムーク)

　MOOCはインターネットを利用した大規模なオンライン講座を意味します。Massive(大規模)、Open(公開)、Online(オンライン)、Course(講座)の言葉の頭文字が由来です。複数形でMOOCs(ムークス)と呼ばれることもあります。

　MOOCの特徴は次の通りです。

- 無料(あるいは格安)でオンライン講義を受けられるのが、最大のメリットである。逆に「授業料を払ったから途中で投げ出せない」という制約がないため、モチベーションの低下につながることがある。
- 年齢・性別・学歴に関係なく誰でも受講可。
- 講座の提供元は国内外の有名大学や教育機関であり、一般に内容の質が高い。
- 幅広い分野の講座を扱っている。コンピュータサイエンス、数学などを含む。
- 好きな講座だけを受講してもよいし、大学から修了証を交付してもらうことを目指してもよい。
- アメリカではCoursera、edX、Udacityなどのプラットフォームが有名。
- 日本国内ではJMOOCが設立され、gacco、OpenLearning、OUJ MOOC、Fisdomといったプラットフォームがある。
- MOOCの授業は英語だが、一部の講義では日本語字幕を表示できる。

---

[59] : writeup(ライトアップ)は解法・攻略法を載せた記事のことです。walkthrough(ウォークスルー)という言葉もあります。writeupといった場合は問題や課題に対する解法、walkthroughといった場合は端末内を探索する攻略法のように区別されることがあります。詳細は246ページを参照してください。
[60] : 私の場合は定期的に次の用語で検索することがあります。たとえば、「hacking book」「hacker's backpack」「Locksmith」「Live XXX」(XXXは「Recon」や「Bug Bounty」)などです。

- MOOCは有名大学の授業が誰でも無料で学べることに価値がある。ブランドのためにMOOCの修了証を取得しても、面接の場ではあまり効果はない。なぜなら、コースの修了証は学位でないからである。

◆ LinkedInラーニング（リンクトイン・ラーニング）

　LinkedInラーニングはLinkedInが提供しているオンライン学習サービスです。LinkedInはビジネスに特化したSNSで、全世界に7億を超えるLinkedInユーザーがいます。

URL https://www.linkedin.com/learning/

　LinkedInラーニングの特徴は次の通りです。

- 提供されているコースにはビジネス、テクノロジー、クリエイティブなどのカテゴリがある。ビジネスカテゴリには「ビジネススキル」「ビジネスソフトウェアとツール」「マーケティング」、テクノロジーには「IT管理/セキュリティ」「ソフトウェア開発」、クリエイティブには「3D/アニメーション」「Webデザイン/UX」「デザイン/イラスト」「ビデオ/オーディオ」「建設設計/工業デザイン」「画像編集/写真撮影」の項目がある。セキュリティに関連する講座もある（図4-11）。
- 7カ国語で計1万7000コース以上の学習コースが提供されている。そのうち日本語のコースは1000を超える。
- 講座の動画は有料（一部無料）。
- 個人ユーザーであればサブスク（定額制）。執筆当時の料金体系は、月額契約で月2990円（税別）、年間契約で月1900円（税別）。1カ月の無料期間がある。
- ラーニングパスが用意されている。ラーニングパスを使うと見るべき動画がまとまっているので、迷うことなく効率的に学習できる。
- 長い動画はセクションごとに分かれている1〜2時間と長い動画でもセクションで分かれているために、自分のペースで進められる。
- 字幕を表示できる。YouTubeは動画を再生すると字幕も表示されるが、LinkedInラーニングでは動画で語られる内容をすべて文章で確認できる。「字幕から検索」機能を使うと、そのキーワードを話した箇所を瞬時に見つけられる。
- 気に入った動画をアルバムのようにコレクション化できる。

- LinkedInプロフィールに修了証を掲載できる。
- ビジネススキルに関するコースだけでなく、コンピュータ関係のコースもある。
- 学校や会社が一括サブスクに入っていれば、そこに所属する人たちは無料で利用できる。
- 教材としての動画の質はピンキリ。最初から専門用語が出てくるような動画もある。

●図4-11　LinkedInラーニング内のセキュリティに関連する講座

◆ SkillsBuild

SkillsBuildは日本IBM社が提供するオンライン学習プラットフォームです。

URL https://skillsbuild.org/ja/

SkillsBuildの特徴は次の通りです。

- 経歴・教育・人生経験にかかわらず、現代社会で需要の高いスキルを習得し、よりよい就労への道を開くことを支援することを目的としている。
- IBM社員によるコーチング・サポートやIBMと企業パートナーが提供する6000を超えるオンライン学習コンテンツを学べる。
- 学習ジャンルはPCの基本から、英会話、ビジネススキル、プログラミング、機械学習、DXなど多岐に渡る。
- 学習コンテンツのほぼすべてが無料で利用できる。ただし、バッジの取得にはお金がかかることがある。
- 学習コンテンツはテキストベースであったり、動画コンテンツであったりする。
- IBM SkillsBuild for Job Seekersのコースは、IBMが提供するコンテンツだけでなく、パートナーである外部の学習プラットフォーム(Udemy Business、YouTube、各種トレーニングサイト)のコンテンツが混在している。
- SkillsBuildの運営パートナー(フリーランス協会など)に所属していれば、SkillsBuild経由でUdemyの有料講座(Udemy for SkillsBuildの対象講座)を視聴できる[61]。
- サイバーセキュリティ専門家の学習パスが用意されている(図4-12)。その内容は基礎的スキル、専門的スキル、フォーティネット技術者認定プログラム「Network Security Associate」のNSE1およびNSE2に分かれている。

---

[61]：Udemy for SkillsBuildの受講ライセンス数には限りがあるので、詳細は所属する運営パートナーにお問い合わせください。

◉ 図4-12　サイバーセキュリティ専門家の学習パス

サイバー・セキュリティー専門家

以下の分野で知識を培うために職種ベースの学習を
受講してください。

■ 問題解決

■ 情報セキュリティー

■ スキャンとテスト

■ リスクと脆弱性の管理

学習を完了すると次を獲得できます：

• ネットワークセキュリティアソシエイト認定試験：NSE 1および NSE 2

4
ホワイトハッカーになるための教材

SECTION-25
オンライン学習コンテンツで学習する

オンライン学習コンテンツで学ぶということ

3番目に紹介する教材はオンライン学習コンテンツです。動画が普及する以前は、本で学ぶことに次いで、Webページで情報収集するのが一般的でした。

本、動画、オンライン学習コンテンツを組み合わせれば、インプット学習のほぼすべてをカバーできます。良質な学習コンテンツが揃っており、後は精進あるのみです。

オンライン学習コンテンツの候補

活用する資料の種類によっては次の特徴があります。現状のスキルに合わせて適切な学習コンテンツを選択してください。

◆Webページ

個人サイトや企業サイトなどの記事です。多くの場合、学習コンテンツ用として書かれているわけではありませんが、情報を得るという目的を達成できます。1つのサイトからは断片的な情報しか得られなくても、横断的に複数のサイトで情報を集めることで対応できます。複数のサイトを比較するで、情報の信ぴょう性も評価できます。

セキュリティエンジニアやハッカーたちが執筆するブログはセキュリティを学ぶ際に役に立ちます。DEF CON[62]やBlack Hat[63]といったカンファレンスに登壇した講演者、バグバウンティーで活躍するハッカー、セキュリティ企業のブログを読んでみてください。これらに該当しないサイトであっても、あなたにとって有益な情報と思えるのであれば、ブックマークしておいて定期的にアクセスしましょう。

◆SNS

有益な情報を発信するキュレーター[64]をフォローします。無理に絡む必要はありません。最新情報、鋭い視点、吟味された情報、新たな気付きや視点を与えてくれる人を探します。

---

[62]：世界最大級のセキュリティ&ハッキングに関するカンファレンスの1つです（https://www.defcon.org/）。
[63]：世界最大級のセキュリティ&ハッキングに関するカンファレンスの1つです（https://www.blackhat.com/）。メインは米国ラスベガスで開催されているBlack Hat USAですが、Black Hat Japan、Black Hat Asia、Black Hat Europeなど世界各国でも開催されています。
[64]：インターネット上で専門家の視点で情報を収集・整理して、他のユーザーに共有する人のことを指します。元々は美術館にどんなものを置いたらよいか、どうやって置いたらよいかということを選定する人を指す用語でした。

　専門家はたくさんいますが、誰でもよいというわけではありません。あなたにとって役に立つ情報を発信しているという観点で選ぶのです。そうでなければ、どんなにすごい専門家をフォローしてもスキルアップという観点では意味がありません。

◆ 講演資料

　講演や勉強会などで利用したプレゼン資料が該当します。発表に使われた資料であるため、有益な情報であることが多い傾向にあります。スライドという特性上、簡潔な文章と図表で本質を掴みやすいという特徴があります。

　スライド共有サービスには世界中からたくさんのスライドデータが登録されており、学習目的のスライドを探せます。また、アクセス数の多いスライドから、よいスライド作りのコツを学べます。アクセス数が上位ということは、内容が有益である以上に、デザインやストーリーが素晴らしい可能性が高いためです。

◆ 学術論文

　学会が発行する論文誌に掲載される論文のことです。ジャーナル論文ともいいます。専門家でない人が書いた書籍や、一般の雑誌や新聞の記事と比べると、比較にならないほど専門的で、なおかつ高い信頼性があります。学術論文を読むことで、説得力のある主張、根拠となるデータ（実験データや統計データなど）を得られます。査読をパスして論文誌に掲載された学術論文であれば、より信頼できます。

◆ 学位論文

　卒業論文、修士論文、博士論文が該当します。同じ学位論文としてひとくくりにしていますが、それぞれの価値は雲泥の差があります。

　博士論文はその内容が学会の論文誌に掲載されることが要件[65]になっており、さらに複数の指導教員の審査を得ているので、その内容は厳重に審査されています。一方、修士論文は論文のデータベースに載るほどでないにしても、新規性・独創性が含まれています。対して、よほど優秀な学生でない限り、卒業論文は学術的に価値がほとんどないとされます。

4
ホワイトハッカーになるための教材

---

[65]： 逆にいえば査読なしであれば学術的にあまり評価されません。お金を払えば誰でも載せられる論文誌があるほどです。専攻分野や研究室によってさまざまですが、一般に「査読ありの学術誌に3本掲載＋博士論文」があれば博士号を取得できるといわれています。国際学会の講演論文、掲載決定済みの論文でカバーできることもあります。

◆ 大学の講義資料

　大学の講義に使われる資料をレクチャーノートといいます。受講生向けにレクチャーノートが公開されており、インターネット経由でダウンロードできます。数ページ程度であることが多く、本質的なことがピンポイントで書いてあります。「lecture notes」で検索すると海外の大学で使われている資料を見つけられます。お気に入りの講座や講師が見つかれば、それを起点にして集中的に情報を集めてみるのもよいでしょう。

　ただし、レクチャーノートは本来講義とセットで使うことを前提としているため、講義なしでは断片的な内容に見えることもあります。

◆ 技術資料

　RFC、ガイドライン、仕様書、カタログなどが該当します。詳細な仕様を調べられます。たとえば、Microsoftはテクニカルドキュメント[66]やMicrosoft Virtual Academy[67]といった技術リソースを提供しています。他の企業も役立つ技術リソースを提供しています。

◆ 技術フォーラム

　技術者が悩むポイントを探せます。質問者は知らずにバグや脆弱性を指摘する可能性もあります。たとえば、MicrosoftであればTechNetフォーラム[68]が用意されています。

◆ オンライン辞書やインターネット百科事典

　調べものに最適です。電子書籍リーダーや電子書籍のデータ形式によっては、内蔵辞書の他にオンライン辞書から意味や訳を引っ張ってくる機能があります。

　百科事典は知識の入り口に最適です。得られた知識を足がかりにして、専門書や専門の学術データベースを活用するのです。知的好奇心という本能に任せた探索は楽しいものです。

[66]：https://docs.microsoft.com/ja-jp/
[67]：https://mva.microsoft.com/
[68]：https://social.technet.microsoft.com/Forums/ja-jp/home/

◆ 特許情報

　特許、実用新案などが該当します。先行した成果を調べられます。中身の構造が明かされていない製品であっても、特許情報として登録されていることがあります。部分名称を調べるのにも使えます。余裕があれば、昔の特許、海外の特許文献[69][70]を調べてみるとよいでしょう。

　新規申請された特許や商標権をTwitterで投稿し続けるボットアカウントがあるので、フォローしておくと最新情報を得やすくなります。

◆ プログラミング学習プラットフォーム

　プログラミングの学習に特化したサービスです。講義の解説や動画に加えて、一般にブラウザでプログラミングできる環境が用意されています。そのため、初学者がつまずきがちな環境構築を飛ばして、プログラミングの学習に集中できます。

　無料だと利用に制限があるため、基本的には有料コースに加入することになります。ただし、自分に合うかどうかを確かめるために、まずは無料で利用してみるのをおすすめします。

　有料コースであればすべての講座にアクセスできるので、集中的に取り組むとお得です。逆に集中した時間を取れない場合は、Udemyなどで講座を購入したほうがよいでしょう。買い切りなのでじっくりと取り組めます。

🎁 Googleの検索結果がひどい場合の対処法

　Google検索の目的は、詳しい情報を知りたい、疑問を解消したいということが大半です。しかし、検索してみると的外れな検索結果が表示されることがよくあります。特に専門的な内容であればあるほど質の低い結果になり、近年はその傾向が強くなってきています。「指定したキーワードを勝手に消す」「企業や自治体のドメインが優遇されている」「広告で興味のないサイトが優先されている」「情報の質ではなくSEOによって上位に位置するサイトがある」「情報の質が低いページや、同じような内容のページばかり量産されている」などといった原因が挙げられます。

　Google検索の検索結果がひどい場合は、次の方法を試してみることをおすすめします。

◆ 検索する用語を吟味する

より専門的な用語を追加して検索します。それでも結果が改善しなければ、用語を日本語ではなく英語にしてみてください。

◆ 言語・地域を限定する

日本語のサイトを避けるという方法です。検索の設定で「検索結果の表示言語」と「地域」を変更できます（図4-13）。ただし、パーソナライズが邪魔する場合があります。

● 図4-13　言語・地域の設定

◆ Google以外の検索エンジンを使う

たとえば、個人情報を保存しないDuckDuckGo[71]、ロシア圏のYandex[72]などがあります。ただし、中国の検索エンジンは検閲の関係で調べる内容によっては適しません。

◆ YouTubeで検索する

キーワード次第ですが、ピンポイントで知りたい内容が見つかることがあります。古い動画を避けたい場合は、最新の投稿のみが表示されるようにフィルタリングします。

---

[71]：https://duckduckgo.com/
[72]：https://yandex.com/

◆ Twitterで検索する

トラブル時はTwitterでエラーメッセージを検索することが有効です。同様のトラブルに遭遇したユーザーを見つけられるかもしれません。もしTwitterで見つからなければ、自分のミスや環境依存でそのトラブルを引き起こしている可能性が高いと判断できます。

情報収集の観点からはハッシュタグの活用が有効です。新鮮かつ有益な情報をリストアップできます。たとえば、「#bugbounty」「#bugbountytips」「#0day」「#infosec」などが挙げられます。

有事の際には、該当の国民がよく使うSNSに注目してください。Twitterをやっている割合が多い国もあれば、そうでない国もあります。たとえば、中国やロシアなどはそうです。

スキルアップに活用できるコンテンツの紹介

IT技術のスキルアップに使えるオンライン学習コンテンツを紹介します。ここで紹介したもの以外にも多数の学習コンテンツがネット上にあります。学習コンテンツを紹介するポータルサイトやブログを参考に探してください。

◆ RFC

RFC(Request for Comments)とはインターネットの技術仕様や取り決めについて記した文書です。内容に制限はありませんが「ネットワークのさまざまな技術的仕様」「インターネットに関するルール」「遊び心にあふれるジョーク」などが書かれています。一般にプロトコルやファイルフォーマットの仕様が記載されています。

すべてのRFCはインターネットで公開されており、誰でも閲覧できます。たとえば、IP(Internet Protocol)はRFC791、TCPはRFC793、DNSは1035、HTTP/1.1はRFC2616などのように、RFC番号が割り当てられています(図4-14)。

4

ホワイトハッカーになるための教材

●図4-14　RFC9000[73]

```
[Search]  [txt|html|xml|pdf|bibtex]  [Tracker]  [WG]  [Email]  [Diff1]  [Diff2]  [Nits]

From: draft-ietf-quic-transport-34              Proposed Standard
Internet Engineering Task Force (IETF)          J. Iyengar, Ed.
Request for Comments: 9000                                Fastly
Category: Standards Track                       M. Thomson, Ed.
ISSN: 2070-1721                                          Mozilla
                                                        May 2021


            QUIC: A UDP-Based Multiplexed and Secure Transport
```

Abstract

   This document defines the core of the QUIC transport protocol. QUIC
   provides applications with flow-controlled streams for structured
   communication, low-latency connection establishment, and network path
   migration. QUIC includes security measures that ensure
   confidentiality, integrity, and availability in a range of deployment
   circumstances. Accompanying documents describe the integration of
   TLS for key negotiation, loss detection, and an exemplary congestion
   control algorithm.

Status of This Memo

   This is an Internet Standards Track document.

   This document is a product of the Internet Engineering Task Force
   (IETF). It represents the consensus of the IETF community. It has
   received public review and has been approved for publication by the
   Internet Engineering Steering Group (IESG). Further information on
   Internet Standards is available in Section 2 of RFC 7841.

   Information about the current status of this document, any errata,
   and how to provide feedback on it may be obtained at
   https://www.rfc-editor.org/info/rfc9000.

Copyright Notice

Table of Contents

左側余白の縦書き:
4 ホワイトハッカーになるための教材

---

[73]: RFC9000は2021年5月27日に承認されたQUIC（Quick UDP Internet Connections）のRFCです（https://datatracker.ietf.org/doc/html/rfc9000/）。QUICはインターネット黎明期から使われているTCPの代替を目指して、Googleによって開発されたUDP上で動作するトランスポート層のプロトコルです。

プロトコルのバージョンが上がるごとに、RFCも改訂されます。

基本的に英語で公開されていますが、代表的なRFCの多くは日本語に訳されています。

RFCは膨大でありすべてを読むようなものではありません。専門分野を深掘りしたい上級者、ネットワークプロトコルレベルでの実装者・開発者、ネットワークプロトコルの設計者であれば、RFCは重要な情報源となり得ます。初級者はRFCを読む機会がほとんどありませんが、中級者以降であれば身近なネットワークプロトコルのRFCに目を通しておくと今後のスキルアップに役立ちます[74]。

RFCをテーマにした本が過去に数冊出版されているので、RFCの歴史や読み方に興味があれば手に取ってみるとよいでしょう。

◆ セキュリティに関するガイドライン

ガイドラインとは業界における指針や指標のことを指します。ガイドライン文書にはその業界が目指すべきゴール、そしてゴールにたどりつくための大まかな流れが提示されています。

セキュリティ業界には表4-04に示す代表的なガイドラインが存在します。

●表4-04　セキュリティに関するガイドライン

機関およびURL	ガイドライン
IPA（https://www.ipa.go.jp/）	・安全なウェブサイトの作り方 ・組織における内部不正防止ガイドライン ・TLS暗号設定ガイドライン[75]
総務省（https://www.soumu.go.jp/）	・テレワークセキュリティガイドライン ・スマートシティセキュリティガイドライン
経済産業省（https://www.meti.go.jp/）	・サイバーセキュリティ経営ガイドライン
OWASP JapanのPentester Skillmap Project JP （https://wiki.owasp.org/index.php/ Pentester_Skillmap_Project_JP/）	・ペネトレーションテストについて ・Webシステム／Webアプリケーションセキュリティ要件書 ・Webアプリケーション脆弱性診断ガイドライン[76]
ISOG-J（https://isog-j.org/）	・GraphQL診断ガイドライン ・マネージドセキュリティサービス（MSS）選定ガイドライン ・セキュリティ対応組織の教科書
フィッシング対策協議会 （https://www.antiphishing.jp/）	・フィッシング対策ガイドライン
CRYPTREC （https://www.cryptrec.go.jp/）	・暗号技術ガイドライン ・暗号運用ガイドライン

---

[74]：1本のRFCをすべて理解するのは困難であるため、ざっくりと目を通しておくレベルでよいでしょう。可能であれば、手元にネットワーク関連本を用意して、書籍に載っているプロトコル構造についてRFCで調べてみてください。

[75]：IPA（独立行政法人情報処理推進機構）とNICT（国立研究開発法人情報通信研究機構）の共同による活動成果になります。

[76]：OWASP JapanとISOG-J（日本セキュリティオペレーション事業者協議会）の共同による活動成果になります。

　現役のセキュリティエンジニアは仕事に直結するので、ガイドラインの最新版を追い続ける必要があります。一方、セキュリティの学習段階であれば、ガイドラインを読むことで、「セキュリティ業界の課題とその方向性を知る」「知らないキーワードを知る」「書籍の情報をアップデートする」などを実現できます。

◆ slideshare

　slideshareはスライド共有サービスです。公式サイトによると毎月8000万人がアクセスしているということです。

　URL https://www.slideshare.net/

　以前は世界最大規模のビジネス向けSNSであるLinkedInが運営していましたが、2020年9月にサブスクサービスを提供するScribdに買収されました。

　従来は基本的に無料であり、世界中から多くのスライドが投稿されていました。

　スライドを閲覧するだけならアカウントの登録は不要です。アップロードする際には登録が必須となります。スライドデータをダウンロードするには有料会員になる必要があります（無料期間あり）。

　2022年に規約が変わり、スライド閲覧に制限がかかりました。月に5スライド以上を閲覧するには有料会員になる必要があります[77]。引き続き制限がより厳しくなる可能性があるため、スライドのアップロード先はよく検討すべきです。

◆ Speaker Deck

　Speaker Deckはスライド共有サービスです。

　URL https://speakerdeck.com/

　基本的に無料です。slideshareより、日本語のスライドが多く、アカウントの登録なしにスライドデータをPDF形式でダウンロードできます。

4

ホワイトハッカーになるための教材

---

[77]：Cookieを削除すればスライド閲覧の制限を回避できます。

◆ TradePub

TradePubは、世界中の技術文書、ホワイトペーパー[78]、チートシート、
電子書籍、電子雑誌などを提供するサイトです。

URL https://www.tradepub.com/

無料で利用することができますが、一部のコンテンツのダウンロードの際に
ビジネス用のメールアドレスを要求されることがあります[79]。

期間限定で有料の電子書籍を無料で配布することがあります。逃さずに入
手したい場合はアカウントを登録しておくとよいでしょう。配布された際にお
知らせメールが送られてくるようになります。大体、数日に1通の頻度で届き
ます。リアルタイムに探す場合には、サイトにて「for a Limited Time」で検
索します。これまでにハッキング本やセキュリティ本が配布されたこともあり
ます。

◆ Google Scholar(グーグル・スカラー)

Google ScholarはGoogleが運営する文献検索サイトです。

URL https://scholar.google.com/

無料で利用でき、論文、学術誌、書籍、要約など、さまざまな分野の学術
資料を検索できます。日本語、英語、その他の外国語で書かれた論文を網羅
的に検索でき、全文やメタデータ(著者名、出版日、関連キーワードなど)にア
クセスできます。

Google Scholarのデータベースは巨大ですが、すべての学術資料が
あるわけではないので過信してはいけません。特に大学院以上であれば、
Google Scholarで調べるだけでなく自分の研究分野に特化した論文検索サ
イトをチェックする必要があります。

著作権などの理由で一部のみしか閲覧できない場合もあります。

ホワイトハッカーになるための教材

---

[78]：ホワイトペーパーとはもともと政府や公的機関による白書(年次報告書)のことでありましたが、近年はマーケティ
ングの世界でも使われます。ここでは特定の商品や技術を売り込むことを目的で調査と関連付けて長所をアピール
した文書として使っています。

[79]：TradePub自体にはGmailで登録できますが、ホワイトペーパーをダウンロードする際にGmailが使えないという
意味です。

◆ CiNii（サイニー）

　CiNiiは国立情報学研究所が運営する論文データベースです。

　　URL https://ci.nii.ac.jp/

　日本語の論文、大学図書館の本・雑誌・博士論文の情報を検索できます。

　オープンアクセスの論文であればCiNii上で直接閲覧できます。そうでなければ、論文のありか（掲載されている論文誌やサイト、所蔵している図書館）を確認できます。

◆ J-STAGE

　J-STAGEは国立研究開発法人科学技術振興機構（JST）が運営する論文検索サイトです。

　　URL https://www.jstage.jst.go.jp/

　日本国内で発行された3000誌以上のジャーナルや会議録などの刊行物が公開されています。無料会員登録することで、検索条件の保存、関心のある資料の最新号が発行されたときの通知といったサービスを受けられます。

◆ IRDB（学術機関リポジトリデータベース）

　IRDBは国立情報学研究所が推進する論文データベースです。

　　URL https://irdb.nii.ac.jp/

　日本国内の学術機関リポジトリに登録されたコンテンツのメタデータを収集し提供しています。機関リポジトリとは大学とその構成員が創造したデジタル資料を管理したり発信したりするために、大学がそのコミュニティの構成員に提供する一連のサービスです[80]。

　学術雑誌に掲載された論文であれば査読を得ていない状態の版（プレプリント）、査読を経た状態の版（ポストプリント）を別々に管理します。その他、学位論文、紀要、日常的な教育・研究活動で生み出される文書、講義ノート、教材などを、大学の知的生産物として管理対象になります。

　IRDBで収集したメタデータは、CiNii、国立国会図書館、ジャパンリンクセンター（JaLC）のシステムに提供されています。

---

[80]：「IRDBの機関リポジトリ一覧」（https://www.nii.ac.jp/irp/list/）

◆ 国立国会図書館

国立国会図書館は国会に属する唯一の国立の図書館です。

URL https://www.ndl.go.jp/

国会法第130条の規定に基づき、「議員の調査研究に資するため、別に定める法律により、国会に国立国会図書館を置く」とされています。

満18歳以上であれば誰でも無料で利用できます。

1948年以降に日本国内で出版された本、それ以前の日本の出版物を数多く保存しています。蔵書数は4560万点以上[81]で、日本で最も出版物が揃っている図書館です。ただし、資料の閲覧はできますが、借りることはできません（館外持ち出し禁止）。

国立国会図書館サーチ（NDL Search）で所蔵資料を検索できます。

国立国会図書館デジタルコレクション[82]で収集・保存しているデジタル資料を検索・閲覧できます。著作権が切れた古い文献・古書の内容はブラウザ上で閲覧できます。2022年5月以降、絶版本[83]を自宅から閲覧できるようになります。

国立国会図書館に行けば所蔵されている書籍を閲覧できますが、セルフコピーはできず、写真撮影も禁止[84]です。著作権法の範囲内でスタッフがコピーしてくれますが、コピーは著作権の関係上著作物全体の半分までとなります。遠方で行けない場合は遠隔複写サービスを頼めますが、時間はかかります。

◆ J-PlatPat

J-PlatPatは特許庁が運営している特許情報プラットフォームです。特許公報[85]を無料で閲覧でき、キーワードから特許・実用新案・意匠・商標を検索できます。

URL https://www.j-platpat.inpit.go.jp/

---

[81]：https://www.ndl.go.jp/jp/aboutus/outline/numerically.html
[82]：https://dl.ndl.go.jp/
[83]：国会図書館が保有する入手困難資料のうち、電子データ化が済んだものが対象になります。ただし、現在のところ、漫画や商業雑誌などは除外されています。
[84]：館内に持ち込みが禁止されているものがいろいろあります。コピーや撮影器具だけでなく、刃物や不透明な袋も禁止されています。書籍やその一部のページが盗まれないためです。
[85]：特許庁が発行する特許文献には、公開特許公報と特許公報があります。特許出願して1年半経てば、公開特許公報として公開されます。ただし、公開特許公報は出願内容がそのまま掲載されているだけであり、まだ権利として認められたわけではありません。特許庁での審査を経て権利化されると、特許公報に記載されます。

4
ホワイトハッカーになるための教材

◆ 筑波大学オープンコースウェアの機械学習

筑波大学オープンコースウェアの機械学習では、機械学習論から単回帰・重回帰、SVM、k-means、CNN、RNN、GANなどの20本の講義動画が公開されています。機械学習やデータマイニングの理論について、教師付き学習、教師なし学習を中心に理解できます。講義ノートと演習問題のPDFが用意されています。

URL https://ocw.tsukuba.ac.jp/course/
systeminformation/machine_learning/

◆ 東大のPythonプログラミング入門

東大のPythonプログラミング入門では、基本的な文法（文字列、条件分岐、繰り返し、関数）から始まり、主要ライブラリ（NumPy、pandas、scikit-learn）までを6本の動画で学べます。Google Colaboratoryを用いるのでプログラミングの環境構築でつまずくことはありません。

URL https://sites.google.com/view/ut-python/

◆ 京大のプログラミング演習Python

京大のプログラミング演習Pythonは、京大の全学共通科目として実施される、Pythonのプログラミング演習の教科書です。環境構築から始まり、基本文法、Turtleモジュール、TkinterによるGUIアプリケーション、三目並びの開発までを学べます。

URL http://hdl.handle.net/2433/245698

◆ 東工大の機械学習帳

東工大の機械学習帳は単回帰・重回帰、ロジスティック回帰、クラスタリング、ニューラルネットワーク、サポートベクトルマシン、主成分分析、確率的勾配降下法、正則化など、機械学習の重要事項を広くカバーしています。初学者向けに、その原理や数学的な取り扱いを丁寧に説明しています。特に豊富な図やアニメーションが理解の助けになります。

URL https://chokkan.github.io/mlnote/

◆ 数理・データサイエンス教育強化拠点コンソーシアムのデータサイエンス講義

数理・データサイエンス教育強化拠点コンソーシアムのデータサイエンス講義では、データサイエンス基礎、データエンジニアリング基礎、AI基礎の講義が公開されています。講義の動画と資料(スライド)が用意されています。

> URL http://www.mi.u-tokyo.ac.jp/consortium/

◆ 統計局のデータサイエンス・データ解析入門

統計局のデータサイエンス・データ解析入門は高等学校における情報IIのための補助教材です。本来は高校生向けですが、本格的な内容となっていて、機械学習(教師あり学習、教師なし学習)、構造化データ処理、非構造化データ処理まで学べます。資料PDF、Pythonのサンプルプログラムをダウンロードできます。

> URL https://www.stat.go.jp/teacher/comp-learn-04.html

◆ SEGAのぷよぷよプログラミング

SEGAのぷよぷよプログラミングでは、クラウド上の開発環境でJavaScriptやHTMLを写経して、ぷよぷよの開発を体験できます。PC、ネット環境、メールアドレスがあれば始められます。

> URL http://puyo.sega.jp/program_2020/

◆ SEGAの社内勉強用の基礎線形代数講座

SEGAの社内勉強用の基礎線形代数講座は、150ページ超の内容があり、8部構成で、線形代数(ベクトルや行列)、3次元での回転表現(クォータニオン)について学べます。大人になってから線形代数を学び直そうと考えている人におすすめです。

> URL https://techblog.sega.jp/entry/2021/06/15/100000

4
ホワイトハッカーになるための教材

◆ サイボウズのエンジニア新人研修の講義資料

サイボウズのエンジニア新人研修の講義資料は、エンジニア研修で実施された講義の動画、講義資料（スライドなど）です。Webアプリケーションの基礎から始まり、HTTPやDNSといったプロトコルの話、DockerやKubernetesを用いた開発、セキュリティ、CI（継続的インテグレーション）とCD（継続的デリバリー）までを扱っています。各社のエンジニア研修や駆け出しエンジニアに役立ててほしいとのことです。最新版の有無を確認しましょう。

URL https://blog.cybozu.io/entry/2021/07/20/100000

◆ 経済産業省の巣ごもりDXステップ講座情報ナビ

経済産業省の巣ごもりDXステップ講座情報ナビでは、デジタルスキルを学ぶ機会がなかった人にも新たな学習を始めるきっかけを得られるように、誰でも無料でデジタルスキルを学ぶことのできるオンライン講座を公開しています。コンテンツは、Python、AI、機械学習、データサイエンス、Azure、自然言語処理、G検定、量子コンピュータ、ブロックチェーンなど、多岐にわたります。

URL https://www.meti.go.jp/policy/it_policy/jinzai/sugomori/

◆ Progate

Progateはさまざまなプログラミング言語に対応したプログラミング学習プラットフォームです。プログラミング初心者をターゲットにしているので、解説がわかりやすくなっています。

URL https://prog-8.com/

月額1000円程度で、ゲーム感覚で楽しめます。スマホでやるときは写経するのではなく、用意された単語の順番を並べる感じであるためサクサク進められます。

内容は初歩的で、難易度はかなり低く、毎日ある程度の時間を費やせば1週間以内で終わるでしょう。

プログラミング超初心者であれば、最初は無料でできる範囲をこなしてから、面白いと感じたら有料コースに登録すればよいでしょう。

ただし、Progateは超初心者レベルであり何周もやるものではなく、終えたら先の教材に進むべきです。また、すでにプログラミングの文法書を1冊こなしたのであれば、わざわざProgateをやる必要はないといえます。

◆ paizaラーニング

paizaラーニングはプログラミング学習プラットフォームです。プログラミング言語のコーディング、周辺知識の単元を学べ、Progateの次にやるのにおすすめです。

URL https://paiza.jp/works/

月額は1000円程度です。6カ月、12カ月プランもあり、少し割安になります。有料プランだと1400本超の動画、1900超の演習問題が利用できます（執筆当時）。

ゲーミフィケーション[86]的な要素が盛り込まれており、独自の世界観があります。プロの声優がナレーションを担当しているのも特徴的です。

環境構築は不要ですが、逆にいえば環境構築を学べません。

スキルチェックだけなら無料で利用でき、スキルチェックが高得点だと企業からオファーが来ることがあります。転職を志望しているのであれば、paizaの就職支援サービスを利用するという選択肢もあります。

「攻撃手法から学ぶハッカー入門」[87]では、SQLインジェクションやクロスサイトスクリプティングなどの基本を体験できます。

◆ ドットインストール

ドットインストールでは、さまざまなプログラミング言語、サイト構築、iPhone/Androidアプリの開発、フレームワークやエディタの使い方などのさまざまなコンテンツが用意されています。

URL https://dotinstall.com/

有料コースのプレミアムサービスは月額1000円程度です。

3分以内の講義形式で学べる。7000超の動画が用意されており、470のレッスンがあります（執筆当時）。環境構築がコンテンツ化されており、スキルアップに役立ちます。

ただし、学ぶ内容は一本道であり、細かい内容については自分で調べる必要があります。

4

ホワイトハッカーになるための教材

---

[86]: ゲーミフィケーション（gamification）とはゲームデザインやゲームの原則をゲーム以外の物事に応用することです。
[87]: https://paiza.jp/works/lp/hacker/

◆PyQ(パイキュー)

PyQはPythonに特化したプログラミング学習プラットフォームです。初歩的な内容から機械学習やデータ分析といった実践レベルまでをカバーしています。

URL https://pyq.jp/

ライトプランは月額3000円程度、スタンダードプランは月額8000円程度[88]です。ライトプランに契約すればすべての学習コンテンツを学べます。スタンダードプランはライトプランの学習コンテンツに加えて、PyQチーム内の有識者に質問ができます。ただし、メンターのように相談に乗ってくれたり、学習の進捗を管理してくれたりするわけではありません。

ボリュームはかなりあるので、集中して講座を終わらせようとすれば、コストパフォーマンスはまあまあよいといえるでしょう。

基本的には黙々とクエストという名の課題を進めていく作業になります。総合的なプログラミング能力を伸ばすためには、別のアプローチで学習する必要があるでしょう。

◆OWASP(Open Web Application Security Project)

OWASPは脆弱性情報サイトです。「OWASP Top 10」ではその年に流行した攻撃法が公開されています。

URL https://owasp.org/

トレーニング用脆弱サーバー、セキュリティツール、Webセキュリティのテストガイドなどを提供しているほか、各種イベントを開催しています。

また、各国にOWASPの部門があります。日本にはOWASP Japan[89]があり、日本語でリソースが提供されています。

---

[88]：最初はライトプランで始めて、疑問点が出てくるようであればスタンダードプランに変更できます。日割り計算なので安心です。Pythonの学習目的でプログラミングスクールに通う費用と比べれば、PyQのスタンダードプランの方がはるかに格安といえます。

[89]：https://owasp.org/www-chapter-japan/

◆ Exploit-DB（The Exploit Database）

Exploit-DBは脆弱性のデータベースサイトです。

URL https://www.exploit-db.com/

過去から最新までの脆弱性を網羅し、脆弱性に対するExploit（攻撃プログラム）をダウンロードできます。80%のExploitはCVE[90]より先に公開されています[91]。

◆ Hacker101

Hacker101はバグバウンティープラットフォームであるHackerOneが運営する、ハッカー育成サイトです。無料で利用でき、動画コンテンツとCTFが用意されています。

URL https://www.hacker101.com/

◆ HackerOne Hacktivity

HackerOne HacktivityはHackerOneのバグバウンティーで報告された脆弱性のリストを提供しています。現在稼働中のサービスも多数あり、レポートから生のハッキングの手法を学べます。

URL https://hackerone.com/hacktivity/

◆ PentesterLab

PentesterLabはセキュリティ（主にペネトレーションテスト）に関する技術を学べるオンライン学習プラットフォームです。

URL https://pentesterlab.com/

トピックごとにエクササイズが用意されていて、攻撃手法を学べます。ダウンロードしたデータを仮想化ソフトで読み込むことで、ハッキングの実験環境を構築できます。

学習方法としてBootcampとProgressが用意されています。前者はエクササイズを始める前に習得すべき技術を座学で学ぶコースで、初心者はBootcampから始めるとよいでしょう。Progressは各エクササイズをカテゴライズして、効果的に学べるように学習ルートを提供しています。

---

[90]：共通脆弱性識別子（Common Vulnerabilities and Exposures）の略称で、米国政府の支援を受けた非営利団体のMITRE社が提供している脆弱性情報データベースのことです（http://cve.mitre.org/）。情報セキュリティにおける脆弱性にユニークな識別番号を付与しています。

[91]：「The State of Exploit Development: 80% of Exploits Publish Faster than CVEs」（https://unit42.paloaltonetworks.com/state-of-exploit-development/）

勉強会・公開講座・イベントを活用する

🔲 勉強会・公開講座・イベントで学ぶということ

　勉強会・公開講座・イベント（以降、勉強会と呼ぶ）に参加することのメリットはありますが、誤った考え方だと逆にデメリットの方が大きくなってしまいます。

　たとえば「勉強会にたくさん参加しているのにスキルアップできていない」と考えている人がいるかもしれませんが、解決策として勉強会を増やすようでは完全に負のループに陥っています。問題は勉強会に参加する数が少ないことではなく、勉強会に参加して独学する時間がなくなっていることなのです。つまり、勉強会に参加しすぎといえます。正しい対応策は勉強会に行くのを減らして、独学の時間を確保することです。

　スキルアップの観点だけで考えると、勉強会に参加するより、独学でやった方がはるかに効率はよいのです。その理由については後述するデメリットで紹介します。

🔲 勉強会の特徴

　本書では勉強のメリット・デメリットを把握した上で参加することをおすすめします。

- メリット
  - 生の声を聞ける。
  - トレンドを聞ける。
  - 知らない分野や興味の対象外の分野についての知見を広められる。
  - 場合によってはネットでは公開できないようなオフレコや裏話もある。秘密の共有で親近感を得られる。
  - 本は文やイラストだけで情報を伝える。一方、講演者が目の前にいる状況では、声で伝える言語的コミュニケーションだけでなく、身振り手振りや表情といった非言語的コミュニケーションでも情報が伝わる。これが理解の助けにつながる。
  - 心が揺さぶられる。実物を見ることで特別感、感動が得られる。その結果、記憶に刻まれ、今後の人生に大きな影響を与えることもある。

- 懇親会で交流できる。
- よい刺激になる。頑張っている人を見ると応援したくなり、自分も頑張らないといけないという気持になれる。
- 勉強会の発表者になれば、自ずと勉強せざるを得ない。

● デメリット
- 勉強会に参加することで、本来、独学に費やせた時間や金銭を消費したことになる。
- 自分が学ぶべきことにマッチするとは限らない。
- 参加したことに満足して、スキルアップした気になってしまいがち。
- いつしかスキルアップではなく、人に会うことが目的になってしまう。これでは完全に遊びに行っているようなものである。
- 怪しい勉強会が存在する。主催者の身元が怪しい、勉強会の内容が不透明、参加費が高額、ビジネス商材やマルチ商法の勧誘など。

質疑応答を活用する方法

　講習や発表会では最後に質疑応答の時間が設けられていることがたびたびあります。この質疑応答をうまく活用すれば、学習効果を高められます。

　たとえば、質問の内容にかかわらず、質問者はよい意味で印象付きます。講演者に記憶されやすく、講演会場内で存在をアピールできます。また「必ず質問する」というルールを自分に課せば、講習を聞く姿勢がより積極的になるはずです。二重、三重の意味で学習効果を高められるはずです。

　ところで、日本特有のことかもしれませんが、発表会の質疑応答でまったく質問がないという状況があります。進行役の司会者が慌てて質問するという場面を何度も見てきました。場合によっては、質問がまったくなしで終了してしまう講演さえあります。

　たとえば、会社で実施される小規模な新人研修であっても、同様のことが起こりがちです。新人ということで委縮している可能性もありますが、そもそも質問するという発想さえない人も大勢います。これでは質問がまったく出てきません。そういった場合は司会者が事前に「1人1回は必ず質問しなければならない」と告知しておくと、面白い現象が起こります。質疑応答で真っ先に質問した者が有利になるので、積極的に手が上がるのです。なぜなら後になればなるほど、質問の内容が先の質問者に奪われる可能性が出てしまうめです。

懇親会の活用例

　勉強会やイベントの最後に懇親会が催されることがあります。懇親会で交流できる相手としては参加者、講演者、運営者などが挙げられます。セキュリティ業界での知り合いを増やす絶好のチャンスです。うまくいけば親密度を高めたり、コネ作りになったりします。こういう場をきっかけとして運営に協力したり、新たな仕事につながったりすることもあります。

　運営者や発表者に直接話しかけられる場でもあります。講演者と親密になりたければ、休憩や懇親会で「質問させていただいた者ですが」と話しかけてみるとよいでしょう。

　懇親会でうまく交流できなくても諦めないでください。イベント名や専用のハッシュタグで検索し同イベントの参加者を探します。イベントの規模にもよりますが、簡単に参加者を見つけられるはずです。イベントに参加した旨をツイートしてから、参加者に対してフォローしてみるのです。フォローを返してくれる可能性は高いですが、返されなくても落胆する必要はありません。「フォロー上限に引っかかってすぐにフォロー返しができない」「単純にフォローされたことに気付いていない」「知り合いしかフォロー返ししないというスタンスなだけ」などの理由が考えられます。いずれにしても気にするようなものではなく、Twitterとはそういうものと認識しておけばよいだけです。

関心のない発表でも吸収する意欲を忘れない

　義務感で聞く講義、興味のないセミナー、専門外でよくわからないプレゼンなど、こうした発表は人生で何度か訪れ避けられません。代表的な例として、自動車の運転免許の更新に開催される講習が挙げられます。講習時間は優良運転者であれば30分、一般運転者であれば1時間、違反運転者・初回更新者であれば2時間になります。周囲を見るとわかりますが、8割以上の参加者がつまらなそうに講習を受けています。映像の視聴時では眠そうにしている人がいるほどです。

　免許を取得するために教習所に通っていたころは全員集中して交通ルールについて勉強したはずです。その後、免許を取得して、自分で交通ルールを学ぶ機会がありましたか？　仕事に絡むのであれば別として、ほとんどの人は交通ルールを改めて学ぶ機会はありません。数年に一度だけ免許更新という強制の講習でその機会が与えられるわけですが、このときの1時間前後ぐらい真面目に交通ルールを復習してみるのはどうでしょうか。講習で語られる最近の統計データ、改正された交通ルールなど、新たに知ることもあるはずです。配れる小冊子を熟読するのもよいでしょう。

　ここでは免許更新の講習を例に挙げましたが、似たような状況は人生に何度かあります。そういった場面において、配布資料に目を通した上で保管（あるいはデータ化）します。配布資料に載っていない、講師の語る内容（オフレコや雑談を含む）を積極的にメモするのです。

　こういう姿勢は他の勉強会でも重要です。その積み重ねが今後の人生でも活きてきます。将来あなたが情報発信したり、講習で発表する側になったりした際に大いにに役立ちます。

🔹 勉強会の探し方

　IT技術に関するイベントであれば、表4-05に示すイベントカレンダーサービスで探せます。イベント運営側が登録できる仕組みになっているので、小規模なイベントでも見つけられます。逆に業界で有名かつ大規模なイベントについては、IT技術系のポータルサイトでよく紹介されています。

●表4-05　イベントカレンダーサービス

サービス	URL
connpass	https://connpass.com/
Doorkeeper	https://www.doorkeeper.jp/
TECH PLAY	https://techplay.jp/

🔹 勉強会の形式

　一言で勉強会といっても、さまざまな形式があります。ここではIT関係の勉強会でよくある形式を紹介します。どの形式を採用しているかは、勉強会の概要を確認すればわかるはずです。

　勉強会に参加するのであれば、まず自分が知りたいことを扱っているか、次に勉強会の形式が自分のスタイルにマッチしているか、オフライン開催かオンライン開催かという観点に注目して、自分に合った勉強会を選びましょう。

◆ 講義形式

　参加者が講義を受ける形式です。大学の公開講座はこの種の形式が大半です。

　講義形式にもいろいろありますが、最も一般的なのはセミナータイプです。学校の授業のように、ホワイトボードやスライドを使う講義を想像すればわかりやすいでしょう。完全に受け身にならないように、講義の内容について予習しておくことをおすすめします。

◆ 発表形式

　勉強会の参加者が発表する形式です。一般にプレゼンテーションのためにスライドデータを使います。

　IT技術の勉強会でよく見られるのはライトニングトーク（LT）というタイプです。3〜5分という短い時間でプレゼンテーションします。短時間で発表者が変わり、発表内容も切り替わるので、参加者は退屈することなく聞けます。

◆ 討論形式

　複数人の講師が登壇して、指定のテーマについて議論をしながら進行する形式です。パネルディスカッションともいいます。賛成派と反対派に分かれて議論することもあります。議論の脱線を防ぐために、司会者が議論を制御します。

◆ 輪講形式

　継続的な勉強会にて、勉強会の開催の度に発表する担当者が順番に変わる形式です。大学後半あるいは大学院で実施されるゼミもこれに該当します。毎回、担当者が変わるので、各自の負荷を軽減できます。

◆ ハンズオン形式（ワークショップ形式）

　実際に手を動かしながら学ぶ形式です。参加者はノートPCを持ってきて、勉強会の会場で作業をしながら学びます。

　周囲の人たちに相談し合いながら作業でき、わからないことがあれば講師に質問できます。手を動かすため講義形式よりは実践寄りですが、一般には入門的な内容が多い傾向にあります。そのため、入門者に向いている勉強会といえます。

◆ 競技形式（コンテスト形式）

参加者同士が競技を競う合う形式です。場合によってはチーム戦のことも あります。勉強会の最後に競技者あるいは競技チームが発表して成果を競い ます。

ハッカソンと呼ばれるタイプも競技形式に属します。ハッカソンは技術を駆 使して問題解決するという意味[92]の「ハック」と長距離を走る「マラソン」を合 わせた造語です。参加者はチームを組み、制限時間内（数時間〜1日と長い） に定められたテーマの成果物を作り上げ、最終日にプレゼンテーションで発表 します。優れた発表には賞が与えられます。発想力、問題解決能力、プログラ ミング、プレゼンテーション能力を競うわけです。

ハッカソンとよく比較されるアイデアソンというタイプもあります。これは 発想や思い付きという意味の「アイデア」と「マラソン」を合わせた造語です。 定められたテーマについて商品やサービスを作り上げて、最終日に発表しま す。ハッカソンは技術者向けですが、アイデアソンは非技術者であってもアイ デアの発想とプレゼンテーションの発表の内容次第で賞を狙えるわけです。

◆ 読書形式

参加者が共通の本を読破することを目的にした形式です。講師が本に注釈 を入れつつ解説するタイプもあれば、参加者が順番に担当ページを解説し合 うタイプ（輪講形式に対応）もあります。

「読破したい本があるが独力のみでは難しすぎる」「分厚くて自分だけで読 み通すのに自信がない」といった場合に最適といえます。

◆ 自習形式

勉強会の参加者が集まって、黙々と勉強する形式です。もくもく会とも呼 ばれます。共通のテーマに興味のある人が集まるタイプもあれば、まったく バラバラで自由に何をやってもよいタイプもあります（いわゆるフリースタイ ル）。勉強した結果をライトニングトークするといった変則タイプもあります。

---

[92]：ハックの意味については、19ページを参照してください。

　1人だけではやる気が出ない、集中できないという人に向いています。また、他の人が取り組んでいることに興味を持つきっかけになったり、1人でやっていて困ったことを他の人に聞いてみたりもできます。自分で行動しないと何も始まらず、人に会いに行くだけが目的になりがちであるため、自分をコントロールできる中級者以上向けの勉強会といえます。

　YouTubeには自習する姿を撮影したVlog[93]がたくさん投稿されています。これを視聴しながら学習すれば、仮想のもくもく会として活用できます。

🔖 スキルアップに活用できるイベント

　最後に勉強会ではありませんが、スキルアップに活用できそうな場を紹介します。

◆ セキュリティイベント（カンファレンス、講演会、大会）

　国内外でさまざまなIT技術に関するカンファレンス、講演会、大会が開催されています。セキュリティに特化したカンファレンスであれば、米国のサンフランシスコで開催されるRSA Conference[94]、北米のラスベガスで開催されるDEF CONやBlack Hatが有名です。これらはセキュリティ業界では一大イベントであり、世界中のハッカーたちが集います。日本でもSECCON[95]をはじめ、CODEBLUE[96]などのセキュリティカンファレンスが開催されています。

　イベントは講演だけでなく、CTF、ハンズオンラボ、グッズ販売などが用意されています。参加費はイベントによって大きく差があります。たとえば、過去のDEF CONでは3万円程度[97]、Black Hatでは20万円以上でした。会社が参加費を負担してくれるのであれば、積極的に参加してみるとよいでしょう。周囲にはセキュリティに興味を持つ者ばかりいて、非日常のお祭り感を味わえるはずです。少なからず刺激を受けるはずであり、それを自己のスキルアップにつなげるのです[98]。

---

[93]：Vlog（ブイログ）とは「Video blog」の略であり、ブログの動画版です。日々の暮らしの記録を動画で発信する方法の1つです。
[94]：世界最大級のセキュリティ専門カンファレンスの1つです（https://www.rsaconference.com/）。
[95]：情報セキュリティをテーマとして、多様な競技を開催する情報セキュリティコンテストイベントです。
[96]：日本発のセキュリティカンファレンスです（https://codeblue.jp）。
[97]：毎年参加費が変わっています（上がる傾向が強い）。一部のコンテンツは割安（あるいは無料）でオンライン参加できることもあります。
[98]：イベントの発表者として招待されるレベルを目指してください。

その他にも国内外で大小を含めた多くのイベントが開催されています。たとえば、OWASP、BSIdes、InfoSec、DAC、O'Reilly Velocity、DerbyCon、SANS SecDevOps Summit、ShmooCon、AVTOKYO、Hardening Project[99]、Vuls祭り、Burp Suite Japan LT Carnivalなどがあります。

大規模イベントは毎年定期的に開催されていますが、それ以外のイベントについては不定期な場合もあるのでイベント情報に対してアンテナを高くしておきます。新たに誕生するイベントも発見できるはずです。

◆ 学会

アカデミアでセキュリティを研究している人には身近な存在かもしれませんが、そうでなければなかなか参加する機会はないかもしれません。参加費は学会によってまちまちですが、指定の研究会に登録していれば無料、そうでなくても数千円程度で済みます。

内容はかなり学術寄りですが、興味のあるテーマを聴講するのもよいでしょう。オープンなイベントと比べるとかなり違った雰囲気を味わえるはずです。

セキュリティ（特に暗号理論）に関する学会としては表4-06が挙げられます。

●表4-06　セキュリティに関する国内外の学会の一例

学会名	URL
電子情報通信学会（IEICE）[100]の ISEC（情報セキュリティ研究会）	https://www.ieice.org/~isec/
情報処理学会[101]の CSEC（コンピュータセキュリティ研究会）	https://www.iwsec.org/csec/
IEEE（The Institute of Electrical and Electronics Engineers）	https://www.ieee.org/
IACR（International Association for Cryptologic Research）	https://www.iacr.org/
ACM	https://campus.acm.org/calendar/

◆ シンポジウム

特定のテーマについて発表し、質疑応答を設けられた討論会のことです。「集まってお酒を交わす」という意味のギリシャ語であるシンポシオンが語源です。発表者から研究報告を聞け、参加者にも質疑応答での参加権が与えられるのが最大のメリットです。

シンポジウムとパネルディスカッションの大きな違いは質問者です。シンポジウムでは発表者に参加者から質問が投げかけられます。一方、パネルディスカッションでは司会者から質問が投げかけられる形で進行していきます。

[99]：ハードニング（hardening）とは脆弱性を減らしてシステムを堅牢化することです。
[100]：https://www.ieice.org/jpn_r/
[101]：https://www.ipsj.or.jp/

　シンポジウムは学会ほどではありませんが、比較的、学術寄りの内容です。日本国内で毎年開催されているセキュリティ系のシンポジウムとしてはCSS[102]やSCIS[103]が知られています。その他にもシンポジウムやワークショップという名の付くイベントは多数あります。

◆ 職業訓練

　職業訓練は公共職業訓練の略称であり、主に失業保険（正式には雇用保険）を受給している求職者[104]を対象にし、就職に必要な技能や知識を習得するために無料[105]で実施している訓練・授業のことです[106]。国や都道府県が運営しているものを指します。つまり、失業保険の失業手当（正式には基本手当）をもらいつつ、スキルアップできます。仕事を辞めて数カ月しか経っていない人、就職活動している人向けです。

　他には求職者支援訓練というものもあります。これは失業保険の対象者ではない人用という点で職業訓練と異なり、それ以外は大体共通しています。失業保険の受給が終わった人も含まれます。こちらも訓練自体は無料です。場合によっては給付金が出ます。就職活動にブランクがある人、バイト経験しかなく失業保険を受給できない人向けです。

　いずれにしても、下手なプログラミングスクールに通うぐらいであれば、お金をもらいつつ職業訓練でスキルアップした方が金銭面でお得といえます。失業保険の給付されているのであれば、職業訓練校に入学することで失業保険の給付期間が在学中延長されるというメリットもあります。

　職業訓練で選べるIT系のコースとしては、Webデザイン、Web設計、OAシステム開発、組み込みシステム、ネットワーク施工、メカトロニクス、建築CAD、3D CAD、DTPなどがあります。自分が通える訓練校に望むコースがあるかはハローワークやポリテクセンターのサイトを確認してください。都会であれば職業訓練校が点在しており、選べるコースは多岐に渡ります。

　職業訓練のコースには短期（3カ月、6カ月）、長期（1年、2年）があります。IT系であれば一般的には6カ月コース、一部は1年コースになるでしょう[107]。

---

[102]：https://www.iwsec.org/css/
[103]：暗号と情報セキュリティシンポジウムのことです。
[104]：失業保険の失業手当を受け取るには、ハローワークが定める失業の状態であることが前提になります。ハローワークは就職しようとする積極的な意思があり、いつでも就職できる能力があるにもかかわらず、職業に就けない状態と定義しています。
[105]：テキスト代や作業服などは自己負担です。
[106]：職業訓練では就職のために技能を身に付けますが、その主目的は就職することです。そのため訓練校を修了日まで通い続けるのが重要ではなく、訓練の途中であってもよい就職先が見つかればそちらを優先すべきなのです。
[107]：勉強好きであれば、失業保険の受給期間をこれだけ延長できるのはかなりお得といえます。

　余談ですが、私自身ソフトウェア開発会社を退職してから、東京都立多摩職業能力開発センター・府中校のセキュリティサービス科（6カ月コース）に通っていたことがあります。学科名にセキュリティと付いていますが、情報セキュリティのことではなく、電気工事、防災設備、設備管理、機械警備などを学ぶコースです（ビル管に近い）。職業訓練のおかげで第二種電気工事士に合格でき[108]、消防設備士やボイラー技士などの資格も取得できました。また、職業訓練で一緒に学んだ人たちとは今でも交流が続いています。そういった意味でかけがえのない6カ月間を過ごせたと思っています。

◆ 大学や大学院の公開講座

　無料の講座が大半です。講座の目的としては「大学や大学院の宣伝」「新規学生の獲得」「一般の方への啓蒙活動」「教育や研究の一環」などが挙げられます。入学予定のない社会人であっても、参加に際してまったく問題ありません。

　さまざまな教育機関でセキュリティ、暗号、数学の公開講座が開かれています。検索すればすぐに見つかります。私自身たくさんの公開講座に参加しており、ためになった公開講座がたくさんあります。

◆ その他の一般向けの講座

　その他にも一般向けの講座はたくさん開催されています。無料の講座もあれば、有料（500円程度から1万円までピンキリ）の講座があります。意外な場所でも開催されているので、一度自治体名と「公開講座」「セミナー」といったキーワードで検索してみることをおすすめします。

● 表4-07　一般向けの講座の例

講座	説明
出版社が開催する講座	資格対策、書籍連動の講座が多い。学術書（数学書を含む）やIT技術書の出版社のサイトをチェックするとよい
博物館の公開講座	サイエンスを学べる。たとえば、国立科学博物館では大学生・大人向けの講座[109]を数多く開催している
書店が開催する講座	新刊と連動していることが多い。その本に興味があったり、著者のファンであったりすれば参加するのもあり
電子工作系の技術セミナー	マイコン、電子工作の技術を学べる。私はマルツパーツ[110]の技術セミナーに何度か参加したことがある
数学工房[111]	大学・大学院レベルの数学を教える塾。小さい講義室での昔ながらの板書スタイル。数学の寺子屋をイメージすればよい。直接にIT技術のスキルアップに関係するわけではないが、純粋に数学を学びたい学生や社会人に向く

---

[108] : 第二種電気工事士を取得するには筆記試験と技能試験に合格しなければなりません。独学で筆記試験をパスするのは簡単ですが、技能試験は独学だけでパスしようと考えるのは少々効率が悪いといえます。職業訓練では何度も実技問題の過去問をやりますし、道具の使い方のコツ、身体を用いた寸法出しといったテクニックを教えられます。身体に刻まれるほど叩き込まれたため、実技試験の本番ではかなり余裕でした。
[109] : https://www.kahaku.go.jp/learning/event/university/
[110] : https://www.marutsu.co.jp/
[111] : http://www.sugakukobo.com/

大学・大学院で学習する

🔹 大学・大学院という選択肢

　情報学科など「情報」という用語を含む学科であれば、大学で体系的にコンピュータに関する知識を学べます。大学は学問を教えるところなので、コンピュータの基礎にあたるコンピュータサイエンスを学んだ上で、プログラミングやLinuxといった技術を学ぶことになります。

　情報系の学科を卒業すれば、情報学の学位を得られます。大手のIT企業へ就職する際に活用できます。より専門的な知識を習得したければ、大学院に進むという道もあります。もしアカデミアで研究したければ、大学院で修士号・博士号を取得しなければなりません[112]。

🔹 大学と専門学校の違い

　情報系の専門学校であればコンピュータに関する技術を学べます。情報系における大学と専門学校の違いは次の通りです（表4-08）。

●表4-08　大学と専門学校の違い

項目	大学	専門学校
期間	4年	2〜4年
必要とする費用	国立なら安い	4年制であれば私立大学と同じくらい
入学のハードル	学校による	基本誰でも入れる
学位の有無	学士（情報学）が得られる	専門学校卒業の修了証が得られる
カリキュラム	実践的な講義は比較的少なめ。コンピュータサイエンス、その他の一般教養科目あり	実機を触る実践的な授業がほとんど
資格	基本独学（資格があると単位が与えられるケースあり）	学校が推奨（資格取得を目指す授業あり）

　人それぞれなのでどちらがよいとはいえません。専門学校を卒業して活躍している人もいますし、高校を卒業後就職して大きな偉業を達成している人もいます。

---

[112]：会社で実績（論文や特許取得）を出して、大学院に入学せずに博士号が授与されることもありますが、レアケースです。

📖 大学・大学院の特徴

大学・大学院におけるメリットとデメリットを列挙します。

● メリット

○ コンピュータサイエンスや数学といった基礎学問をじっくりと学べる。

○ 定められた期間[113]は特定のテーマに打ち込める。

○ 学生証を得られるので、学生サービスを活用できる。Amazon Student[114]に加入できる。映画館が学生料金。アカデミックパッケージ[115]を購入できる。Azure for Sudentsに登録すればWindowsのライセンスを無料で入手できる。Apple公式にて期間限定で学割キャンペーン[116]をやっていることがあり、Apple製品を安く購入できる。

○ 日本学生支援機構の奨学金を受けられる[117]。

○ 同じ講義を受ける生徒の気配を感じやすい。自然に周囲の学習者から刺激を受けられる。そのため、モチベーションを維持しやすく、交流を深められる。

○ 他の大学で取得した単位を移行したり、指定の資格を取得したりすることで免除できる講義もある。

○ 同じ分野の人たちと関わりを持てる。同じ授業を受ける同期、研究室の仲間、指導教官など。

○ 就職活動時に新卒募集の求人に応募できる。学歴ロンダリングできる。

○ 企業から学校に来る求人は内定をもらいやすい。企業はその学校の卒業生であることを前提として求人を出しているわけで、少なくとも学歴の条件をクリアしているため。

○ 大企業への就職の道が開ける。企業によっては学歴フィルタがある。難関大学や有名大学を卒業すれば、それだけ就職の選択肢が多くなる。

---

[113]：日本の多くの大学では、1年間を前期と後期の学期に分割しています。大半の講義は1学期に渡って開催されますが、場合によっては前期と後期の両方にまたがるような通年タイプもあります。また、例外的に数日間に詰め込んで実施される集中講義、長期休暇（夏休みなど）に実施される特別講義は、学期の枠から外れた形で実施されることがあります。

[114]：通常会員の半額でPrime会員に加入できます。

[115]：教職員や学生を対象にした特別価格で購入できるソフトウェアのことです。特に高額なサービスやソフトウェアであるほど、アカデミックパッケージはお得になります。

[116]：学生や教職員だけでなく、大学受験予備校生やPTA役員も対象です（https://www.apple.com/jp_edu_1460/store）。

[117]：学校に入学すると、奨学金の返還を一時的に止められます。さらに、再進学ということで奨学金を受けることさえできます。

- デメリット
  - ある程度まとまったお金が必要[118]。4年制大学の場合、国立ならおよそ230万円(=入学金30万円+年50万円×4年)、私立ならおよそ430万円(=入学金30万円+年100万円×4年)かかる。さらに、4年間で数十冊の教科書の購入費用を要する。
  - 卒業・修了までに数年間を要する。大学なら4年、大学院の修士課程なら2年、博士課程なら3年になる。ただし、優秀であれば、大学なら飛び級、大学院なら短縮して学位が取れる。逆に留年したり研究に手間取ったりすれば、さらに時間を要する。
  - 誰でも入学できるわけではない。学校にもよるが基本的に入試と面接にパスする必要がある。
  - 大学院の修了は誰でもできるわけではない。単位取得については大学と大学院を比べてそれほど難しさは変わらない。しかし、学部の卒業論文と修士課程の修士論文では雲泥の差がある。当然、博士課程の修了はそれ以上に難しい[119]。

📖 オンキャンパス授業とオンライン授業

　オンキャンパス(on campus)とは「学内」「校内」という意味であり、オンキャンパス授業というと学校の教室に足を運んで講義を受ける、従来のスタイルの授業です。一方、オンライン授業はインターネット回線を通じて受講できる授業のことです。

　元々は海外の学校に留学する際によく使われていた用語です。留学するにあたり、大きな問題は語学力と費用になります。特に費用に関してはオンキャンパスにするかオンラインにするかによって大きく異なります。オンキャンパスということは海外の学校に通うことになるので現地に引っ越すことになり、学費だけでなく引っ越し費用と海外での生活費がかかります。資金面を軽減するためには奨学金を探すことになります。

　オンラインであれば日本からでも入学できるので、引っ越しや日常生活の負担を少なくできます。大学に通う必要がないため、通学の負担がありません。交通費だけでなく、通学時間を無駄にせずに済み、移動に伴う体力の消費も抑えられます。そして、オンライン授業は学費が安く設定されていることがたびたびあります。

---

[118]：いきなり大学院に入学することに躊躇する場合は、聴講生という選択肢もあります。試しに聴講生で1科目だけ受講すれば、学校や講義の雰囲気を掴めます。気に入ったら正式に入学すればよいのです。

[119]：どれほど大変であるかは、201ページで解説しています。

日本の学校ではオンキャンパス授業が一般的でしたが、2020年の新型コロナウイルスの流行によってオンライン授業に対応する学校が増えてきました。

オンライン授業はメリットばかりに思えますが、いくつかのデメリットがあります。

- オンライン授業のメリット
  - 時間の制約が少ない。日常を壊さないで授業を受けられる。
  - 地域や資産による教育格差を縮小できる。
  - オンキャンパス授業の学校より、学費を抑えられることが多い。
- オンライン授業のデメリット
  - 最低限のPCスキルが必須。オンライン授業を受けるにあたっての初期設定など自分でしなければならない。また、オンライン授業の方法は学校や授業によって統一されているとは限らないので、受講者側に準備の負担がかかることもある。
  - 講師や同級生に会う機会が少ない。同時配信型ならリアルタイムに質問できるが、オンデマンド型だとコミュニケーションがより希薄になりやすい。
  - 不正（授業の代返、宿題の不正、テストのカンニング）をする受講生を発見しにくい[120]。
  - 実技授業が多い学部、実験が必須である理系の学部では、完全なオンライン授業は難しい。

どちらの授業形式であっても、自分に適した講義や講師を見つけることが重要です。もし見つけられれば、スキルアップを加速できるでしょう。

1
2
3

4
ホワイトハッカーになるための教材

5

---

[120]：日本では夏休みの宿題代行が一時期話題になりましたが、世界レベルで見るとオンライン授業の代理サービスが産業として確立しており問題になっています。学校側はオンライン定期試験のカンニングを防止するためにいろいろと模索しています。1つは何もない場所で試験に取り組む姿をZoomやTeamsでビデオ撮影して、監督官が監視するという方法です。もう1つは試験中だけ監督官に対して画面の監視権を明け渡す方法です。

🎁 オンライン授業のタイプ

オンライン授業と一口にいっても、同時配信型とオンデマンド型の2タイプに大別できます。

◆ 同時配信型とその特徴

同時配信型はリアルタイムで授業を配信する方式です。指定の時間に講師が授業を行い、同時に受講生がそれを受けます。インターネットを介して画面越しに授業を受けていること以外は、オンキャンパス授業とほとんど変わりません。

- メリット
  - 受講生はその場でとことん質問できる。
  - 少人数になる。密度が濃い授業になりやすい。
  - グループディスカッションやグループワークのようなコミュニケーションを伴う授業もできる。
- デメリット
  - 開催日時が決まっている。受講生はスケジュールを調整する必要がある。時間が拘束される。
  - 社会人には大きなハードルになる。昼間に仕事をしている社会人は昼間の授業を受けられない。こうした問題を解決するために、学校によっては社会人学生のために夜間の授業を用意している。

◆ オンデマンド型とその特徴

オンデマンド型は録画済みの授業を配信する方式です。

- メリット
  - 好きなタイミングで授業を受けられる。社会人にとってはかなり負担が軽減される。
  - 早送りや一時停止ができ、受講者は自分のペースで学べる。
  - 配信側（学校や講師）に負担が少ないため、コストダウンできる。その結果、受講生が支払うべき学費が安くなる可能性がある。
- デメリット
  - 質問やグループワークなどについては、動画配信とは別の方法で対応する必要がある。

◆ その他の方式

その他にブレンド型やハイフレックス型という方式があります。

ブレンド型は複数の形態を使い分ける方式です。たとえば、普段はオンデマンド型、グループワークのみをオンキャンパスの対面で行うといったことが該当します。

ハイフレックス型は1つの授業を複数の形態で受けられる方式です。たとえば、教室に受講生を集めて講義を行いますが、同時にインターネットで同時配信型のオンライン授業を行うことが該当します。

📖 学位を取得できる日本のオンライン大学

多くのオンライン大学では、単位数（あるいは講義）に応じた授業料がかかります。つまり、在籍年数が増えても授業料自体（そのほかの維持費は別）は変わらないことです。そのため、オンキャンパス大学のように4年間で単位を取得することに自信がない人にはうってつけといえます。

また、学位を目的とせずに、生涯学習の観点から興味のある講座を受講するのでもよいでしょう。

近年は日本にもオンライン大学が徐々に増えてきています。時間の制約の多い会社員や主婦が、いつでも学びの場に戻ってこられるのはよいことでしょう[121]。

◆ 放送大学

放送大学は、各種放送に対応した通信制大学です。

URL https://www.ouj.ac.jp/

放送大学の特徴は次の通りです。
- 大学と大学院が用意されている。
- 大学の教養学部では「学士（教養）」、大学院の文化科学研究科では「修士（学術）」の学位が得られる[122]。
- 昔から遠隔授業に力を入れている。放送時間に合わせてテレビやラジオでも視聴できるが、ネットで録画配信を視聴もできる。
- 高校卒業証書のコピーを送れば入学できる。
- 入学料と授業料を別々に考えて、合算したものが学費になる。

[121]: 私自身、会社員時代に生活に潤いを与えるため、放送大学に在籍していました。
[122]: 大学院の情報学プログラムを修了しても修士（学術）という標示になるので、情報学の学位がほしい人は要注意といえます。ただし、授業の観点ではコンピュータサイエンスや数学など、多岐にわたる講義が用意されており、生涯学習という意味では十分に価値があります。

- 入学に関しては全科履修生（4年～10年在学）、専科目履修生（1年）、科目履修生（半年）から選べる。全科履修生は入学費用が2万4000円、専科目履修生は9000円、科目履修生は7000円。学生の身分を維持することを年間単位で考えると、全科履修生が最もお得。4年間で6000円、10年間で考えると2400円になる。
- 授業料は受講する科目分だけの費用になる。放送授業（2単位）は1万1000円、面接授業（1単位）は5500円。
- 授業を取らない不良学生であっても、2年に1度は何らかの授業を取れば（パスしなくてもよい）除籍にならない。
- いくらでもさぼれることが、メリットにもデメリットにもなりうる。学ぶことが目的であればデメリット、学生証だけほしければメリットになる[123]。

◆ サイバー大学
サイバー大学はソフトバンクグループが母体の通信制大学です。
URL https://www.cyber-u.ac.jp/

サイバー大学の特徴は次の通りです。
- IT活用力、ビジネス応用力、コミュニケーション力を身に付けた高度IT人材の育成を目指している。
- IT総合学部には3つのコースが用意されている。IT技術者を目指すテクノロジーコース、ビジネスパーソンを目指すビジネスコース、ITを活用したいすべての人向けのITコミュニケーションコースがある。
- フルオンデマンド学習を売りにしている。つまり、スクーリング[124]不要。講義はすべてオンデマンド型。小テストアや科目試験もオンライン。
- 入学検定料は1万円、入学金は10万円。
- 毎学期（半年間）に、授業料としては「2万1000円×履修した単位数」、学籍管理料の1万2000円、システム利用料の1万6000円がかかる。
- 卒業すれば「学士（IT総合学）」の学位を得られる。

[123]: 指定の教科書を独学で読み、授業はネットで録画放送を見るだけなので、基本的にいくらでもさぼれます。単位が欲しければ、レポート提出、会場での最終試験だけは真面目に取り組む必要があります。新規に科目登録した学期に単位が取得できなかった場合、次の学期に学籍がある場合に限り科目登録をしなくても再試験を受験できます（再試験の授業料なし）。つまり、学生証だけの維持を目的とするなら、わざとレポートや試験を放棄するというアプローチがあります（非推奨）。
[124]: 学校で直接教員から授業を受けることです。

◆ N高等学校・S高等学校

N高等学校・S高等学校は学校法人角川ドワンゴ学院が設置する、私立の通信制高校です。

URL https://nnn.ed.jp/

N高等学校・S高等学校の特徴は次の通りです。

- 生徒数は2万人超と急成長している。気の合う生徒が見つかるかもしれない。
- N高等学校(以降、N高と略す)とS高等学校(以降、S高と略す)があるが、所在地が違うだけ。
- オンライン教育を軸にし、必修授業の一部にスクーリングがある。
- 全日制と同じ高校卒業資格を取得できる。つまり、卒業後に大学進学できる。
- 全日制高校を卒業していないが大学入学を検討している人、働きながら高校に通いたいた人、高校を中退したが再入学したい人、定時制高校以外の選択肢を考えている人に向く。
- 通信制にしては課題が多い。発表・討論の授業も多い。これをメリットと捉えるか、デメリットと捉えるかは人それぞれ。
- プログラミングやコーチング[125]に力を入れていることをアピールしている。
- N予備校[126]という月額制の通信講座もある。大学受験コース、プログラミングコース、Webデザインコース、動画クリエーターコースが用意されている。月額1100円。

学位を取得できる海外のオンライン大学

海外のオンライン大学はたくさんあります。ここでは著者の独断でいくつかをピックアップしました。

海外の大学院によっては修士号を教科課程(Course Work)と研究課程(Research Work)で分けています。前者は講義を受けて単位を取得するスタイルです。イメージとしては日本の大学の学部1〜2年生を延長したようなものです。一方、後者は研究メインであり、最終的に修士論文を提出するスタイルです。日本の大学院(修士課程)はこちらに該当します。

---

[125]：運動・勉強・技術などを指導することです。本校では、生徒自らが自分を見つめ、本当の気持ちや新しい気付きを得られるよう、対話を通じて成長する力を導き出すことを目的としてコーチングを導入しています。

[126]：元々は同校の生徒向けに提供されてきた双方向学習システムですが、今は一般に提供されています(https://www.nnn.ed.nico/)。

◆ Coursera（コーセラ）

Courseraはスタンフォード大学、プリンストン大学、スタンフォード大学、東京大学などの世界の名門大学、GoogleやIBMなどの企業が提供するMOOCです。

URL https://ja.coursera.org/

Courseraの特徴は次の通りです。

- アメリカ最大級のプラットフォームであり、2012年に設立された。
- 3000を超える、多様な講座と圧倒的な講座（コース）数を誇る。
- 講座の多言語化への取り組みをしている。
- 語学力がなくても世界中の講座を受講可能。
- 講座は無料。コストがかかるのは採点を要する課題を提出する場合や、修了証を取得したい場合だけ。支払いはコースごと、または専門科目ごとになる。たとえば修了証は29〜99ドルで一般に50ドル程度[127]。
- Coursera Plusというサブスクが用意されている。加入すると「修了証をもらえる」「クイズの答え合わせができる」「受講生同士でレポートやアイデアを評価し合える」という特典がある。
- セキュリティに関する講座が多数ある[128]。

◆ edX（エデックス）

edXはマサチューセッツ工科大学やハーバード大学によって設立された、アメリカにおいて最大とされるMOOCプラットフォームです。その他、ボストン大学、カリフォルニア大学バークレー校、京都大学などの講義が受けられます。

URL https://www.edx.org/

edXの特徴は次の通りです。

- 世界トップレベルの専門講義を英語で学べる。
- 講義内容のレベルが非常に高く、高レベルの英語学習を求めている人におすすめ。
- 全講義を無料で受けられ、有料オプションとして修了証を取得できる。

---

[127]：証明書が高すぎるのであれば、援助金を申請できます。
[128]：https://www.coursera.org/browse/computer-science/computer-security-and-networks/

◆ Udacity（ユダシティ）

Udacityは2012年に開設された専門家向けのMOOCプラットフォームです。

URL https://www.udacity.com/

Udacityの特徴は次の通りです。

- GoogleやFacebook、NVIDIAといった一流IT企業の講座を受講可能。
- 実践を意識した講座が揃っており、IT人材にはおすすめのプラットフォーム。
- コンピュータサイエンス、Web開発、モバイル開発、データサイエンスなどの授業がある。
- 世界で必要とされている技術や知識を学べるだけでなく、簡単なプロジェクトに参加できる。
- 世界レベルの講師のフィードバックが得られる。
- 未経験者、初級、中級、ベテランという4段階にコースが分かれている。
- 講座を修了するとナノ学位[129]を有料オプションで取得できる。

◆ UoPeople（University of the People）

UoPeopleは米国の完全オンライン大学です

URL https://www.uopeople.edu/

UoPeopleの特徴は次の通りです。

- 学費は無料。ただし、事務手数料、コースごとの終了試験料がかかる。総額50万円程度。
- 卒業要件は高校の卒業証明書とTOEFLの一定スコア以上。
- Computer Science専攻のコースがあり、準学士号（Associate's Degree）や学士号（Bachelor's Degree）を取得できる[130]。
- 4年制大学だが、一定の手続きを踏めば日本の大学から単位を移行できる。受理されれば、卒業までの期間を短縮できる。
- 4〜8年で修了できる。
- 1学期につき1コース当たり8週間かかり、毎週課題がある。提出した課題の評価、中間試験、最終試験の結果で成績が決まる。

[129]：資格と同程度に社会で通用するものとされています。
[130]：準学士号は短大相当、学士号は4年制大学相当になります。

- 1年が5学期に区切られており、1学期に複数のコースを受講できる。毎回2コースを同時に受講すれば卒業まで4年、常に1コースを受講すれば8年かかる。何も受講しない学期を作れるので、自分のペースで学べる。

◆ **ヨーク大学(University of York)**

ヨーク大学はイギリスの大学です。

URL https://online.york.ac.uk/

ヨーク大学の特徴は次の通りです[131]。
- コンピュータサイエンスの修士号(Master's Degree)を取得できる。
- 入学要件は学士号または修士号を取得済み(専攻は問わない)、加えてGPAの一定スコア以上、一定以上の英語スコア(TOEFL、Duolingo English Test、IELTSなど)。ただし、卒業証明書と成績証明書は英語版が必要になるので、卒業した大学・大学院から発行してもらう。
- 2年で修了できる。
- 学費は為替レートによるが、120万円程度。

◆ **チャールズ・スタート大学(Charles Sturt University)**

チャールズ・スタート大学はオーストラリアの大学です。

URL https://itmasters.edu.au/

チャールズ・スタート大学の特徴は次の通りです
- チャールズ・スタート大学の関連企業であるITマスターズ社がオンライン向けにさまざまなコースを提供しており、その1つにセキュリティの修士号を取得できるコースがある。
- セキュリティの修士課程の期間は2年間。
- 文系の学士でも入学できる。
- 1科目は12週間(講義は毎週1回なので計12回)、すなわち3カ月。修了には12科目をパスする必要がある。

---

[131] : https://www.york.ac.uk/study/international/your-country/japan/

- 4週間のショートコースが無料で提供されている[132]。セキュリティに関する無料コースは10を超え、ラインナップとしてCryptography（暗号学）、Digital Forensics（デジタルフォレンジック）、Phishing Countermeasures（フィッシング対策）、CISSP Securityなどがある。無料コースなら、誰でも登録できる。そして、無料コースを3つこなすと1科目を免除できる。1科目が3500豪ドル程度なので、約30万円を節約できたことになる。

- 学費は日本の大学院より高い。1科目30万円で、12科目あるので全部で360万円。

- セキュリティの修士課程の科目一覧を見ると、「Hacking Countermeasures」「Dark Web」「Digital Forensics」「Network Security and Cryptography」「Cloud Computing」「Pen Testing」などがある（図4-15）。

● 図4-15　セキュリティの修士課程の科目一覧[133]

Subjects			
Core Subjects			
ITE514 Professional Systems Security	ITE516 Hacking Countermeasures	ITE534 Cyberwarfare and Terrorism	ITI581 Cyber Security Fundamentals
ITC571 Emerging Technologies and Innovation	ITC578 Dark Web	ITC595 Information Security	ITC597 Digital Forensics
Group A: Elective Academic Subjects Choose two (2) subjects from:			
ITC506 Topics in Information Technology Ethics	ITC561 Cloud Computing	ITC568 Cloud Privacy and Security	ITC593 Network Security and Cryptography
ITC596 IT Risk Management			
Group B: Elective Industry subjects Choose two (2) subjects from:			
ITE512 Incident Response	ITE513 Forensic Investigation	ITE531 Architecting Cloud Solutions	ITE533 Cyber Security Management
ITE535 Pen Testing	MGI521 Professional Communications		

[132]：https://itmasters.edu.au/about-it-masters/free-short-courses/
[133]：「Master of Cyber Security | IT Masters」（https://itmasters.edu.au/course/master-of-cyber-security/）のWebページのSubjectsから抜粋しました。

SECTION-28

スクールで学習する

スクールとは

スクールとは公的な学校システム（大学制度や学校制度）の外にある私的な学校です。指導する内容のジャンルはさまざまであり、IT技術を教えるスクールも日本各地に存在しています。代表的なものとしてはプログラミングスクールがあり、近年では子供向けのプログラミング学習塾も盛んになっています。その背景には2020年から小学校でプログラミング教育が必修化となり、GIGAスクール構想[134]を実現するためにICT[135]整備が進んでいることが関係しています。また、STEM教育[136]の概念がアメリカから日本に伝わってきており、若年層ではスクールが大衆化しつつあります。

なお、本書では単純にスクールといった場合にはIT技術を教えるスクールを指しているものとします。

スクールの特徴

スクールには次の特徴があります。

- メリット
  - 短期で集中的に学べる。受講期間は数カ月～1年程度。社会人に向く。
  - 入学時期の縛りが緩い。大学や専門学校は入学時期が4月や10月に固定されている。一方、スクールの場合は柔軟に対応してもらえる。
  - 実務に役立つスキルに特化して学べる。公的な認可がないためカリキュラムに縛りがなく、講義が柔軟かつバリエーションに富む。
  - カリキュラムが用意されている。体系的に学べることが期待できる。広く浅く解説する講座の場合は、独学で深掘りしなければならない。
  - 完全オンラインのスクールも増えてきている。社会人であっても講義を受けやすい。

[134]：1人の児童生徒に1台の端末を与え、それと同時に高速大容量の通信ネットワークの整備を整備し、すべての児童生徒に対する質の高い学びを学校現場で実現させることを目的とした構想です。
[135]：「Information and Communication Technology」（情報通信技術）の略で、情報を処理するIT技術の総称です。IT（Information Technology）とほぼ同義ですが、ITは経済産業省のために経済分野で使われ、ICTは総務省の用語のために公共事業分野で使われることが多いといえます。
[136]：STEMはScience（科学）、Technology（技術）、Engineering（工学）、Mathematics（数学）という4つの分野を指します。STEM教育ではこれらを連携させて横断的に学ぶことを目的とします。「問題を解く」「暗記する」といった受動的な学習法ではなく、本人が主体となり課題を見つけ創意工夫して解決するという能動的な学習法を重視しています。近年はArts（教養）を加えた、STEAM教育という概念も登場しています。これは技術だけでなく新しい発想のものづくりを目指しています。

● デメリット

  ○ スクールの当たり外れが大きい。講師に問題がなくても、運営や設備に問題があるかもしれない。利益優先なスクールであれば生徒から入会金と授業料を得た時点でその生徒には用がないとされて、放置されることもある。悪質なスクールであれば、人件費をなるべく抑えようとし、質の低い講師[137]を雇う傾向にある。また質のよい講師がいたとしても、十分な人員を用意できなければ、生徒の1つひとつの質問に丁寧に答える余裕がない。生徒側の対策としては事前にスクールについての評判をリサーチするのが効果的である。

  ○ ある程度のお金が必要。大学や専門学校ほどはお金がかからないが、有料の動画コンテンツサービスよりははるかにお金がかかる。スクールの期間にもよるが相場は50万円前後。専門学校であれば2年間で200万円ぐらいになる。

  ○ そこそこの金銭的コストがかかるにもかかわらず、学歴にはまったくならない。

  ○ 優良なIT企業に就職や転職できるとは限らない。エンジニアは経験が重視されるため、スクールに通ったとしても実務経験ゼロの初心者を雇ってくれる企業は少ない。「転職できなければ100%返金」という転職保証を謳っているスクールもあるが、細かい規定があり返金されない仕組みになっていることが多い。裏でSES[138]事業を行っているスクールでは、転職保証で返金したくないために誰でも受かるようなブラック企業の案件を用意しているという。

📖 スクールの授業形態

スクールの授業形態は4種類あります（表4-09）。自分にあった授業スタイルのスクールを選びましょう。

●表4-09　スクールの授業形態

授業形態	説明
マンツーマン型	一対一で指導を受ける
集団講義型	教室での授業のように講師と生徒が集まって受ける
同時配信型	ライブ放送された授業をオンラインで受ける
オンデマンド型	オンライン上に用意された動画を視聴する

[137]：ここでいう質の低いとは、スキルが低く、生徒の面倒を見ないことを意味します。
[138]：「System Engineering Service」の略称であり、エンジニア派遣サービスを指します。

　マンツーマン型は対面の場合もあれば完全オンラインの場合もあります。オンキャンパス型であれば集団講義型、オンライン型であれば同時配信型とオンデマンド型のどちらかになります。

　マンツーマンで指導を受けられれば自分のペースで進められます。スクールによっては気軽に質問ができます。対話で質問できる場合は、細かいニュアンスが伝わりやすいといえます。しかし、講師の質に大きく影響を受けます。加えて、指導を受ける時間は週に数時間が限度です。ただし、あなたが十分すぎる報酬を用意して、マンツーマンで教えたいと思わせるぐらいであれば、話は別です。

　集団講義型は授業のペースは講師に依存します。生徒一人ひとりの能力に合わせた授業ではないため、自分のレベルにマッチしないことがあります。授業のレベルが低すぎることもあれば、逆にレベルが高すぎてついていけず取り残されてしまう恐れもあります。その場で講師に質問したり、休憩時間に生徒と情報交換したりできます。同じ授業を他の生徒と一緒に受けるため、仲間意識が生まれやすいという特徴があります。

　Zoomなどのオンライン会議ソフトで講義に参加する場合もあれば、1カ所の教室に集合する場合もあります。

　同時配信型とオンデマンド講義の特徴については、大学・大学院の解説で説明した内容と同様です[139]。PCやスマホで動画を視聴するタイプの講義になります。同時配信型はライブ配信を視聴し、オンデマンド型は録画した映像を好きなタイミングで視聴します。

優良スクールの選び方

　あなたの時間とお金を無駄にしないためにも、次の観点に着目して優良スクールを見極めることが重要です。

- 運営会社が携わる事業を確認する。スクールの運営会社は教育事業とは別の事業を展開しているケースがよくある。運営母体がなかったり、何をしているのかよくわからなかったりするスクールは避けた方が無難といえる。
- 創業年度や実績をみる。「新しいスクールだからダメ」「古ければよいスクール」とはいい切れない。ただし、その業界に長くいるということは、経験とコネが蓄積されていることを意味する。

---

[139]：232ページを参照してください。

- 現役エンジニアが講師であるか。特にセキュリティ業界は新旧の移り変わりが早いといえる。現役エンジニアが講師であれば最新情報を得られるチャンスがある。
- 事前に評判を調べる。口コミサイト、ブログやSNSで卒業生の感想を参考にするとよい。ただし、検索するとスクール運営側が用意したPR記事、アフィリエイト目的[140]の記事が大量にあるのでよく吟味すること。

以上を踏まえて優良スクールを絞り込んだら、今度は自分に合ったスクールを選びます。

- 身に付けたいスキルとカリキュラムがマッチしている。スクールの受講料は専門学校と比べれば安価なわけだが、有料動画サービスや書籍と比べれば圧倒的に高いといえる。同じ予算があれば、書籍であれば100冊以上を買える。そのため、あなたがスクールでスキルを向上できなければほとんど意味がなかったことになってしまう。限られた時間とお金を無駄にしないように心がけたい。
- 受講期間が無理のない範囲である。自分のスケジュールに合っている。駆け足すぎる講義になっていないこと。
- 講師との相性がよい。「指導がわかりやすい」「講義の内容が面白い」といったことも講師の質や相性に依存する。講師が疑問・質問に丁寧に答えてくれるのであれば、積極的に活用するのもあり[141]。

結局のところスクールはありなのか？

本書では「人によってはあり」と結論付けました。すべてのスクールがダメというわけではありません。人それぞれ事情は異なります。自分で考えてスクールに価値を見出したのであれば、少々高額であっても受講すればよいでしょう。もし自分で価値を判断できなければ、止めるべきです。

---

[140]：実際の卒業生でないにもかかわらず、アフィリエイト目的でメリットばかりを紹介して入学に誘導しようとするブログがたくさんあります。

[141]：指導者に頼りすぎて、指示通りに操作するだけのような態度ではいけません。その操作の意図を常に考えるのです。そして、簡単に頼ってしまうと、独力で解決する力が身に付きません。このスキルはIT技術者になる上で最も大事なことです。

　無料・有料に関係なく、その教材を自分で選んだのであれば貪欲にスキルアップに励んでください。スクールに通ったからといって楽にスキルアップできると思ってはいけません。スクールに入学したことに安心して、授業をさぼるようでは意味がありません。スクールに通いながら「教師に積極的に質問する」「施設の設備を使い倒す」「周囲からスキルアップのモチベーションをもらう」など意欲的に学ぶからこそ、スクールでの学習効果を最大限に発揮できるわけです。

🔹 他にも選択肢はあるのか

　指導を受けるという観点から他の選択肢を考察してみました。

◆ メンターに弟子入りする

　メンターとは日本語では「助言者」「相談者」という意味であり、人生の師匠や目標とする人、尊敬する人のことを指します。

　単純にお気に入りの人ではなく、あなたの知らないスキルや発想を見出す手助けをしてくれる人をメンターに選ぶようにします。目に見える成功だけでメンターを選んではいけません。SNSやYouTubeには、成功を手に入れるまで成功しているふりをしている人がたくさんいるので気を付けなければなりません。

　一方的にメンターとして誰かを見本にするだけでも学習効果を期待できます。そっくり真似したいと思うような人がいると、成長は加速する傾向にあるためです。これを心理学ではモデリングといいます。赤ちゃんが親の行動を真似して言葉を学ぶのも、モデリングの一例です。

　メンターにコンタクトを取り、弟子入りが受け入れられるかは、あなたの情熱と行動力、タイミング、運、そしてメンターの性格やスタンス次第です[142]。ただし、「我が強い人」「教えて君」は相手に嫌われるので注意してください。Win-Winの関係を築くことを心掛ければ、成功する確率は高くなります。メンターに褒められたいという感情をうまく活用するのがコツです。

---

[142]: ハッキング関係の本を書いているせいか、私宛に「セキュリティ初心者ですが、おすすめの学び方を教えてください」「ハッカーになりたいのですが、どうしたらよいですか」という質問がこれまでに何度もきています。これらに終止符を打つために本書を執筆しているといっても過言ではありません。よって、今後は勉強法や読書法を質問されても「本書を読んでください」と答えることになります。なお、メンターになってほしいというアプローチがあっても対応できないのでご了承ください。

◆ スキルマーケットで個人指導を受ける

　スキルマーケットとは得意なスキルを売り買いできるWebサービスのことです。たとえば、ココナラ[143]、minne[144]、SKIMA[145]、スキルクラウド[146]などがあります。一般的には仕事の受発注がメインの使い人になりますが、オンラインレッスンやアドバイスのカテゴリが用意されているサービスもあります（図4-16）。ここから個人指導してくれる人を見つけられます。うまくいけば今は無名ですが、実力のあるメンターに出会える可能性を秘めています。相手も商売ですので、丁寧に答えてくれることを期待できます。

● 図4-16　ココナラの「オンラインレッスン・アドバイス」カテゴリ

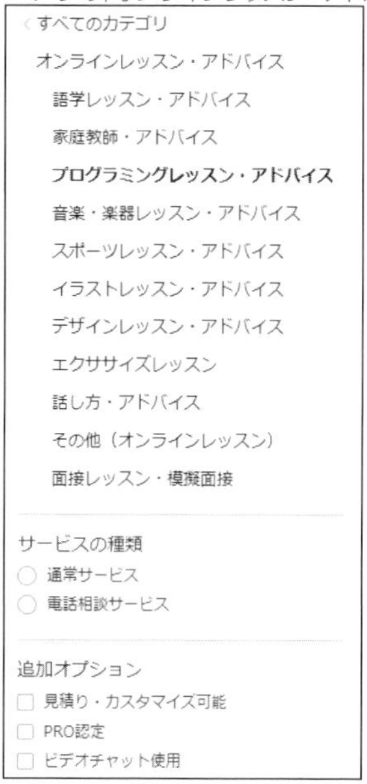

◆ オンラインサロンはおすすめしない

　オンラインサロンと聞くとビジネス系が多いですが、エンジニアになりたい人やエンジニア向けのオンラインサロンも少数ながら存在します。

　優良かどうかの見極めが難しいですし、そもそもオンラインサロンを通じてハッカーになったという事例を聞いたことがありません。よって、本書では推奨しません。馴れ合ってばかりで、実力が付かなければ意味がありません。悪質なサロンだと高額な情報商材やサービスに誘導されてしまうリスクさえあります。

[143]：https://coconala.com/
[144]：https://minne.com/
[145]：https://skima.jp/
[146]：https://www.skill-crowd.com/

CTFでスキルアップする

🔹 CTFとは

CTF(Capture the Flag)とはセキュリティに関する問題を解くことで、技術や知識を競う合う競技です。日本を含む全世界でCTFが開催されています。複数の企業がスポンサーになっている大規模なものから、個人が開催する小規模なものまでいろいろあります。

大規模セキュリティカンファレンスでは同時にCTFが実施されることもよくあります。国内ではSECCON、海外ではDEFCONやBlackHatなどでもCTFが開催されています。

問題にはフラグと呼ばれる答えの文字列[147]が隠されており、これを特定することが目的になります。CTFのシステムにもよりますが、コンテストとして開催されている場合には、スコアサーバー(解答サーバー)にフラグを入力することで得点できます。最終的に得点が多いと勝ちになります。

🔹 CTFの特徴

CTFのメリットとデメリットは次の通りです。

- メリット
  - スキルアップの向上を期待できる。
  - 純粋に楽しい。
  - 解ければ快感を得られる。難しい数学の問題が解けたときに得られる快感と似たようなもの。
  - 多くのCTFプレイヤー(競技者)は競技CTFのコンテスト終了後に自分が解いた方法を公開しており、この文書をwriteupという。同じ問題でも答え(フラグ)に到達する方法は1つとは限らず、writeupを読むことでさまざまな解法を学べる。
  - 賞品や賞金が出るCTFもある。
  - 海外の大規模セキュリティカンファレンスのオフラインCTFにはスカウト目的で、軍・FBI・CIAなどの担当者が来場することがある。
- デメリット
  - 全世界で多数のCTFが催されており、全部をやろうとするのは難しい。
  - CTFだけでは最終目標であるホワイトハッカーになれない。

[147]：フラグのフォーマットは「CTF_NAME{This is flag}」などの形式になります。

◆ CTFの種類

競技CTFと常設CTFに大別できます。

◆ 競技CTF(イベント型CTF)

前者は決められた期間内に参加して得点を競うタイプのCTFです。競技CTFの競技時間は24〜48時間が多いですが、数時間と短いCTF、逆に2週間と長期に渡るCTFもあります。競技CTFでもコンテストが終了すると、過去問が常設CTFに移行するものもあります。場合によっては期間限定で常設CTF化します。

個人戦のCTFとチーム戦のCTFがあります。ただし、チーム戦であっても1人で参加していけないわけではありません。あえて1人で参加することのメリットについては後述しています。

開催予定の競技CTFについては、CTFtime[148]というCTFのポータルサイトで探せます(図4-17)。

●図4-17　CTFtime

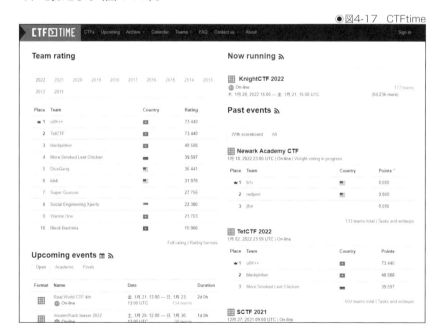

◆常設CTF

いつでもアクセスして参加できるタイプのCTFです。

常設CTFはwriteupがあったり、なかったりとまちまちです。writeupを書くのが禁止されている、明言されていなくてもwriteupを歓迎していない雰囲気があるという理由によります。フラグを直接公開しないこと、問題の公開後、一定時間が経過していることなどの条件で、writeupを正式に許可しているケースもあります。

常設CTFはずっとサービスが提供されているとは限りません。有益なCTFながらサービスを終了してしまったものも数多くあります。CTFの具体名を出してもいつ終了するかわからず、書籍の性質上紹介しにくいため、列挙はできません。

CTFの競技形式

CTFは得点を競うわけですが、競技形式によってルールや得点のための条件が異なります。

◆Jeopardy（ジョパディ）形式

いろいろなジャンルの問題が用意されており、CTFプレイヤーが自由に選んで解答する形式です（図4-18）。オンラインの競技CTFでは最も定番とされる形式になります。

●図4-18　Jeopardy形式

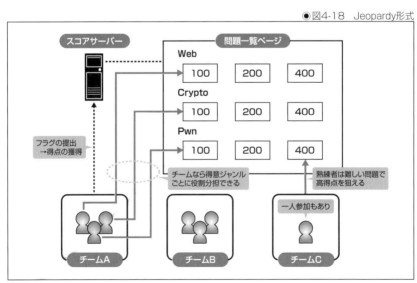

　Jeopardyはアメリカの長寿クイズ番組「ジェパティ!」(Jeopardy!)が由来です。日本では「ジョパディ」と表記されることもあります。

　CTFプレイヤーにはジャンル別[149]、難易度別に複数の問題が与えられます。問題を解いて正しいフラグを得たら、スコアサーバー(解答サーバー)に提出することで得点が得られます。スコアリングのルールとして、固定タイプか変動タイプがあります。

　前者の場合は、問題の難易度に応じて点数が固定されています。出題者の判断によって難しい問題であれば高い得点、簡単な問題であれば低い得点が設定されています[150]。早く解いても後で解いても得点は変動しません。得られる得点から問題の難易度を容易に推測できるのが特徴的です。CTF初心者でも簡単な問題を識別しやすいので、解く問題の順番を決めやすくなります。

　後者は多くのチームが解いた問題ほど得点が低くなります。ダイナミック・スコアリング方式と呼びます。この方式のメリットは、問題の作者が意図した難易度とCTFプレイヤーが実際に感じた難易度にギャップが生じにくくなることです。固定方式では、実際には解けた人が少なかった問題だったにもかかわらず、低い得点しか与えられなかったというケースが起こり得ます。一方、ダイナミック・スコアリング方式ではそうしたケースが起こりにくく、結果的に適切な配点になります。

　出題のカテゴリやジャンルを特化しているCTFもあります。たとえば、SQLインジェクション、OSINT、ゲームのハッキングなどに特化したCTFなどが挙げられます。

---

[149]：問題のジャンルに関しては後述の「CTFのカテゴリ」を参照してください。
[150]：出題者が問題の難易を判定して、得られる得点を設定しています。そのため、実際には解けた人が少ない問題だったのに得点が低いというケース、その逆のケースも起こり得ます。

◆ Attack&Defense(アタック・アンド・ディフェンス)形式

チーム間で攻防することで得点し合う競技形式です(図4-19)。

●図4-19　Attack&Defense形式

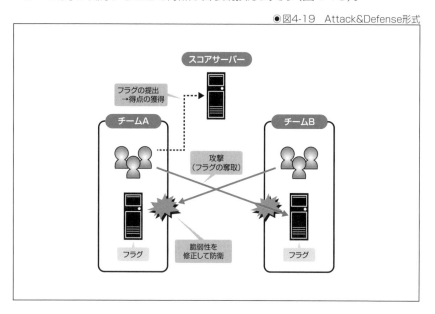

Attack&Defense形式では、各チームに脆弱性のあるサービスが稼働しているサーバーが与えられます。攻撃では、他チームのサーバーの脆弱性を突いてフラグを狙います。奪取したフラグをスコアサーバーに提出すると得点になります。逆に、防衛では、自チームのサーバーが他チームから狙われるので、脆弱性を修正しなければなりません。守るためにサービスを落とすと減点されますが、脆弱性のあるまま稼働させてしまうと攻撃にさらされるので、素早く修正して稼働させることが重要です。

Jeopardy形式より実際のハッキングに近い雰囲気を出しています。攻撃の効率化(自動化を含む)が得点につながります。単純に防衛するだけでなく、自チームのサーバーの通信ログをチェックして攻撃の有無を監視するという戦法も取れます。

以上のように、Attack&Defense形式は攻防の両面のスキルを要求しますが、防衛だけに特化したCTFも一部あります。

◆King of the Hill(キング・オブ・ザ・ヒル)形式

　問題を攻略した状態を維持し続けることで得点できる競技形式です(図4-20)。Attack&Defenseの派生系といえます。問題サーバーをめぐって攻防します。

●図4-20　King of the Hill形式

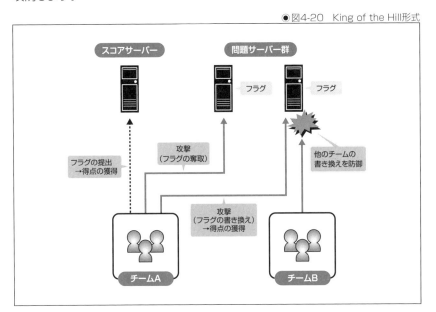

　問題サーバーを攻撃してフラグを奪取しようと試みます。フラグを奪取したらスコアサーバーに提出することで得点を得られます。

　問題サーバーを攻撃して自チームのフラグ[151]を指定のパスに書き込みます。他チームも上書きしようと試みるわけで、その改ざんを防衛したり妨害したりことも重要です。つまり、先に書き込むことで相手を邪魔できるので有利になります。最終的に自チームのフラグを書き込んだまま長期間維持できれば、高得点が得られます。

　攻撃と防衛の両方を行いますが、一般に防衛の方が重要とされるCTFが多いようです。つまり、攻撃より防衛に専念したほうが高得点が得られる傾向があります。

4
ホワイトハッカーになるための教材

---

[151]：ディフェンスキーワードとも呼ばれます。もう少し厳密にいうと、スコアサーバーは数分ごとに変化する自チーム用のディフェンスキーワードを発行し、それを問題サーバーに書き込むと得点になります。

💠 チーム参加 vs. 一人参加

常設のCTFの場合は1人で挑戦しますが、通常のCTF大会では主にチームで参加します。チームといっても、多くのCTFでは1人だけのチームが認められています。

CTF大会で高得点を取ることを目的とすれば、一般にチームでの参加が有利です。自力が解けない問題をチームメンバーと協力して解けることがあります。時間的な制約がある中で作業を分担することで効率よく取り組めます。また、チームで協力することでお互いの苦手分野を補いながら問題を解けます。つまり、得意分野が被らないようにチームメンバーを選抜して、出題された問題のカテゴリごとに担当者を振り分けるという戦略も取れるわけです。

一方、1人で参加することは効率的に解くという面では不利ですが、スキルアップという観点では意味があります。1人で参加すれば、出題された幅広い問題に触れられます。チームで参加してしまうと効率が重視されるため、他のメンバーが解いた問題を大会の時間内に触れることは一般にありません。難しいCTFにはチームで参加し、比較的簡単なCTFには1人で参加するというアプローチもあります。

💠 CTFのカテゴリ

Jeopardy形式のCTFでは主に次に示す問題のカテゴリに分けられて出題されます（表4-10）。ただし、開催もとによってカテゴリに若干の違いがあります。

● 表4-10　CTFの代表的なカテゴリ

カテゴリ	説明
Web	Web技術に関する問題。Webアプリケーションの脆弱性を突く。SQLインジェクション、XSSなど
Cryptography（Crypto）	暗号技術に関する問題。古典暗号や現代暗号の暗号解読、暗号技術の脆弱性を突く
Steganography	ステガノグラフィに関する問題。画像ファイルや音声ファイルに隠されたフラグを見つける
Forensics	フォレンジックに関する問題。パケットデータ、イメージファイル、メモリダンプを解析する
Network	ネットワークセキュリティに関する問題。通信ログを解析する
Reversing（Rev、Binary）	リバースエンジニアリングに関する問題。バイナリ（主に実行ファイル）を解析する
Pwnable（Pwn、Exploit）	エクスプロイト[152]に関する問題。プログラムの脆弱性を突いて権限を奪取する。プログラムのバグの発見、Exploitプログラムの作成を要求される
Reconnaissance（Recon）	ネットストーキングに関する問題。サイバー犯罪捜査、個人情報の調査など

[152]：セキュリティ上の欠陥を利用するコードのことです。一般的に攻撃コードを指します。

カテゴリ	説明
OSINT （Open Source Intelligence）	OSINTに関する問題。断片的な公開情報を組み合わせて目的の情報を特定する。問題の内容はReconと一部重複する
PPC[153]	プログラミング能力に関する問題。アルゴリズム、コーディングなど、競技プログラミング[154]に近い問題が出題される
Trivia	セキュリティに関するクイズ
Misc（Miscellaneous）	カテゴリ分けが難しい、その他の問題。雑多な知識問題など

🐟 CTFビギナー向けのスキルアップ法

　CTFが有益であることは理解できましたが、さまざまな種類があり、数もたくさんあるので、どこから手を付けたらよいのか迷う人もいることでしょう。ここではCTFビギナー、あるいはCTF未経験者向けのスキルアップ法の1つを紹介します。ただし、完全なセキュリティ初心者は対象としていません。CTFについて知らないだけであり、少なくとも簡単なセキュリティ本を数冊読んだことがあるという前提になります。もしセキュリティ本を読んだことがない、あるいはそれに達していないという方であれば、300ページの「レベル別のスキルアップ法」を参照してください。

◆ まずはCTF本（CTFに関する書籍）で基礎固めをしつつ、定石を学ぶ

　日本でも数冊のCTF本が出版されています。商業誌だけでなく同人誌も視野に入れます。商業誌のCTF本の多くは分厚く、読破するのに数カ月以上かかってしまうかもしれません。また、商業誌では数が限られているので、本選びの選択肢が限られます。別の本を選んでも同じ著者というケースもあります。対して、同人誌であれば全体的に薄くて、時間をかけずに読破できます。

　いずれにせよ、なるべく新しい本を1冊選びます。なるべく早く読み終えてCTFの雰囲気を掴むことが重要なので、精読にこだわる必要はありません。興味を持てるジャンルがあれば、将来的に得意分野になるかもしれません。そういった内容については熟読してください。

◆ 競技CTFの開催を調べて挑戦してみる

　CTFtimeやセキュリティサイトで競技CTFの開催を調べて、この段階で一度、挑戦してみることを強くおすすめします。競技の期限の間、現状の知識や手段をすべて使って、本気で取り組むのです。

---

[153]：「Professional Programming and Coding」の略称です。
[154]：競技プログラミング（競プロ）とは参加者に同一の課題が出題され、与えられた要求を満足するプログラムを正確かつ早く記述することを競う競技です。

CTFが初挑戦であれば、1問さえ解けないかもしれません。多くの人が最初はそうなので諦めないでください。数問でも解けた人は自分の得意なジャンルと苦手なジャンルが明確になったはずです。まずは苦手ジャンルを克服するより、得意ジャンルを伸ばすことが先決です。解ける問題数を増やせて、チームを組んだときにも有利になるからです。

それよりも重要なのは、本気で取り組んだという経験そのものです。短時間で成長したければ「本気で取り組んで、反省点をフィードバックする」という行為を繰り返すことが効果的です。「練習した後に本気を出す」「知識を身に付けた後に挑戦する」と考えてしまいがちですが、本気を出す機会を先延ばしにすると、いつまでたってもその機会が訪れません。そういった意味もあり、解けたかどうかに限らず本気で取り組む癖を身に付ける絶好の機会なわけです。

◆ 教育目的や難易度の低めのCTFに挑戦する

現状のスキルを把握し、学ぶべき方向性が定まったところで、教育目的や難易度の低めのCTFに挑戦します。

きちんと時間を設けて本気で問題にぶつかってください。最初はなかなか進まないことも多いかもしれませんが、それでも30分から1時間くらいは粘ります。何らかの手がかりを見つけ、解けそうと思ったのであれば、より時間をかけて考え抜いてください。実際にいろいろと実験してみます。わからなければ本やWebで周辺知識を調べます（writeupは見ない）。まったく何をしたらよいのかわからず、進展が望めないと判断したらwriteupを読んでください。

1つの問題に対して複数のwriteupがあるかもしれませんが、まずは解答にたどりつくための1つの方法を理解しなければなりません。writeupを熟読して、回答への筋道を理解します。writeup内の解説を読んで解法を理解できたとしても、実際に手を動かして内容をトレースしてください。理屈がわかっても本番のCTFで手が動かなければフラグを得られないからです。まして早くフラグを得るために他人と競っている状況では、素早く手が動かせる人が有利です。自明なことでも訓練と思って手を動かしましょう。

　CTF初心者であれば、SECCON Beginnersに参加するのもよいでしょう。SECCON BeginnersはSECCONが運営しているCTF未経験者向け勉強会です。国内のCTFプレイヤーを増やし、人材育成とセキュリティ技術の底上げを目的としています。現在は初心者向けのオンラインCTFであるSECCON Beginners CTF、オフラインの勉強会、オンラインのライブイベントを同時開催しています。CTFに興味がありこれから挑戦しようとしている方であればぴったりといえます。

　繰り返しになりますが「本気で取り組むこと」「手を動かすこと」「わからなくても諦めないこと」を意識して、後はたくさん問題をこなしてください。

◆ 過去問に挑戦する

　次のステップとして、writeupが提供されている過去問に挑戦します。常設CTFであっても公式に条件付きでwriteupが許可されていることがあり、教材として活用できます。引き続き本気で取り組みます。

　競技CTFであれば、終了後に問題ファイルが公開され、多くのCTFプレイヤーがwriteupを発表します。競技CTFの問題であるため難しい問題があるかもしれませんが、教材が完全に揃っているわけであり学習用途にはもってこいといえます。

　どの問題からやればよいのか迷ったら、CTFプレイヤーたちが公開している良問を集めたリストを参考にして選ぶとよいでしょう。頭から順に解いていくだけでも十分に勉強になります。

　自力で解けても解けなくてもwriteupを読んで、さまざまなアプローチや考え方を学びます。答えは1つであっても、それに到達するアプローチはさまざまです。このレベルでは答えにたどりつくだけで満足せずに、自分では考えつかなかった別解やユニークなアプローチを他人から学ぶようにしてください。

◆ 常設CTFに挑戦する

　常設CTFに挑戦します。ここまで教育目的のCTFや過去問に本気で取り組んできた人であれば、常設CTFでも成果は残せるはずです。常設CTFではwriteupの公開を歓迎されていません。常設CTFを自力で解いたとしてもその習わしに沿って、公開は控えてください。ただし、ローカル環境にはメモして控えておきます。

なお、writeupが公開されていないため、まったく解けなければ答え合わせできませんが、挑戦するかどうかは別として問題文を見るのは自己スキルの現状把握に使えます。

得意分野を伸ばすために、CTF以外の教材も活用します。書籍・雑誌、Webの情報など、最大限に活用します。

たとえば、Binaryカテゴリを伸ばしたいのであれば、crackmeも有効です。crackmeはバイナリ解析の練習用、あるいは解析能力を計るために作られたプログラムのことです。crackmeを実行すると正規ラインスキー（あるいはパスワード）を要求されるように作られており、挑戦者はcrackmeを解析することで、キーの要求を回避するように改造したり、要求に応じたライセンスキーを奪取したりすることを目指します[155]。この解析を通じてリバースエンジニアリングのスキルアップにつなげられるわけです。

◆ 競技CTFに出場する

競技CTFに出場して力試しします。参加する競技CTFを選定します。スキルアップが目的であれば1人での参加でもよいですが、高得点を目指すのであればメンバーを揃えてチームを作ります。1人での行動が好きだとしても、一度はチームでの参加を経験すべきです。チームで行動することで、技術的なスキルアップだけでなく、チームワークといったスキルを高められます。チームワークは会社員であれば必須事項ですし、ペネトレーションテストやレッドチーム演習といった場でも役立ちます。技術的な知識だけでなく、対人スキルを伸ばす場として積極的に活用してください。

◆ 今後のスキルアップや活動の方針について検討する

ある程度CTFをこなせば、あなたにとっての向きや不向きがわかってくるはずです。また、この段階に達していれば中級者を卒業しているはずなので、今後のスキルアップや活動の方針について検討するべきです。

CTFが楽しいと感じるのであれば、役に立つかどうかを気にせずにCTFを楽しんでください。逆にCTFを楽しくないと感じるのであれば、他のことをやったほうがよいでしょう。CTFにこだわる必要はありません。ホワイトハッカーを目指すのであれば、「CTF運営側になる[156]」「CTFで培ったスキルをバグバウンティーで活かす」「セキュリティを研究する」といった次のステージに移行することが有効です。

---

[155]：CTFの問題として提供される場合は、プログラムの実行時に正しいフラグを入力（あるいは引数に指定）するとフラグが正しい旨を表示するように設計されることがよくあります。
[156]：CTFの作問、CTFに用いるサーバー構築、CTFコンテストの運営などのスキルを要求されます。

SECTION-30
ハッキング体験学習システムで
スキルアップする

❦ ハッキング体験学習システムとは

　サーバー侵入の実践力を身に付けるためには、実際にサーバーを攻撃してみるのが近道です。しかし、他人のシステムを攻撃するわけにはいきません。そこで、合法的に攻撃できるように標的システムを用意します。かつては実機で標的システムを構築するのが一般的でしたが、現在は教育目的でさまざまな標的システムを入手できます。自分で構築せずに、最初から攻撃されることを前提とした環境が用意されているわけです。これが実現できるようになったのは、PCのスペックが向上したことに加えて、仮想化技術が進歩したからです。仮想環境であれば安全に攻撃の実験をできますし、標的システムが不要になれば削除し、新たにゼロから構築し直せます。

　このように意図的に脆弱性を残したサーバーを「練習用脆弱サーバー」「やられサーバー」などと呼びます。サーバーではなくWebアプリケーションであれば、「練習用脆弱Webアプリケーション」「やられWebアプリケーション」と呼びます。本書ではこのような教育目的のシステムを総称として、ハッキング体験学習システムと呼ぶことにします。

　ハッキング体験学習システムであれば、自分ですべての環境を構築する必要がないため、攻撃の演習にすぐ取りかかれます。また、実際に手を動かすことになるので、座学以上の学習効果を期待できます。

1

2

3

4

ホワイトハッカーになるための教材

5

❖ ハッキング体験学習システムの種類

ハッキング体験学習システムとひとくくりに説明しましたが、さまざまな形態があります[157]。ここでは代表的なものを紹介します。

◆ 仮想マシン型

仮想マシンで提供されているタイプです。古いものが多いですが、表4-11に示す仮想マシンがよく知られています。

●表4-11　仮想マシン型の例

仮想マシン型	説明
Metasploitable 2	脆弱性が残されたLinuxの仮想マシン。100種類以上の脆弱性が用意されている。攻撃用の端末は別途用意する[158]。古いシステムだが、Linuxに対するハッキングの基本的な流れを理解するために活用できる https://sourceforge.net/projects/metasploitable/
Metasploitable 3	Linux版とWindows Server版が用意されている。Metasploitable 2の後継であるため、Linux版には新たな脆弱性やサービスが追加されている https://github.com/rapid7/metasploitable3/
bWAPP bee-box	Ubuntuベースの仮想マシンとして提供されている。主にWebアプリケーション系の攻撃を習得できる。解説やヒントが用意されており、レッスン形式になっている https://sourceforge.net/projects/bwapp/
OWASP WebGoat	Webアプリケーション系の攻撃を習得できる。Docker版を使うことで簡単に環境構築できる。レッスン形式 https://github.com/WebGoat/WebGoat/

上記は個々の脆弱な仮想マシンでしたが、こうした仮想マシンを集めた提供プラットフォームがあります。脆弱な仮想マシンに特化して集めたWebサイトとして、VulnHub[159]があります。詳細は後述しますが、ユーザーは仮想マシンをダウンロードするだけでなく、アップロードもできます。そのため、最新の標的システムが登録されるというメリットがありますが、逆に仮想マシンの品質にばらつきがあるというデメリットもあります。

---

[157]：形態の名称については本書独自のものです。明確に分類できないものもありますが、本書ではわかりやすさを重視しています。
[158]：仮想マシンと物理マシンのどちらでもかまいません。
[159]：https://www.vulnhub.com/

◆ ファイル展開型

ダウンロードしたファイルを展開するだけで環境構築できるタイプです（表4-12）。

● 表4-12　ファイル展開型の例

ファイル展開型	説明
AppGoat	IPAが提供するハッキング体験学習システム。IPAでは脆弱性体験学習ツールと呼んでいる。古いバージョンではシステム上の脆弱性が報告されているので要アップデート https://www.ipa.go.jp/security/vuln/appgoat/
DVWA - Damn Vulnerable Web Application	脆弱性を持つWebアプリケーション。セキュリティレベルを調整でき、それに応じて問題の難易度が変わる。簡単なヒント（参考になるURL）がある http://www.dvwa.co.uk/
OWASP BWA	脆弱性を持つWebアプリケーション。DVWAが最初から含まれている https://owasp.org/www-project-broken-web-applications/
OWASP Mutillidae II	脆弱性を持つWebアプリケーション。さまざまな脆弱性を試せるようになっているが、レッスン形式ではない。セキュリティレベル、ヒントの非表示機能あり https://ja.osdn.net/projects/sfnet_mutillidae
OWASP Juice Shop	脆弱性を持つWebアプリケーション。チャレンジが用意されている。クリアしたチャレンジについては同システム内のスコアボードに反映される https://owasp.org/www-project-juice-shop/
箱庭BadStore	オリジナルのBadStoreはLinuxベースの脆弱性を持つ会員制ショッピングサイトであり、ISO形式のLive DVDとして提供されていた。箱庭BadStoreではそれをBurp Suiteの拡張として動作するように改良したもの https://github.com/ankokuty/HakoniwaBadStore/
DVSA; a Damn Vulnerable Serverless Application	脆弱性を持つ会員制ショッピングサイト。AWSに展開できる https://github.com/OWASP/DVSA/

◆ Web学習型

Web上のシステムにアクセスするタイプです（表4-13）。オンライン上のサービス提供側のシステムにユーザーごとのサンドボックス[160]が構築されます。ブラウザを経由してアクセスするだけなので、手軽に学習を開始できます。

● 表4-13　Web学習型の例

Web学習型	説明
Google Gruyere	一般的な攻撃や脆弱性を体験できる脆弱なWebアプリケーション。チュートリアルが用意されている https://google-gruyere.appspot.com/
Hack.me	執筆時点では休止中。無料。アップロード機能あり。サンドボックスを使って攻撃の練習ができる。類似の名前のサイトがあるので混同しないように注意 https://hack.me/

---

[160]：保護された仮想環境のことです。

◆ ハッキング実験プラットフォーム型

ハッキングの総合プラットフォームを提供しているタイプです。動画や解説を読みながら、実際に手を動かしてハッキングを学べます。

安全にハッキングできるシステムが用意されているという特徴があります。たとえば、攻撃用の端末はこちらで用意し、標的システムにはVPNなどで接続します[161]。そのため実験環境の構築の手間は少なくて済みます。

学習を進めるとポイントが溜まっていき、一定以上溜まるとレベルが上がり称号がもらえます。このようにゲーミフィケーションの要素があるため、学習を継続するモチベーションを維持しやすいといえます。一般的に有料サービスですが、日々新たな標的システムが追加されています。

代表的なサービスとしては表4-14の2つが挙げられます。これらの詳細は後述します。

● 表4-14　ハッキング実験プラットフォーム型の例

サービス	説明
TryHackMe	ヒントが多いので初心者から中級者向け。特定の技術を学ぶためのラーニングパスというシステムがある。有料コースあり https://tryhackme.com/
Hack The Box	中級者以上向け。ヒントなしで標的を攻略しなければならないので、自力で解決するスキルを鍛えられる。有料コースあり。メンバーと情報交換もできる https://www.hackthebox.eu/

💾 VulnHub

VulnHubは仮想マシンを提供するプラットフォームであり、脆弱なサーバーの仮想マシンファイル（イメージファイルやISOファイル）をダウンロードできます（図4-21）。

創設者のg0tmi1k氏は「誰もがデジタルセキュリティ、コンピューターアプリケーション、およびネットワーク管理の実践的な経験を得られる資料を提供する」という目標を掲げて、運用を開始しました。良質のトレーニング教材は過去にたくさん存在しましたが、在り処を知らない限り、活用できません。そこで可能な限り多くの教材をカバーするためにVulnHubが誕生しました。合法的にハッキングを学習できる教材を揃えています。

VulnHubに登録されている仮想マシンの数は日々増加しており、その様子はVulnHubのTwitterアカウント[162]からリアルタイムに確認できます。年間100件近い登録があり、執筆時点で総数700個の仮想マシンが用意されています。

---

[161]：サービスによっては攻撃用端末の仮想マシンが提供されることもあります（使用するかどうかは自由）。ブラウザベースで操作したり、SSHやリモートデスクトップで接続したりできます。

[162]：https://twitter.com/VulnHub/

● 図4-21　提供されている脆弱Windowsの仮想マシン

◆ VulnHubの特徴

VulnHubの特徴は次の通りです。

- 完全無料。

- 仮想マシンの品質にはばらつきがある。教育の観点から質の高い仮想マシンがある一方で、出来の悪い仮想マシンも含まれる可能性がある。

- 提供している教材ファイルにはタグが付与されており、学習者はタグを手がかりにして目的に適した環境をダウンロードできる。

- 攻略方法の公開が許可されているため、ブログやYouTubeで答え合わせがしやすい。

🟦 TryHackMe

TryHackMe(THM)はハッキング実験プラットフォーム型の一種です。学習効率を高めるために、ラーニングパスという形でおすすめの学ぶべきことの順番が示されています(図4-22)。特定のスキルを重点的に学びたいときに活用できます。

ポイントを獲得してランクが上がるので学習するやる気になります。日々新しいコンテンツが追加されており、公式ブログ[163]でチェックできます。

◉図4-22　ペネトレーションテスターのラーニングパスの一部

◆ TryHackMeの用語

TryHackMeの用語は表4-15の通りです。

◉表4-15　TryHackMeの用語

用語	説明
ルーム(Room)	TryHackMeにおける学習単位。教科書における単元のようなもの。たとえば、Kali Linuxルーム、基礎ペネトレーションルーム、SQLインジェクションルームなどがある
マシン(Machine)	ルームに用意された攻略対象のサーバー。ルームによってはマシンがなかったり、複数台のマシンがあったりする。VPNで接続できる
タスク(Task)	ルームで用意された課題。CTFに近い課題もある
ラーニングパス (Learning paths)	特定の目的を達成するために最適なルーム群。進捗が表示される。たとえば、マルウェア解析パス、サイバーディフェンスパス、暗号学パスなどがある

◆ TryHackMeの特徴

TryHackMeの特徴は次の通りです。

- 有料コースがある。月額10ドル。年額90ドル（年額払いで月額7.5ドル）。
- 課金すると、課金者限定のルームが使えたり、課金者限定特典を受けられたりする。たとえば、無課金ではマシンの起動に時間がかかるが、課金すると数倍の速度で起動できる。また、ブラウザベースのKali Linuxが使い放題になる。
- ルームで学んだ知識やツールの使い方を活用して、マシンを攻略するために実際に手を動かすので学習効果が大きい。
- Hack the BoxやVulnHubである程度スキルアップ済みの方は、若干物足りなく感じるかもしれない。
- 最新情報を学びやすい。たとえば、2021年12月にLog4Shell[164]という脆弱性が発見されてたいへん話題になったが、TryHackMeではいち早くLog4 Shellを体験できるコンテンツが提供された。

📖 Hack The Box

Hack The Box(HTB)はハッキング実験プラットフォーム型の一種です。TryHackMeは懇切丁寧な教科書と問題種をセットにしたような教材としたら、Hack The Boxはヒントの少ない試験のようなものといえます。Hack The Boxのシステムに用意された仮想マシン[165]に接続して攻略します。

ユーザーにはポイント数に応じてランクが定められます。ランクは「Noob」「Script Kiddie」「Hacker」「Pro Hacker」「Elite Hacker」「Guru」「Omniscient」の7段階があります（ランクが高いほど右側）。アクティブ状態の問題（マシンまたはチャレンジ）を攻略することでポイントを獲得できます。アクティブ状態の問題の解答を公開することは禁止されており、基本的には自分の力で攻略しなければポイントが得られません。そのため真の実力が計れます。攻略すべき問題は日々更新されています。つまり、常に全世界のハッカーたちでポイントを競い合うことになります。

---

[164]：Javaでログ出力に使われるライブラリである、Apache Log4jに任意のコードを実行できてしまう脆弱性が発見されました。この脆弱性(CVE-2021-44228)はLog4Shellとも呼ばれています。
[165]：Hack The Boxの世界ではこれをマシン(Machine)と呼びます。

　Hack The Boxとは別にHack The Box Academyというセキュリティに関する技術をインタラクティブに学べるオンライン学習プラットフォームもあります（図4-23）[166]。セキュリティを段階的に学べる学習プラットフォームという位置付けで2020年11月に公開されました。ツールの準備や事前知識もほぼ必要がなく、登録してすぐにセキュリティの学習に取り組めます。

　Hack The Box Academyのプラットフォーム上には、トピックごとにモジュールと呼ばれるコンテンツセットがあります。このコンテンツセットは「各コンテンツの教科書と演習問題」「スキルアセスメント」（モジュールの総まとめとなる演習問題）から構成されます。

◉図4-23　Hack The Box Academyで提供されているコースの一部

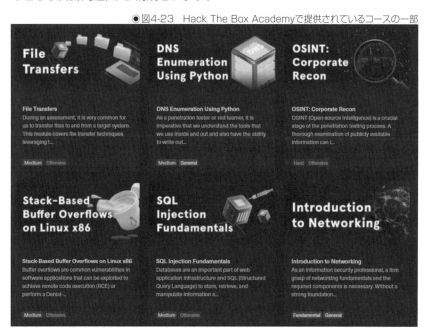

◆Hack The Boxの用語

　Hack The Boxの用語は表4-16の通りです。

◉表4-16　Hack The Boxの用語

用語	説明
マシン（Machine）	脆弱性を持つサーバー。侵入して特定の情報（「user.txt」ファイルと「root.txt」ファイル）を入手する
チャレンジ（Challenge）	課題。問題文を読んで情報（フラグ）を入手する。チャレンジでもポイントを獲得できるが、マシンでの獲得数と比べて10分の1程度と低い

[166]：https://academy.hackthebox.eu/

◆Hack The Boxの特徴

Hack The Boxの特徴は次の通りです。

- 各問題には難易度が割り当てられている。

- 専用のコミュニティが用意されている。

- TryHackMeにはルームという概念があったが、Hack The Boxではその概念はない。

- 問題は毎週更新され、新しい問題はアクティブ（Active）、古い問題はリタイア済み（Retired）になる。リタイア済みになった問題は過去問のようなものであり、攻略方法を公開してよいことになっている。

- 課金プランにはVIPプランとVIP＋プランの2種類がある。VIPプランは月額10ポンド[167]、VIP＋プランは月額15ポンド。

- 無料プランだとアクティブのマシンに挑戦できるが、リタイア済みのマシンには挑戦できない。ただし、直近のリタイア済みの2つのマシンについては無料プランでも取り組める[168]。

- VIPプランの特典として「リタイア済みのマシンやチャレンジに取り組める」「攻略対象のマシンを独立できる[169]」「ハッキングクラウドボックスを使ってブラウザからマシンを攻略可能」「公式による過去問の解答を参照できる」などがある。

---

[167]：執筆時での為替レートでは10ポンド（＝1500円）程度です。
[168]：執筆時では190超のリタイア済みのマシン、110超のリタイア済みのチャレンジがあります。
[169]：無料プランだと1台のマシンを複数人で使うため、他の人が生成したファイルがあったり、途中でマシンがリセットされたりすることあります。VIPプランであればそういったわずらわしさから解放されます。

資格・認定試験を通じて体系的に学ぶ

🔹 スキルアップと資格取得の関係性

　スキルアップと資格・検定試験[170]の取得には密接な関係があります。正しく資格と向き合えば、スキルアップを加速できます。

　最も重要なのは「資格を目的にするのか」「スキルアップを目的にするのか」を明確にすることです。前者には、就職、転職、昇進、資格手当、および自己ブランディングにつなげるために資格そのものを欲することが該当します。それに対して、後者には資格の勉強を通じて体系的な知識を身に付けることが該当します。ホワイトハッカーになるという大目標の実現のために、資格取得という小目標を作ってスキルアップのモチベーションアップと勉強の方向性を定める場合も、どちらかといえば後者に該当します。

🔹 資格取得のメリットとデメリット

　資格あるいは資格取得のメリットとデメリットを紹介します。メリットとデメリットを把握してから、目的の達成のために必要があると判断すれば資格に挑戦してください。そこまで考えた上での資格取得であれば、資格はあなたの味方になってくれるはずです。人生を資格に振り回されないように気を付けてください。そうなりそうな場合は、あなたの大目標を改めて自分に問いかけるとよいでしょう。

- メリット
  - 資格取得という小目標を設定することで、勉強の方向性が定まる。
  - 試験日という期限を強制的に設けられるので、勉強せざる得ない状況を作れる。
  - 資格の勉強を通じて体系的に学べる。
  - 知っている知識の総復習になる。
  - 長文問題や論述問題で知識の総合力を高められる。
  - 記憶力、理解力の訓練になる。

---

[170]：資格と検定試験は本来異なりますが、本書では資格と表現した場合には検定試験も含めるものとします。

- 資格本は他の本と比べて性質が異なるので、スパイス的な効果が得られる。多少のスパイスだからよいわけで、スパイスだけで調理（ここではスキルアップに相当）するのは明らかに方向性を見失っている。
- 転職や昇進の条件として資格が必要な場合がある。また一部の職種は資格・免状・免許が必須。
- 自己ブランディングでき、収入アップやキャリアアップにつながる可能性がある。
- 好奇心を刺激する。マンネリ化した日常を変えられる。
- 力試しに有効。合否や点数によって、自分のスキルを客観的に確認できる。
- 資格を持っていることを対外的に証明できる。たとえば、営業が仕事を取ってくるときに、資格を保持する社員がいることをアピールできる。
- 価値があまりない資格でも、場合によっては権威に弱い相手に対して有利な交渉ができる。
- 資格に合格することで自己肯定感を得られる。
- 資格に合格することで、その資格に関する主張に説得力が出る。資格を取った人だけが「役に立つ」「役に立たない」と評価できる[171]。

● デメリット
- スキルアップのために始めた資格取得なのに、いつしか資格取得が目的になってしまいがちである。つまり、油断すると手段と目的の逆転現象が起こりやすい[172]。
- 資格のために時間とお金を費やす必要がある。場合によっては多大なる時間、高額な費用を要する。
- 資格が直接仕事やお金に結び付くとは限らない。
- 資格や資格を取ろうと頑張る人を批判する層が一定数いる[173]。
- IT業界の素早い変化に対応するため、IT資格には有効期限が設定されていることがある。失効しないためには更新料を支払ったり、上位資格に合格したりする必要がある。つまり、ずっと資格に振り回されてしまう。

[171]：資格を取っていない人がいくらその資格をバカにしたところで説得力はありません。内心ネガティブなイメージを持っていても、わざわざ言わないことが賢明な行動といえます。
[172]：結果的に資格コレクターに走りがちになります。資格コレクターは絶対にダメというわけではありませんが、一般的にはおすすめできません。資格取得が完全に趣味あるいは仕事に直結するのであれば別です。特に資格対策本の著者、資格対策講座の講師なら資格取得は完全に仕事の一環といえます。ところで、難関資格を取得したり、たくさんの資格を取得したりしても、上には上がいます。上位資格保有者に嫉妬し、資格業界にお金を吸い取られる人生になってしまいます。
[173]：資格取得に時間やお金を費やそうが、その人の人生であり、大きなお世話のはずです。それにもかかわらずバカにしたり、否定したりする人は必ずいます。

　　○一部の資格は金儲け主義に走っていることがある。そのことを受け入れて、
　　　スキルアップに活用するかどうかを選択すればよい。基本的には取得しよう
　　　とする資格を厳選するべきである。

　以上のように資格にはメリットとデメリットが混在します。持っていないより
持っていた方がよいのは間違いありませんが、合格するにはそれなりの時間
とお金が必要になります。

　私としては資格のために頑張っている人を純粋に応援します。ただし、資格
取得に力を入れすぎて、本業や本当の目標がおろそかになるのは本末転倒と
いえます。特にすでに第一線で活躍している人や研究者は不要でしょう。資格
勉強をするぐらいだったら、新たなアウトプット（サービスや論文）を生み出す
ことに専念すべきです。その方が当人のためだけでなく、人類のためにもな
ります。

　以降ではセキュリティのスキルアップにつながる資格、セキュリティのスキ
ルを持つことを証明できる資格を紹介します。ここでは代表的な資格のみを
紹介していますが、それ以外にも多数存在します。海外の資格まで含めれば
何倍にもなります。そして、既存の資格はアップデートされ、それと同時に新
たな資格が登場しています。なお、紹介する内容については執筆時のもので
あることに注意してください。

🔰 情報処理安全確保支援士

　情報処理安全確保支援士は経済産業省とIPA（独立行政法人情報処理推進
機構）が実施している情報セキュリティに関する国家資格です。略称は登録セ
キスペ（登録情報セキュリティスペシャリストという意味）です。サイバーセキュ
リティの確保を支援するために、セキュリティに係る最新の知識・技能を備え
た専門人材するために創設されました。

- 国家資格「情報処理安全確保支援士（登録セキスペ）」のページ
  URL https://www.ipa.go.jp/siensi/

　国家試験である情報処理技術者試験の「情報処理安全確保支援士試験」(SC)に合格した上で、登録手続きをした者だけが支援士を名乗れます。そのため試験だけに合格しただけでは名乗れません[174]。

　業務に関する秘密保持の義務を負っており、高い信頼性を持っていると判断されます。そのため、官公庁の入札の中には支援士の保持者がいることを条件とすることもあります。

◆ 講習の概要

　知識・技能等の継続的な維持・向上を図るために、登録後は講習を受ける必要があります。講習には次に示す3種類があります（表4-17）。共通講習は年に1回受講、実践講習や特定講習は3年に1回受講しなければなりません。

● 表4-17　情報処理安全確保支援士の講習

講習	説明
共通講習	最新のサイバーセキュリティに関する知識・技能及び遵守すべき倫理などの修得を目的とした講習
実践講習	IPAの講習。知識・技能の実践的な活用力などの修得を目的とした講習。グループ討議や実機演習などを含む
特定講習	経済産業省によって選ばれた講習[175]。目的は同上。ただし、講習費用はそれぞれ異なる

◆ 特徴

　情報処理安全確保支援士の特徴は次の通りです。

- 試験は年に2回実施。
- 受験料は7500円。
- IPAが実施する国家試験の中でも最高レベルに位置するスキルレベル4[176]。合格率は20%を下回る。
- 合格後、支援士を名乗るためには登録必須。登録料はおよそ2万円（登録手数料と登録免許税の合計）。
- 登録を維持するためには、毎年の共通講習は2万円、3年に1度の実践講習は8万円がかかる[177]。
- 支援士になってから義務違反を犯すと罰金刑・懲役刑を受ける可能性がある。

---

[174]：いつでも登録できるため、あえて登録しようとせずにスキルアップ目的で受験する人もいます。
[175]：https://www.meti.go.jp/policy/it_policy/jinzai/tokutei.html
[176]：スキルレベルは1〜4に分類されており、大きいほど高度なスキルを要します。
[177]：3年間の講習費用として計14万円を要します。個人の保持者には金銭的負担が重く、登録を止める人も多いようです。費用だけでなく、講習の質について不満を持つ人も多数います。ただし、令和2年からは民間の特定講習が対象になりました。こちらは質がよいですが、専門性が強いので一般に高額です。

📖 情報セキュリティマネジメント試験

情報セキュリティマネジメント試験(SG)はIPAが実施する国家試験です。基本情報技術者試験や応用情報技術者試験と同様、情報処理技術者試験の1つになります。

- ●情報セキュリティマネジメント試験のページ
  - URL https://www.jitec.ipa.go.jp/sg/

情報セキュリティマネジメントの計画・運用・評価・改善を通して、組織の情報セキュリティ確保に貢献し、継続的に組織を守るための基本的なスキルを認定します。日本国内における情報セキュリティ部門の基礎的知識を問う能力認定試験と位置付けられています。IT技術者向けではなく、IT利用者向けの資格といえます。

◆ 試験の概要

情報セキュリティマネジメント試験の特徴は次の通りです。

- ●試験は年に2回実施。
- ●受験料は7500円。
- ●IPAが実施する基本情報技術者試験と同じスキルレベル2[178]。
- ●初回試験の合格率は88%と異例の高さだったが、回を追うごとに合格率は低下している。つまり、難易度が回を追うごとに上昇しているとされる。現在の合格率は40〜50%。
- ●CBT方式[179][180]。
- ●未経験の場合、必要な学習時間は平均で30時間とされる。隙間時間を活用すれば忙しい社会人でも十分に勉強時間を確保できる。
- ●試験は午前と午後でそれぞれ90分ずつ行われている。
- ●午前は小問が50問で各2点、午後は大問3問で各34点。それぞれが100点満点。
- ●午前と午後の両方が60点以上で合格。

---

[178]: 本章で紹介している資格の中で最も費用がかからない部類に属し、試験自体も簡単です。基本情報技術者試験と同レベルとされていますが、はるかにこちらの方が簡単です。知識だけで解け、出題範囲もセキュリティに限定されているためです。
[179]: CBT形式とはPCの画面に表示される選択式の問題を解く形式です。
[180]: かつては筆記試験(選択問題)でしたが、令和2年度からCBT方式で実施されるようになりました。また、身体が不自由でCBT方式で受験できない場合は特別措置として筆記試験を選べます。

LPIC-3 Enterprise Security

LPICとはLinux Professional Instituteという団体によって運営が運営する世界最大のLinux技術者認定試験です。

- LPIC-3 Enterprise Securityのページ

URL https://www.lpi.org/ja/our-certifications/
lpic-3-303-overview/

LPICは国際標準資格であり、Linuxは世界中にシェアを持つため、海外での転職を考えている場合にも強い武器になります。

LPIC-3 Enterprise SecurityはLPICのレベル3の303試験に対応します。暗号学、アクセス制御、アプリケーションのセキュリティ、オペレーションセキュリティ、ネットワークセキュリティ、脅威と脆弱性の評価などに関する問題が出題されます。

ちなみに、LPICと同様の試験にLinuC[181]が存在しています。同じLinuxをテーマにしていることや、試験範囲や難易度が似ていることからよく混同されますがまったくの別物です。LPICは以前から運用されていた世界的に有効な国際資格であり、LinuCは2018年から始まった日本に特化した資格です。

◆ LPICの各レベル

LPICではレベル1からレベル3まで存在します（表4-18）。特に、303試験はセキュリティを考慮したシステム設計スキルとサーバー構築力があることを問われます。

● 表4-18　LPICの各レベル

レベル	説明
LPIC-1（レベル1）	一般的なLinux操作方法とシステム管理についての知識が問われる。101試験と102試験があり、両方に合格するとレベル1に認定される
LPIC-2（レベル2）	さらに応用的な操作方法とサーバー構築についての知識を問われる。201試験と202試験があり、両方に合格するとレベル2に認定される
LPIC-3（レベル3）	3つの専門分野に分かれている。300試験（混在環境）、303試験（セキュリティ）、304試験（仮想化&高可用性）の3種類があり、そのうちの1つに合格するとその分野のエキスパートとして認定される

[181] : https://linuc.org/

◆ 試験の特徴

LPIC-3の303試験は次の特徴を持ちます。

- LPIC-3の303試験を受験するには、LPIC-1とLPIC-2に合格している必要がある。つまり、4つの試験に合格していなければならない。
- LPIC-3の受験料は1万5000円。
- CBT方式。
- 問題は60問。選択式。
- 試験時間は90分。
- 点数は200〜800点であり、合格ラインは500点（約62.5％）。
- 有効期限は5年。
- LPIC-3は難易度が高く、取得するためには最低100時間以上の学習期間が必要とされる。
- 勉強法はいろいろあるが、合格者の多くが資格対策本に加えてPing-t[182]を活用している。
- 問題は知識で解けてしまうので、勉強法は暗記に頼ってしまうが、それでは合格後に忘れてしまう。資格勉強の際に、実際に手を動かしてコマンドを入力したりサーバーを運用したりすることをおすすめする。

🔲 CompTIA認定資格

CompTIA認定資格は、特定のベンダーに依存せずにITスキルを評価するための認定資格です。CompTIA（the Computing Technology Industry Association）は欧米を中心として世界中にあり、2001年4月にCompTIA日本支局が設立されました。

- CompTIA認定資格のページ
  URL https://www.comptia.jp/

たとえば、セキュリティに関するもの、ネットワークに関するもの、インフラに関するものなど、さまざまな分野に対応する資格が用意されています。

---

[182] : https://ping-t.com/

◆ サイバーセキュリティに関するCompTIA認定資格

CompTIA認定資格はさまざまなIT分野でのファーストステップを支援するために開発されています(図4-24)。そして、役割に応じて、コア(CORE)、インフラ(INFRASTRUCTURE)、サイバーセキュリティ(CYBERSECURITY)、プロ(ADDITIONAL PROFESSIONAL)の4つに分類されます。たとえば、CompTIA ITF+(IT Fundamentals)はITスキル全般に関する内容、CompTIA A+はIT運用のスキルを強化する内容、CompTIA Network+はネットワークに関する内容となっています。

● 図4-24　CompTIA認定資格とそのキャリアパス[183]

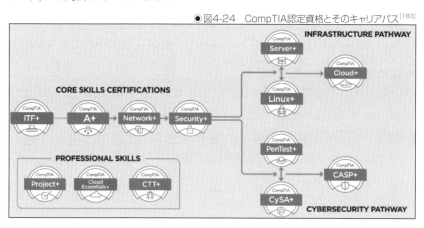

その中でもCompTIA Security+、CompTIA PenTest+、CompTIA CySA+、CompTIA CASP+はサイバーセキュリティに関する資格になります。難易度順に並べると表4-19のようになります(上が簡単、下が難しい)。

● 表4-19　サイバーセキュリティに関する資格

資格	説明
CompTIA Security+	エントリーレベル
CompTIA PenTest+	実際の攻撃手法、ペネトレーションテストに関する試験。レッドチーム向け
CompTIA CySA+	インシデントの検出と対応という防衛に重きを置いた試験。ブルーチーム向け
CompTIA CASP+	組織におけるセキュリティに関する試験。ホワイトチーム向け

本書ではこの中で最初に受けることが多いCompTIA Security+とCompTIA PenTest+を紹介します。

---

[183]：CompTIA日本支部のサイト(https://www.comptia.jp/cert_about/certabout/)から抜粋しました。

　CompTIA認定資格の学習教材としては書籍、eラーニング、模擬試験、ラボなどがあります。独学で学ぶなら書籍が最もポピュラーな選択肢になります。たとえば、CompTIA Security+の書籍として表4-20の選択肢が挙げられます。

●表4-20　CompTIA Security+の書籍

種類	説明
公式書籍	日本語版と英語版がある。日本語版の『The Official CompTIA Security+ Study Guide（試験番号：SY0-601）』は物理本と電子書籍があり、いずれも2万1000円前後する
邦書	翔泳社、TACなどから出版されている。数千円で購入できる
洋書	McGraw-Hill Education、Sybexなどから出版されている。『CompTIA Security+: SY0-601 Certification Guide』（Packt刊）であれば5ドルセール時を狙うのもあり

◆ CompTIA Security+の特徴

　CompTIA認定試験にはセキュリティに関するものがいくつかあると紹介しましたが、その中でCompTIA Security+は最も認知度が高いといえます。試験は次のような特徴を持ちます。

- セキュリティに関するCompTIA認定資格のうち、最も認知度が高い。
- 業務を遂行する上で必須となるエントリーレベルのセキュリティスキルおよび知識を判断する。
- セキュリティに関する知識を広く浅く問われる。
- セキュリティの資格試験の中では初級レベルの試験なので、難易度は低め。ただし、まったくの初心者にはハードルが高いので、基礎固めをしてから挑戦するべき。
- 受験者の経験値に左右される部分もあるが、これまでセキュリティについてほとんど触れていなければIT技術者であっても難しいと感じるかもしれない。逆にいえば、これまでセキュリティ本を数冊読んだことがあったり、セキュリティ系の資格に挑戦したことがあったりすれば、かなり楽といえる。
- 攻撃の手口や原理だけでなく、リスク管理というセキュリティマネジメント系も出題される。つまり、幅広いセキュリティ技術について学習しておく必要がある。
- CompTIA Network+はネットワーク系の初級試験。これよりは難しい。
- 情報処理安全確保支援士試験、CCNA、SSCP[184]よりは簡単。

---

[184]：問題が難しいことに加えて、言語が英語なのでさらに難しくなります。

- CompTIA Security+に合格していれば、CISSPの認定時に1年分の実務経験として充てられる。
- 2011年1月1日より前に取得した場合、生涯認定（GFL:Good-for-Life）として認定資格に有効期限はない。

◆ CompTIA PenTest+の特徴

CompTIA PenTest+はペネトレーションテストに関する試験であり、次のような特徴を持ちます。

- 経済産業省のガイドラインITSS+のセキュリティ領域では、脆弱性・ペネトレーションテストに該当する。
- ペネトレーションテストで用いるツールやコマンドの知識が必要。
- 攻撃に関する問題だけでなく、ペネトレーションテストの計画から報告までの一連の流れが含まれている。
- ペネトレーションテスターを目指す人、OSCP[185]に挑戦する前段階の人、ソフトウェア開発やインフラ業務を担当しているがセキュリティの知識を補強したい人に向いている。
- 公式サイトではPenTest+の取得にあたって、3〜4年間のペネトレーションテスト、脆弱性評価、および脆弱性管理の実務経験を有していることを推奨している。こうした条件を満たしていれば合格の可能性は高いが、満たしていなくても勉強すれば合格圏内に入れる。
- CompTIA PenTest+の難易度はCompTIA Security+とCompTIA CySA+の中間に位置する。
- コアスキルと位置付けているNetwork+、Security+認定で習得したスキルに加えて、侵入テストと脆弱性評価によるオフェンス（攻撃的役割）に重点を置いたスキル習得が必要となる。
- TryHackMeのラーニングパスにCompTIA Pentest+があり、学習の助けになる。

4
ホワイトハッカーになるための教材

---

[185]：OSCP（Offensive Security Certified Professional）はKali Linuxを開発したOffensive Security社が提供するペネトレーションテストの資格です（https://www.offensive-security.com/pwk-oscp/）。現実のペネトレーションテストをシミュレートした実技試験であり、技術寄りかつ実践的な内容になっています。

◆ 試験の概要【両者共通】

試験の概要は次の通りです。

- 受験条件に制限はなく、基本的に誰でも受験できる。
- 日本語で受験できる。
- 受験料は一般価格で4万6000円程度。メンバー価格で4万1000円程度。
- CBT形式。
- 試験時間はCompTIA Security+が90分、CompTIA PenTest+が165分。
- 選択問題（単一または複数の選択肢を選ぶ）とパフォーマンスベーステスト（画面上のシミュレーション環境において設定やトラブルシューティングを実施する）がある（図4-25）。
- 100～900のスコア形式。
- 合格ラインは750。
- 有効期限は3年間[186]。

●図4-25　CompTIAのパフォーマンスベーステスト[187]

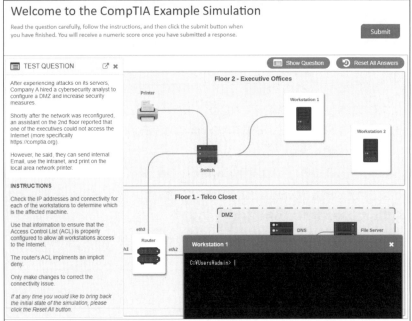

---

[186]：更新手続きをしないと有効期限切れになります。有効期限が切れた認定資格は失効扱いになり、履歴書に記載したり、名刺などにロゴを使用したりできません。

[187]：CompTIA日本支部のサイト（https://www.comptia.jp/cert_about/testing/cat/pbtexam.html）から抜粋しました。

ウェブ・セキュリティ基礎試験

ウェブ・セキュリティ基礎試験はWebアプリケーションのセキュリティに関する試験です。2020年7月に開始されたので比較的新しいといえます。徳丸浩氏の著書『体系的に学ぶ 安全なWebアプリケーションの作り方』(SBクリエイティブ刊)[188]の理解度を問う内容になっています。そのため、徳丸基礎試験という通称になっています。

- PHP技術者認定機構のページ
  - URL https://www.phpexam.jp/tokumarubasic/

「ITSSのキャリアフレームワークと認定試験・資格とのマップ」にソフトウェアディベロップメントの応用ソフトのレベル1として記載されています[189]。

受験に当たっては、主教材である『体系的に学ぶ 安全なWebアプリケーションの作り方』の理解を最優先にします。その上で、IPAやOWSAPなどのドキュメントを調べたり、Webアプリケーションのセキュリティ本を併読したりして知識を補強します。そうすることで、試験対策というだけでなく、スキルアップや今後の仕事にも活用できるはずです。

なお、ウェブ・セキュリティ基礎試験の上位試験に相当する、ウェブ・セキュリティ実務知識試験(通称、徳丸実務試験)があります。2022年4月から実施されています。

◆ 試験の特徴

ウェブ・セキュリティ基礎試験は次の特徴を持ちます。

- 受験料は1万円+税[190]。ただし、学生および教職員は50%OFFで受験できる。
- CBT方式。
- 試験時間は1時間。
- 問題は40問。選択問題(全問4択)。
- 合格ラインは70%。

[188]：https://wasbook.org/
[189]：「ITSSのキャリアフレームワークと認定試験・資格とのマップ Ver11r4」(https://www.ssug.jp/docs/isv/ISVMap_Ver11r4.pdf)
[190]：Webセキュリティに特化した資格は少ないため貴重な存在といえます。あったとしても一般な高額な受験料であり、こちらは良心的です。

🔷 認定ホワイトハッカー

CEH（Certified Ethical Hacker）は米国EC-Council（電子商取引国際コンサルタント評議会）が主催している、ホワイトハッカー向けの国際認定資格です。日本ではGSX（グローバルセキュリティエキスパート株式会社）が代理店を務めています。「Certified Ethical Hacker」を直訳すると認定エシカルハッカーになりますが、日本国内では認定ホワイトハッカーという名称で呼ばれています。

- 米国EC-Councilのページ
  URL https://cert.eccouncil.org/certified-ethical-hacker.html
- GSXのページ
  URL https://www.gsx.co.jp/academy/ceh.html

CEHは攻撃者視点の技術（テクニカル）寄りの資格ですが、OSCPのように実技試験はないので主に知識を問う試験になります。

海外ではCISSPと並んでポピュラーなセキュリティ資格です。米国防総省では情報システムにアクセスするスタッフはCEHの取得が必須条件となっています。米国では平均年収の高いサイバーセキュリティ関連資格のトップ15にランクインされており、市場価値の高い資格とされています。

日本では経済産業省の情報セキュリティサービス審査登録制度や情報セキュリティサービス基準で、脆弱性診断サービスの提供に必要な専門性を満たす資格としてCEHが挙げられています。

◆ 資格の特徴

認定ホワイトハッカーは次の特徴を持ちます。

- 受験資格として、CEHの公式トレーニングを受講することか、2年以上のセキュリティ業務経験があることが要求される。
- EC-Councilにて公式トレーニングありで受験する場合は、2100〜4300ドル程度。完全英語。
- GSXの認定ホワイトハッカー養成講座を受講してCEHに受験する場合は、55万円程度。テキストや試験問題は日本語に翻訳されており、5日間の座学があるので、英語で受験するより多少費用がかかる。
- 問題は全125問の選択問題（4択）。
- 合格ラインは70%以上。

- EC-Councilの認定資格として、他にCND（認定ネットワークディフェンダー）、CASE（認定アプリケーションセキュリティエンジニア）、CHFI（コンピュータハッキングフォレンジック調査員）がある。
- CEHの上位資格であるCEHマスターには実技試験がある。
- 資格を保有した後もセキュリティに関する活動や勉強を続けていることを証明するために、ECEクレジットという仕組みがある[191]。

📗 GIAC認定試験

SANSは情報セキュリティの分野に特化した米国の教育専門機関です。

SANSのトレーニングプログラムとGIAC（Global Information Assurance Certification）認定試験は、Security Essentials、セキュリティ監査、侵入検知、インシデント・ハンドリング、ファイアウォール、フォレンジック、WindowsやLinuxなど、入門レベルから高度な専門性を要求される分野までのすべてをカバーしています。

- SANSのページ

  URL https://www.sans-japan.jp/giac/

GICA試験は国際標準化ISO/IECスタンダードの認証を受けているグローバルで通用する資格であり、米国を中心として国際的に高い評価を得ています。ペネトレーションテスト、フォレンジック、セキュリティ管理・運用、セキュア法制のように専門分野ごとに区分されています。そのため、何のスキルを保持しているのかが明確です。GICA認定試験にはいろいろな種類があります。表4-21はほんの一例にすぎず、執筆時点で49種類ありました。

●表4-21　GICA認定試験の一例

名称	概要
GSEC	情報セキュリティの専門家になるためのスタートライン
GCIH	ハッキングの手口、攻撃ツール、Exploit
GCIA	監視、トラフィック分析、侵入検知
GMON	SOCなどにおける継続的な監視業務
GPEN	ネットワークのペネトレーションテストとエシカル・ハッキング
GWAPT	Webアプリケーションのペネトレーションテストとエシカル・ハッキング
GCFE	Windowsのフォレンジック分析
GCFA	高度なインシデントレスポンスとデジタルフォレンジック、脅威ハンティング[192]
GNFA	高度なネットワークフォレンジック
GREM	マルウェア解析
GAWN	無線に関するペネトレーションテストとエシカル・ハッキング

[191]：情報セキュリティに関する活動を続けていることを証明することでECEクレジットのポイントが増えます。たとえば、JNSAなどの団体活動や勉強会への参加、セキュリティに関する資格の取得、講演、本の執筆などです。EC-Councilのサイトでクレジットの取得を申請できます。
[192]：脅威ハンティング（threat hunting）とは侵入済みのマルウェアやウイルス、あるいは攻撃者を探し出すことです。

◆GSECの特徴

基礎スキルの試験として位置付けられているGSECを紹介します。

- GIACの合格基準は履修したトレーニングコースをいかに理解したかである。つまり、出題範囲は教材の内容だけになる。

- ベンダーの製品名、ツールの具体的な名称、WindowsやLinuxの固有機能などが出てくる。それだけ具体的な問題になっている。

- トレーニングを受けなくてもGIAC試験を受験できるが、トレーニングを受けてから受験する方が多い。

- トレーニングの最終日にはチームに分かれてCTFを争う。優勝チームメンバーはトレーニングに対応するコイン(SANS COIN)を授与される。

- トレーニング費用は税込みで90万円以上になる。トレーニングなしの試験だけでも24万円程度になる[193]。

- CBT形式[194]。ただし、問題によっては選択肢が増減する。

- 試験時間は5時間。15分間の途中休憩あり。途中退出可。

- 問題は180問。英語。

- 合格ラインは74%。

- トレーニングで公式に配布されたテキストのみ持ち込み可。模擬試験そのものやそれに類するものでなければ、紙の資料も持ち込みできる。研修で扱ったコマンドのチートシートが役立つ。

- 無料で模擬試験(Practice Test)を2回受けられる。本番と同じ形式で慣れる意味で受験しておくべき[195]。模擬試験の過去問は試験勉強の最大の武器になる。

- GIAC認定は4年間有効。継続して認定されるには更新手続きが必要[196]。

- 不合格時には30日以上経過後に再受験できる。

---

[193]: 非常に高額であるため、一般には会社の費用で受ける人が大半です。
[194]: 他のGIAC認定試験ではCBTだけでなく、実技テストも実施され始めています。
[195]: わからない問題に出会ったときに適当な答えを選択するのではなく、スキップしてください。無解答でスキップすれば後で回答できますが、一度解答してから次の問題に進むと後で修正できません。加えて、後続の問題に答えのヒントが含まれているケースもあります。
[196]: https://www.sans-japan.jp/giac/renewal/

📘 CISSP

CISSP(Certified Information Systems Security Professional) は (ISC)² [197] が認定している情報セキュリティ専門家の認証資格です。CISO、CSOを目指す人材を対象にしています。

- (ISC)²のCISSPの日本語ページ
  URL https://japan.isc2.org/cissp_about.html

(ISC)²が定めるCISSP CBKの8分野を理解していることを前提に、業務経験や倫理規約への合意をもとに認定しています。

　セキュリティの資格は一般に技術寄りかマネジメント寄りかに分けられます。場合によっては両者を総合的に問う資格もあります。CEHは攻撃者視点のテクニカル寄りの資格でしたが、CISSPはマネジメント寄りの資格です。

　国際標準化ISO/IECスタンダードの認証を受けた資格であり、世界的標準にもなっています。米国の国防総省、NSA(国家安全保障局)でCISSPの取得が義務付けられている他、その他の機関・組織でも取得を促進・義務付けています。

　CISSPは知名度だけでなく、採用時に最も評価されるセキュリティ資格の1つといえます。そのため、採用担当者やCISOの間では人気があります。欧米ではCISOやCSOの85%以上がCISSPを保有しているといわれており、キャリアプランの一部となっています。つまり、CISSPを取得しないと上位のキャリアに進めないわけです。

◆ CISSP CBK

(ISC)²は情報セキュリティをCISSP CBK(Common Body Knowledge: セキュリティ共通知識分野)という概念で分類しています。現在のCISSP CBKは次の8分野で構成されています[198]。

- セキュリティとリスクマネジメント
- 資産のセキュリティ
- セキュリティアーキテクチャとエンジニアリング
- 通信とネットワークのセキュリティ
- アイデンティティおよびアクセス管理
- セキュリティの評価とテスト

[197] : 「アイエスシースクエア」と読みます。
[198] : 分野の数や名前は見直されて、変化しています。

- セキュリティの運用
- ソフトウェア開発セキュリティ

　各分野はそれぞれが独立した知識として提供されておらず、横断的に知識やスキルを組み合わせることで、セキュリティ計画や具体的な対策に役立てられるようになっています。これはCISSPの認定試験でも同様で、複数の分野の知識を活用して課題に対応することが求められます。

◆ CISSPの特徴

　CISSPは次の特徴を持ちます。

- 受験資格がある。CISSP CBK 8ドメインの内2ドメインに関連した5年以上の実務経験があること。ただし、大学卒業学位者、(ISC)²が認める資格保有者[199]は実務経験が1年分免除される。
- CISSPの受験資格を満たせない人向けにSSCPがある。
- 認定された学校において4年間勉強したか、その学校の修士号を保有している場合には必要な実務経験が1年分免除される。
- 受験に際して(ISC)²の倫理規約に同意する必要がある。
- 受験料は699ドル。
- CBT形式。
- 試験時間は6時間。
- 問題は250問。選択問題。
- 1000点満点中700点以上で合格。
- 3年ごとに再認定の手続きが必要。

---

[199]：先に紹介したGIGA認定試験のGSECも対象となっています（https://www.isc2.org/Certifications/CISSP/Prerequisite-Pathway）。

CHAPTER
05

ホワイトハッカーの成長

>> **本章の概要**

　これまでの章を通じて、ホワイトハッカーを目指す上での心構え、学習法や教材について解説してきました。

　後はスキルアップを継続しつつ、ひたすらセキュリティを研究したり成果物を作り上げたりすることに邁進あるのみです。本章ではキャリアパスの一例としてペネトレーションテスターとバグハンターを紹介します。そして、最後には総まとめとして、超初心者から上級者以降に至るまでのスキルアップ法を提案します。

ペネトレーションテスター

🔷 ペネトレーションテストとペネトレーションテスター

ペネトレーションテスト(penetration testing)はネットワークに接続しているコンピュータシステムを攻撃して脆弱性がないかどうかを調べることです。業務ネットワーク、サービス、デジタル機器に対して攻撃者の視点で実際に攻撃し、耐性を調査します。また、標的型攻撃やソーシャルエンジニアリングによって、機密情報がどこまで漏洩してしまうのかを調査します。

ペネトレーションテスター(penetration tester)とは、ペネトレーションテストをする人のことです。たびたびペンテスター(pentester)と略されますので、以後ペンテスターという表現を用います。

ペネトレーションテストを実施する上で依頼者のシステムに対していきなり攻撃するわけではありません。

最初に依頼者とペネトレーションテストのゴールを決定します。これにより、期待したテストを実施せずに報告書を作り上げるという事態を避けられます。ゴールの例としては「特定のダミーファイルを奪うこと[1]」「Webアプリケーションの問題点を発見すること」などが挙げられます。

次にペネトレーションテストにおける攻撃の条件やスコープを決定します。ここでいうスコープとは攻撃の対象や範囲を意味します。IPアドレスだけが教えられ、それ以外については何も教えられない、すなわち完全なブラックボックスという条件下でテストすることもあります。また「営業マンのノートPCが1台盗まれた」というインシデントが発生したという条件を設定することもあります。特定の条件下で、具体的なシナリオを検討して、最初に決めたゴールを達成できるかを調べます。

[1]：本物の機密情報を奪うわけにはいかないので、ダミーファイルを代わりにしています。

　スコープが適切でないと効果的にテストできません。その理由は次の通りです。「ネットワークAを通じてテストする」という依頼があったとします。ネットワークAだけでは攻撃を実現できなくても、ネットワークBを組み合わせることで攻撃を実現できることがあります。よって、スコープの選定は重要であり、明確にしなければならないのです。スコープが広い場合には細分化して、それぞれに対してシナリオを作ってテストします。

　ペネトレーションテストは実際に攻撃をすると述べましたが、本物の攻撃とギャップがあることも事実です。本当の攻撃者は標的の業務に影響が出てしまうことを配慮しません。機密情報を奪うという目的であれば、積極的に破壊活動したりマルウェアに感染させたりします。また、スコープという概念は関係なしに、IoTデバイスや物理的なセキュリティを破ったり、ソーシャルエンジニアリングを駆使して侵入しようと試みたりします。

　一方、ペネトレーションテストでは業務に支障が出ないように配慮しなければなりません。依頼者と話し合い、通常は攻撃のアプローチや範囲を限定します。

　ペンテスターはこうしたギャップが存在することを理解した上で調査を行い、その結果を依頼者に報告し、改善案を提案する必要があります。

📖 ペネトレーションテストと脆弱性診断の違い

　脆弱性診断はツールを用いてシステムの問題点を探すことを目的とします。たとえば、Webアプリケーション、ネットワーク、プラットフォームなどを診断して脆弱性を特定します。

　一方、ペネトレーションテストはシステムだけに留まらず、運用の問題点も特定しようと試みます。発見した脆弱性を突き、実際に侵入して機密情報(テストでは顧客情報に対応するダミーデータ)を奪えるかを調べます。本当に機密情報を奪えてしまうインシデントが現実化してしまえば、企業にとって大問題となります。ペネトレーションテストを通じて、本当のインシデントが起きる前に起こりうる重大な問題を依頼者に提示できれば、それだけ価値あるテストだったといえます。問題点を指摘するだけに終始せず、技術と運用の観点から対応策を提案します。こうした一連の流れはツールだけで実現できず、ペンテスターが持つ攻撃者視点の考え方やスキルによって実現できます。

　ところで、文献によってはペネトレーションテストと脆弱性診断の説明にギャップがあります（表5-01）。読んでいる文献がどちらの定義に基づいているかは文脈から判断してください。

● 表5-01　ギャップの比較

本書	特徴	本書とは解釈が異なる文献
脆弱性診断	実際に侵入を試みてシステムに脆弱性がないかどうかを明らかにする	ペネトレーションテスト
ペネトレーションテスト	実際に攻撃を行い、組織のセキュリティ体制を評価し、改善を提案する	レッドチーム演習

🔖 ペンテスターになるには

　ペンテスターになる方法は1つだけではありません。現在ペンテスターとして活躍している方の多くは、初心者のころからペンテスターを目指していたというより、セキュリティを学ぶ過程でペンテスターに興味を持ったり、セキュリティ会社に就職してからペンテスターの業務をこなしたりするというケースが多いでしょう。しかし、これからは少し状況が変わるかもしれません。現役ペンテスターたちがペネトレーションテストの魅力を公開しており、それを読んだ初心者がペンテスターになりたいと願うケースが増えてくるはずです。

　ここでは初心者にとってのペンテスターを目指す上で参考になる指針をいくつか紹介します。

　ペンテスターに限った話ではありませんが、セキュリティを業務としてするのであれば幅広いPCスキル、そして自分が選んだ分野については他人には負けないぐらい深い知識と経験を身に付ける必要があります。ベースとなるスキルについては、ホワイトハッカーの必須スキルと重複します。以後、ペンテスターに特化した内容について注目します。

　ペンテスターになるための技術を身に付けるのは独学でも可能ですが、フリーランスが業務としてペネトレーションテストするケースは一般に難しいとされています。なぜならば、依頼者のシステムに攻撃するため、守秘義務や信頼性が重視されるためです。

ペンテスターの精神を養うには

ペンテスターに必要なマインドを次に列挙します。

◆ 攻撃者視点を持つ

日ごろから攻撃者の視点で物事を見る癖を付けます。そうすることで業務においても脆弱性になりそうな箇所を見出せます。

◆ チャレンジにやりがいを感じる

ペンテスターの業務内容は秘匿性が高く、ほとんどの場合は他者と共有できません。そのため、業務そのものに充実を感じ、常に挑戦し続ける姿勢が重要です。

◆ 未知のシステムでも脆弱性を発見する力を養う

ペネトレーションテストはマニュアル通りにやるものではありません。標的ごとに攻撃シナリオが異なります。初めて見るような状況でも、そこから突き進んで脆弱性を見つけようとする力が必要です。そのためには経験を積みながら、日々勉強・研究しなければなりません。

◆ ペンテスターとしての倫理観を持つ

機密情報というセンシティブな内容を扱うため、ペンテスターは利用したすべての欠陥を注意深く文書化して公開することで、セキュリティ専門家としての信頼性を獲得しなければなりません。

実のところペンテスターが扱うツールやテクニックの一部は悪用されていると報告されています[2]。ペンテスターはペネトレーションテストの成果物としてテストの報告書を依頼者に納品します。そのレポートにはOSに組み込まれた保護機能やウイルス対策ソフトのバイパス手法が含まれていることがあります。担当のペンテスター（あるいは雇っているセキュリティ会社）がインターネットで積極的に情報[3]を公開した結果、悪意のある攻撃者が新しいバイパス手法を学ぶきっかけになり、バイパス機能を持つ攻撃ツールを開発していると指摘しています。ペンテスターによって公開された情報のインパクトがどの程度大きいのかを示す例として、Twitterで「AV[4]」と「bypass」を検索すると、約80%はペンテスターが公開した記事であったという報告もあります。

---

[2]：「ペネトレーションテスターは信頼できるのか」(https://techtarget.itmedia.co.jp/tt/news/1910/16/news01.html)

[3]：依頼者を特定できる企業名まで公開するのは問題外ですが、ここで問題としているのはペネトレーションテストにおいて成功した攻撃法が公開されることです。公開される技術情報はセキュリティエンジニアにとって有益であると同時に、攻撃者たちに悪用される可能性もあるわけです。

[4]：「antivirus」の略称であり、ウイルス対策ソフトのことを指します。

🔷 ペンテスターのためのスキルを習得する

ペンテスターに必要なスキルを次に列挙します。

◆ セキュリティ製品のバイパス手法に精通する

ペネトレーションテストにおける攻撃対象はサーバーだけでなく社員のクライアントPCも含まれます。特にクライアントPCがWindowsであれば、MicrosoftのアンチウイルスソフトであるWindows Defenderが動作しています。このWindows Defenderのセキュリティ機能を回避して、攻撃プログラムを実行させるというシーンがあります。よって、テンペスターは、アンチウイルスソフトやファイアウォールなどのセキュリティ製品のバイパス手法に精通する必要があるのです。

◆ 自作ツールを開発する

バイパス手法を実装した自作ツールを使うペンテスターがいます。公開するとアンチウイルスソフトに将来的に検知される恐れがあるため、外部には非公開にしておき、自分が関わるペネトレーションテストだけに用いるケースもあります。

◆ 実践的なリバースエンジニアリング力

怪しいプロセスを発見した場合、その実行ファイルを解析します。社員が無断でインストールした自作プログラムかもしれません。もしハードコード[5]されている認証情報を見つけられれば、侵入に活用できます。

◆ システムに対する深い知識

攻撃コードはインターネットで入手できますが、それをそのまま実行してしまうと標的のシステム全体に想定外の悪影響を及ぼす可能性があります。こうした問題を防ぐためには、ペネトレーションテストの実施前に攻撃のアプローチや範囲、そしてシナリオを定めますが、そのためには標的システムの仕様に対して深い知識がなければなりません。

◆ 防衛のための知識

ペネトレーションテストは攻撃メインのように思われるかもしれませんが、防衛するための知識も要します。たとえば、脆弱性を防ぐ技術的な方法、インシデント発生時の対処法などが該当します。

[5]：データをソースコードに直接埋め込むことです。

◆ 経験や知識を共有するチーム力

ペンテスターのチーム内において、各人それぞれ役割があります。Windows
に詳しい人、ネットワークに強い人、ソーシャルエンジニアリングに強い人、IoT
セキュリティに強い人など、得意分野は異なります。各人の得意分野を活かして
得られた情報を共有して、最終目標であるゴールの達成を目指します。

◆ レポートを作り上げる能力

ペネトレーションテストの結果を顧客に伝えるためにレポートを作らなけれ
ばなりません。次に紹介するコミュニケーションスキルと併用して、顧客に対
してテストの結果を報告します。

◆ 説明力とコミュニケーションスキル

顧客に対して経営者目線でのリスクを説明できるスキルが必要です。顧客
と一緒に対応策を決めていくプロセスが重要であり、コミュニケーションスキ
ルが役立ちます。

COLUMN
ペンテスターになるための学習アプローチのヒント

「penetration testing」を検索すると、多くの洋書がヒットします。し
かし、ヒットしたすべての本がペネトレーションテストに特化した内容とは
限りません。ペネトレーションテストについて数ページだけ触れていたり、
名ばかりで内容は攻撃手法ばかり書いてあったりする本も少なくありま
せん。もし購入を検討するのであれば、目次をしっかりチェックしてくだ
さい。ペンテスターの心得、レポートの書き方、ペンテスターのキャリア
パス、ペネトレーションテストの環境構築などの内容が含まれていれば、
ペネトレーションテストの学習に活用できることを期待できます。

こうした問題を避けるもう1つの方法は、インターネット上で情報を公
開しているペンテスターたちのWebサイトを参考にすることです。ペネト
レーションテストの書籍だけでなく、動画や技術記事なども紹介していま
す。特に技術記事は最新のペネトレーションテスト技法を学ぶのにもって
こいといえます。

バグハンター

🔹 バグハンターとは

　公開されているプログラムのバグや脆弱性を発見・報告する行為をバグバウンティー（bug bounty）といいます。そして、それを行う者をバグバウンティーハンター（bug bounty hunter）、あるいはバグハンター（bug hunter）といいます。

　本来のバグハンターの定義では知的好奇心で脆弱性を発見する人たちを含みますが、現在では脆弱性を発見・報告することで報奨金を得る人のことを指す場面が多くなっています。本書では以後、後者の意味で使うことにします。

🔹 バグハンターの特徴

　バグハンターのメリットとデメリットは次の通りです。

- メリット
  - 脆弱性の発見に対して報奨金をもらえる。脆弱性を見つけることが純粋に楽しい人であっても、報奨金は魅力的でありモチベーションの向上につながる。
  - 指定のルール下であれば、法に触れる恐れがない。セキュリティ会社に勤めていなくても、思う存分ハッキングの腕を試せる。
  - 自分のペースでやれる。場所を問わない。つまり、副業にぴったりといえる。
- デメリット
  - 多くの時間を脆弱性の発見に費やすことになる。脆弱性を見つけられなければ金銭的な見返りはない。

　圧倒的にメリットが大きいので、バグハンターは年々世界中で増えています。その大きな理由は、多額の報奨金が得られるからです。報奨金の金額は脆弱性の深刻度や重要度に依存します。重大な脆弱性を発見できれば、100万円以上の報奨金を得られるチャンスがあります。1つでも脆弱性が見つかれば、芋づる式に見つけられたり、同様のアプローチで横展開して荒稼ぎできる可能性を秘めています。その他の理由には、自分のスキルを試したり磨いたりでき、セキュリティエンジニアとしての実績を積めることが挙げられます。

🔖 脆弱性報奨金制度

バグバウンティーの考え方は古くからありました。当時は脆弱性を発見したバグハンターが企業と直接交渉していましたが、交渉が決裂するというケースも少なからずありました。バグハンターは企業に対して脆弱性を教えたにもかかわらず、企業側から強硬な態度を返されたり、金をゆすり取る者のように扱われたりするケースがあったのです。そうした対応にバグハンターは愛想が尽き、脆弱性や攻撃法を公開するという反撃に出ます。結果的に企業の評判が下がったり訴訟沙汰になったりしかねません。

バグハンターと企業の間で交渉が決裂すると、双方とも損してしまう結果になります。こうした問題を解決する手段として生まれたのが脆弱性報奨金制度です。

脆弱性報奨金制度(バグバウンティー制度、バグバウンティープログラム)とは企業が脆弱性に関する報告をバグハンターから受け、その対価として報奨金を支払う制度です。脆弱性報奨金制度では企業による「バグを見つけてほしい」という意思が明確であり、バグバウンティーのルールや報酬金額は提示されます。

脆弱性報奨金制度の歴史はそれほど古くなく、1983年にリアルタイムOS(RTOS)であるVRTX(Versatile Real-Time Executive)のバグバウンティーから始まったといわれています。脆弱性を発見すると、「バグ」の通称で知られているフォルクスワーゲン・タイプ1(ビートル)が贈呈されました。

1985年にNetscape社はNetscape Navigator 2.0のバグバウンティーを行いました。脆弱性の発見に対して、最初はノベルティグッズを贈呈していましたが、その後は高額な賞金が贈られるようになりました。

現在では、企業側が独自に脆弱性報奨金制度を設けている場合と、バグバウンティープラットフォームを通じて脆弱性報奨金制度を提供している場合に分けられます。前者の例としては表5-02が挙げられます。

●表5-02　企業独自の脆弱性報奨金制度

企業独自の脆弱性報奨金制度	説明
Google Security Reward Programs	Googleとその傘下サービス（YouTubeなど）、Google製品が対象。Chrome Reward Programの場合、1件のバグに対して500ドル〜3万ドルの報奨金。特に優れた報告については最高金額以上の報酬が支払われることもある。脆弱性の重要度だけでなく、ユニークさも評価されることがある https://www.google.com/about/appsecurity/programs-home/
Microsoft Bug Bounty Program	最新のWindowsが登場するとその脆弱性を発見した人に報奨金を支払うWindows Bounty Programもある[6] https://www.microsoft.com/en-us/msrc/bounty?rtc=2
Facebook Bug Bounty	Facebookとその傘下であるInstagramが対象。本社のサービスだけでなく、サードパーティー製アプリケーションのバグ報告も報奨金の対象としている[7] hhttps://www.facebook.com/whitehat/
Apple Security Bounty	報奨金の最高額は150万ドル（1.6億円） https://developer.apple.com/security-bounty/
サイボウズ脆弱性報奨金制度	報奨金は1件当たり上限100万円。報奨金制度の実施期間が区切られている[8] https://cybozu.co.jp/products/bug-bounty/

🗂 バグバウンティープラットフォーム

　バグバウンティープラットフォームとは「脆弱性を発見しようとするバグハンター」と「脆弱性を見つけてほしい企業」を結び付けてくれるプラットフォームです。

　これはバグハンターと企業の双方にとってメリットがあります。バグハンターにとってはルールを守る限り、安心して脆弱性を探せ出せます。また、脆弱性の報告については一定のフォーマットに則ればよく、報奨金の交渉は不要です。つまり、バグハンターは脆弱性を発見することに専念でき、脆弱性を継続的に見つければ安定的かつ定期的な報酬を期待できます。一方、企業にとっては自社の脆弱性報奨金プログラムの専用ページを宣伝することなく、バグバウンティープラットフォームのユーザーである、全世界のバグハンターたちによる脆弱性の調査を期待できます。またプラットフォームのシステムを利用して、安全かつ簡単に報奨金を与えられます。

　ここでは代表的なバグバウンティープラットフォームを紹介します（表5-03）。

[6]：「Windowsに関する報奨金プログラムの発表」（https://blogs.technet.microsoft.com/jpsecurity/2017/08/07/announcing-the-windows-bounty-program/）

[7]：「Introducing Rewards for Reports About Access Token Exposure」（https://www.facebook.com/notes/428607244790513/）

[8]：脆弱性の情報は期間に関係なく随時受け付けています。

● 表5-03　代表的なバグバウンティープラットフォーム

プラットフォーム	説明
HackerOne	2012年に設立。現在では世界最大級のバグバウンティープラットフォームになった https://www.hackerone.com/
Bugcrowd	2011年に設立。クラウドソーシングによるセキュリティプラットフォームを提供する。2019年にはインターネット上で最大のバグバウンティープラットフォーム、脆弱性開示会社の1つになった https://www.bugcrowd.com/
YesWeHack Bounty Factory	ヨーロッパのバグバウンティープラットフォームであるため、ヨーロッパの法律を遵守している https://www.yeswehack.com/
BugBounty JP	日本初のバグバウンティープラットフォーム。2015年に立ち上げられた。株式会社スプラウト[9]によって運営されている https://bugbounty.jp/

◆ HackerOne

　ここではインターネット上で最大のバグバウンティープラットフォームの1つである、HackerOneについて紹介します。

　HackerOneは、アメリカ国防総省、Twitter、PayPal、Dropbox、Alibaba、Intel、Spotify、任天堂、トヨタ、そしてその他の大手企業をクライアントとしています。HackerOneに登録したユーザーは誰でもそれら企業の脆弱性報奨金制度に参加できます。これまでHackerOneを通じて10万件以上の脆弱性が報告され、2019年だけで約44億円（4000万ドル）、累計で約90億円（8200万ドル）の報奨金が支払われています。

　報奨金の額は、脆弱性の重大性によって異なります。たとえば、XSSが500ドル、アカウントの乗っ取りが1万ドル、SQLインジェクションが2万ドル、RCE（リモートからコードを実行する攻撃）が3万ドルと設定されています。

　表5-04に示すのはHackerOneを通じて募集している脆弱性報奨金制度です。

●表5-04　HackerOneを通じて募集している脆弱性報奨金制度

脆弱性報奨金制度	説明
LINE Security Bug Bounty Program	LINEアプリケーションやWebサイトが対象。LINEは脆弱性報奨金制度を設けていたが、2019年10月からHackerOneに移行した[10] https://bugbounty.linecorp.com/ja/
任天堂	任天堂の製品に関する脆弱性を募集している。報奨金は100〜2万ドルを支払うとしているが、報奨金の計算方法は開示されていない。これまでに支払った報奨金の総額は公開されていない(総額が2万ドルを超えていることはProgram Statisticsからわかる) https://hackerone.com/nintendo/
PayPal	PayPalのサイトあるいは製品に関する脆弱性を募集している https://hackerone.com/paypal/
Kaspersky Bug Bounty Program	カスペルスキーの製品に関する脆弱性を募集している https://hackerone.com/kaspersky/

バグバウンティーとペネトレーションテストの違い

バグバウンティーとペネトレーションテストについて脆弱性を発見するという目的は共通していますが、次のような相違点があります。

◆ バグバウンティーの特徴

バグバウンティーの特徴は次の通りです。

- 継続的に実施することもあれば、一定期間だけ実施することもできる。継続的な実施であれば、バグハンターはいつでも脆弱性を探し出せる。つまり、時間をかけられるので、ペネトレーションテストより多くの脆弱性が見つけられる可能性が高い。
- バグハンターは脆弱性を見つけることに専念できる。
- 発見した脆弱性とその悪用についてレポートを提出し、有効と認められれば報奨金が支払われる。つまり、脆弱性が発見できなければタダ働きになり、逆に発見し続ける限り収入が増えていく。
- 全世界のバグハンターによって診断されるので、たくさんの脆弱性が見つかる可能性がある。つまり、システムをより改善化しやすい。
- 企業は脆弱性の発見に対して報奨金を支払う。中小企業でも予算に合わせた報奨金を設定できる。ただし、積極的な脆弱性発見を期待するのであれば、相応の価格設定が必要になる。逆にバグハンターのモチベーションを高めるような報奨金でなければ、十分に診断されない恐れがある。報告が少なければ、診断数が少なくて脆弱性が見つかっていないのか、セキュリティが強固で脆弱性が少ないのかを判断できない。

 [10]：独自の脆弱性報奨金制度をHackerOneに移行した企業は他にもあります。

◆ ペネトレーションテストの特徴

ペネトレーションテストの特徴は次の通りです。

- 依頼主の要求に応じて実施する期間は変わるが、一般にテスト期間を定める ケースが多い。新しいシステムを本格稼働させる直前や、毎年決められた月 などのタイミングで実施することもある。
- ペネトレーションテストの案件を契約する時点で、顧客からセキュリティ会社 に支払われる報酬は決まる。
- ペンテスターはセキュリティ会社に雇われており、セキュリティ会社から給与 や賞与を授与される。当然ながら、セキュリティ会社にも取り分があり、その 分ペンテスターの取り分は減る。
- ペネトレーションテストでは脆弱性が発見できなかったという事実も成果物に なる。
- 脆弱性が見つかった場合、依頼主とともに脆弱性の改善案を検討する必要が ある。
- ペネトレーションテストの成果については、テストを実施するペンテスターの スキルに依存する。
- PCI DSS[11]、SOC[12]、ISO 27001[13]などのセキュリティ基準・規格を 満たすことをチェックするために実施される。基準・規格を満たすためには、 脆弱性が発見されなくてもよく、指定のテストを網羅できればよい。
- ペネトレーションテストの費用はシステムの規模や実施期間・範囲によって異 なる。複雑かつ大規模になれば、費用は高額になる。
- 「システムの内部がリークした状態」「業務用のノートPCが盗まれた」「社内に 物理的に侵入された」「社員にソーシャルエンジニアリングできる」などの多様 な攻撃についてテストできる。
- 負荷の大きい脆弱性スキャンを実施できる。

以上のように、バグバウンティーとペネトレーションテストには違いがたくさ んあります。どちらがよい悪いというものではなく、状況に応じて使い分ける ものです。予算が許せば、両方を実施するのが理想的といえます。

---

[11]：クレジットカード情報の安全な取り扱いを目的に策定された、クレジットカード業界における国際セキュリティ基準です。
[12]：SOC（Service and Organization Controls）はITサービス企業における内部統制の監査です。報告書の公開 の範囲はSOCの種類によって異なります。SOC2はユーザー企業に、SOC3は外部に広く公開されます。
[13]：情報セキュリティマネジメントシステム（ISMS）に関する国際規格です。

🔹 バグハンターになるには

バグハンターには特別な資格は必要ありません。場所・年齢・学歴なども関係ありません。中高校生が趣味としてバグハンターとして活動してもよいのです。極端な例に聞こえるかもしれませんが、実際に若年層のバグハンターは存在します[14]。未成年でも多額な金額を得られるチャンスがあり、実績を残せばセキュリティエンジニアとして活動する際に有利に働くことは間違いありません。

◆ バグハンターへのキャリアパス

最初から大きなバグを狙う必要はありません。現役で活躍しているバグハンターの多くは最初から多額な報奨金を得たわけではありません。最初は少額の報奨金を手にして、そこからバグハンターへの道に進むきっかけになったというケースがたくさんあるので、安心してください。

バグハンターを目指す上で、まずはハッキングの基本となる技術力を身に付けます。そして、CTFやハッキング体験学習システムを通じて、ハッキングの応用テクニックを習得します。ある程度経験を積んでからバグバウンティーに挑戦した方がうまくいくでしょう。

なぜバグバウンティーよりCTFを先にやるのかというと、この2つには次に示す大きな違いがあるためです。CTFでは問題と解答という形式であるため、必ず解答が存在します。一方、バグバウンティーでは必ず解答（ここでは脆弱性）があるとは限りませんし、残っている脆弱性は早い者勝ちです。

バグハンターとしての活動をし始めたら、第一歩としてやるべきことはバグバウンティープラットフォームのWebサイトを熟読することです。企業とバグハンター間での脆弱性についてのやり取りが載っています。バグの見つけ方、具体的な脆弱性攻撃手法、バグ報告の仕方などを学べます。

日常では自分が使っているソフトウェアやシステムについて興味を持ちましょう。怪しい挙動を観測したら、調査する癖を身に付けてください。意外な場所に脆弱性が残っているものなのです。

[14]：「The 2020 Hacker Report」（https://www.hackerone.com/resources/reporting/the-2020-hacker-report/）によれば、13歳〜17歳のバグハンターは4％を占めています。

📖 バグハンターのためのヒント

バグハンターとして活動する上でのヒントを紹介します。

◆ ルールを守る

バグバウンティー制度を利用した調査は、指定のルールを守らなければなりません。ルールには、どういった攻撃が報奨金の対象になるのか、脆弱性の報告手順などが定められています。

ルールから逸脱するとクラッキング行為になりかねません。脆弱性を発見した後に機密情報を盗むなど、行きすぎた調査をしてしまうと、報奨金が支払われないことがあります。

発見した脆弱性を悪用したり、報告前に広く公開したりしてはいけません。そして、すでに報告された脆弱性、企業が要求していない脆弱性を報告してはいけません。ルールに沿って報告しなければならないのです。

なお、脆弱性の発見・報告に関する一般的なルールについては、IPAの「情報セキュリティ早期警戒パートナーシップガイドライン[15]」が参考になります。

◆ バグバウンティーについての取り組み方

脆弱性を見つけるには時間と労力が必要です。初めから大きな目標に挑戦する前に、小さなバグを見つけることから始めてみましょう。

発見したすべての脆弱性が報奨金の対象になるとは限りません。また、バグハンターが重大な脆弱性だと思っても、企業がそう思うとは限りません。企業が提示するルールから逸脱していると判断されてしまうと、重大な脆弱性であっても報奨金として一銭も支払わないと判定されることもあります。特に、サードパーティーのソフトウェアベンダーの問題である場合は、支払い対象外とされることもあります。

もしバグバウンティーの対象でないシステムの脆弱性を見つけたら、IPAに脆弱性を届け出ます[16]。認定されれば脆弱性番号（CVE番号、JVN番号）が割り振られ、その脆弱性が修正されると発見者名とともに公表されます。報奨金はありませんが、業績として残ります。

---

[15]：https://www.ipa.go.jp/security/ciadr/partnership_guide.html
[16]：「脆弱性関連情報の届出受付」（https://www.ipa.go.jp/security/vuln/report/）

◆ チームという選択肢

　バグハンターとしての活動は1人でもできますが、仲間がいれば活動における モチベーションを維持しやすくなります。また、技術力の向上の面でも、 仲間の存在が役立つことがあります。チームを組めば、分担することで脆弱 性を発見できる可能性が高くなります。

◆ レポートは詳細に書く

　脆弱性のレポートを提出する際には詳細に書きます。たとえば「脆弱性を再 現する方法」「使用したマシン環境[17]」「脆弱性に関する説明」「脆弱性による 影響度」「どのように悪用されうるか」「修正するための方法」などです。

　レポートが完成してもすぐに送るのではなく、内容を読んで誤字脱字を チェックし、脆弱性を再現できるかも再度確認してください。

◆ 侮蔑する行動を取らない

　企業側から思ったような返答でなかったり、想像より報奨金が低かったりし ても、侮蔑するような態度を取ってはいけません。バグバウンティープラット フォームを通じて、企業とあなたはサービスやアプリケーションの改善を目指 すことになります。企業にはあなた以外からもたくさんのレポートが届いてお り、その精査に追われています。脆弱性の検証には時間がかかり、バグの修 正にはより時間がかかります。バグは修正して終わりというものではなく、デ グレーション[18]が起きないことを検証しなければなりません。

　Twitterで不満をツイートするようなことは絶対に避けるべきです。セキュ リティ界は想像以上に狭く、わざわざ敵を作る必要性はありません。

◆ バグを見つける嗅覚を養う

　バグの潜みやすい箇所を見抜く力があると、脆弱性を発見しやすくなりま す。たとえば、認証系、未開拓の領域、典型的なバグ、暗号系、難読化、入力 制限が強いユーザーインターフェイスなどにはバグが潜みやすい傾向があり ます。

◆ スキルアップを継続する

　Webサービスとしてよく使われる言語やプラットフォームの知識を身に付 けると脆弱性を発見しやすくなります。

---

[17]：ブラウザ、OS、アプリケーションの名称とバージョンなどです。
[18]：デグレーションとは品質が落ちることです。IT業界ではプログラムの修正やインフラの設定変更によって、それまで 正常だった機能に問題が生じることを指します。デグレとも略されます。

　他のバグハンターがどうやって脆弱性を発見しているのかを学ぶために、プラットフォーム外のバグバウンティーのwriteupを読みます。リスト化されているWebサイトが便利でしょう[19]。

　バグハンターはホワイトハッカーという目標における通過点にすぎません。バグバウンティーに関する直接的なスキルだけでなく、幅広いスキルを磨いてください。慢心せず常に学び続けるのです。

◆ ツールとの向き合い方

　バグバウンティーで使用されているほとんどのツールはオープンソースですが、いずれも非常に強力な武器になります。Webアプリケーションのバグを発見するのであれば、Burp Suite[20]やOWASP ZAP[21]といったローカルProxyツール、OWASP Amass[22]といった情報列挙ツールなどがその代表です。

　バグを発見するために脆弱性スキャナーを使えば効率的かもしれませんが、サーバーに負荷がかかるため使用が禁止されていることがあります。つまり、さまざまな攻撃法の知識と、地道に攻撃する忍耐力を要します。

　既存のツールは大変有用ですが、ツールの専門家になる必要性はありません。どのようなバグを狙うかにもよりますが、同等の機能を持つのであれば愛用のツールが1つあればよいのです。

　大きな成功を収めているバグハンターの多くは独自のツールを持っているものです。独自のツールを自作するにあたり、コンピュータサイエンスやアルゴリズムに精通している必要はありません。自分だけが使うのであれば、高速性、例外処理、UIなどにこだわらなくてもよいためです。そういった意味では高度なソフトウェア開発のスキルは必要なく、実行したい攻撃を実現する機能を実装できるスキルさえあればよいといえます。

　とはいえ、ソフトウェア開発の経験が役に立たないというわけではまったくありません。バグハンターになるためにはソフトウェア開発者の経験は必ずしも必要ではありませんが、アプリケーションの脆弱性を見つけたり、開発者が犯しがちな設計・実装上のミスを理解したりするのに役に立ちます。

[19] : https://pentester.land/list-of-bug-bounty-writeups.html
[20] : https://portswigger.net/burp
[21] : https://www.zaproxy.org/
[22] : https://github.com/OWASP/Amass

SECTION-34

レベル別のスキルアップ法

超初級者から上級者への道

最後の締めくくりとして、コンピュータスキルのレベル別のスキルアップ法を紹介します。ただし、ここで紹介する方法は1つの提案にすぎません。もっと有効なアプローチがあればそちらを優先してください。

超初心者のスキルアップ法

超初心者の一番の目標はコンピュータに慣れて、日常的にPCを操作できることです。たとえば、表5-05の基本スキルが該当します。これら基本スキルは今後コンピュータを扱うために必須となるスキルばかりです。

●表5-05　基本スキル

スキル	説明
自由にインストールできる	ソフトウェアのインストール法の見極め（インストーラ型なのかファイル展開型なのか）、アンインストールなど
基本的なソフトウェアの知識	テキストエディタ、圧縮・解凍ソフトなど
基本的なOSの操作	OSの基本設定、ショートカット、ディレクトリ構造、ファイルの概念（拡張子、バイナリデータとテキストデータ）、デバイスマネージャなど
ネットワークの基礎知識	インターネットの開通手続き、家庭内LANの構築、無線LANネットワークの接続、ルータの設置など
インターネットの基本操作	ブラウザの存在を意識しているか、ブラウザでの基本的な操作（Webページのソースの表示など）や設定（Cookieやキャッシュのクリアなど）、Webページの構造、URLやドメインの基礎知識など
ハードウェアの基礎知識	外部周辺機器の取り付け、コンピュータの構成（制御装置・演算装置、記憶装置、入力装置、出力装置）、各種インターフェイスやケーブルなど
セキュリティの基礎知識	怪しいメールやURLの見極め、ウイルススキャン、OSやアプリケーションのアップデートなど

以上のスキルを備えていれば、超初心者のレベルは卒業といえます。スキルを満たしていないとしても、落胆しないでください。次に示す具体的な方法を実践すれば、1カ月程度で基本スキルを身に付けられます。長くても数カ月あれば十分でしょう。

超初心者レベルでは習得すべきことがありすぎて、何から手を付けてよいかわからないかもしれません。実践力より知識を身に付け、PCの基本操作に対して抵抗をなくすことを目標とします。そのために、とてもシンプルなスキルアップ法を紹介します。

5

ホワイトハッカーの成長

　PC雑誌を20冊ほど読み漁るという方法です。Windows・Mac・Linuxの雑誌、スマホ・ガジェット系の雑誌、WordやExcelの雑誌など、何でもかまいません。こんな方法で本当に効果があるのか疑問を持つかもしれませんが、だまされたと思って実践してみてください。PC雑誌は書店で購入してもよいですし、図書館で読んだり借りたりしてもよいでしょう。「知人にいらないPC雑誌をもらう」「フリマアプリケーションや古本屋でまとめ買いする」という方法もあります。

　雑誌内の記事はページ数が限られているため、コンパクトな説明になっています。操作手順はフルカラーの画像で載っており、一目でわかるように工夫されています。毎号最新技術が載っており、読み進めることで自ずと知識を吸収できます。1冊を読破するのにも時間がかかりません。特に初心者のころは読破数が増えると自信になります。

　読書スタイルですが、熟読の必要はありません。細かいところや有名人のコラムを流し読みすれば、2週間もあれば20冊程度を読破できるはずです。これを1カ月間ほど継続すると、そのころには周囲の雑誌を読み尽くした状況になるはずです。そして、最新技術や新商品以外の内容がループしていることに気付きます。4月号は○○特集、5月号は△△特集、…。そして次の年の4月号はまた○○特集となっているのです。これに気付いた時点で、雑誌の読み漁りを卒業する時期になったと判断できます。ある程度の基本スキルを習得できていることでしょう。

　雑誌の読み漁りの後で基本スキルの内容にまだ不安があれば、集中的に初心者向けの書籍を読んでください。スキルアップの観点からいえば、苦手分野より得意分野を伸ばす方が有利ですが、超初心者レベルではむしろ苦手分野を現時点で克服しておかないと致命的になりかねません。小学校の算数がわからないのに、中学校以降の数学を焦ってやっても意味がないようなものです。基本スキルの習得時間を加味しても、数カ月あれば超初心者を脱せられるはずです。

🔲 初心者のスキルアップ法

　初心者レベルのスキルがあれば、仕事だけでなく、プライベートでもコンピュータ技術の恩恵を十分に享受できるはずです。

　初心者で習得しておくべきスキルはいろいろあり列挙しにくいですが、ざっくりというと初心者の卒業にはIPAの基本情報技術者試験の合格レベルでは物足りず、応用情報技術者試験[23]の合格レベルの内容となります。

　初級者の卒業までの期間の目安は1〜3年です。コンピュータに情熱を費やせて、どんどん知識を吸収する意欲があれば、1年ぐらいでも到達できるはずです。初級者の卒業は少しの努力で誰でも到達できるはずですので、臆する必要はありません。

　主に書籍や動画コンテンツを参考にして、独学でスキルアップします。初心者向けの本を読み漁り、たまには背伸びをして中級者向けの本を読んでください。そして、日々ネットではIT技術の情報収集に努めるのです。特に、プログラミング、ネットワーク、OSに重点を置いてください。

　プログラミングのスキルアップについては、初学者向けの文法書を読み、実際にサンプルプログラムを作ってみます。代表的なアルゴリズムについては一度、自分の頭でトレースしておき、何も見ずに説明できるレベルにまで理解しておきます。Google検索で見つけたコードをコピーするのでなく、自力でロジックを考える力、そしてそのロジックをプログラムで実現するための力を身に付けなければなりません。自分の作りたいソフトウェアがあれば一番よいのですが、そういったものがなければ有用そうなものを作ることを目標にするのでもよいでしょう。たとえば、Webサービス、ネットワークツール、スマホアプリケーション、3Dアプリケーションなど、何でもかまいません。少しでも興味を持てるものを選んでください。

　ネットワークのスキルアップには、パケットキャプチャーを使ってネットワークに流れているパケットを観察することが有効です。ネットワーク関連本やRFCを活用して1つずつ解析することで、各種ネットワークプロトコルの知識を学べます。その後、トラフィック全体を見る力を養ったり、ネットワークプログラムを自作したりします。

　その他のスキルアップについては、第3章のスキルアップ法、第4章の学習教材を参考にしてください。

---

[23]：応用情報技術者試験の難易度を知りたければ、シラバスを確認してください（https://www.jitec.ipa.go.jp/）。

　力試しに基本情報技術者試験や応用情報技術者試験などの資格に挑戦するのもよいでしょう。資格取得の勉強を通じて、体系的に幅広い内容を学べますし、知識の整理にも役立ちます。合格できなければ、何か苦手分野があることを意味します。正直なところ、これらの資格の有無に関係なく、IT業界に勤めている人はたくさんいます。すでにIT業界で働いている人ならわざわざ資格を取ろうとする必要性はないかもしれませんが、まだ若くこれから就職するのであれば取得しても無駄にはならないはずです。

📗 中級者のスキルアップ法

　中級者に達した方は自分の苦手分野・得意分野が把握しているはずです。どちらを重点的に学習するかは自由ですが、中級者レベル以降では基本的に得意分野を伸ばした方が効果的です。得意分野を伸ばすと自信につながります。同時に周辺知識を習得でき、結果的に苦手分野の補完につながることも少なくありません。

　また、学習すべき方向性も定まっているはずです。たとえばネットワークをスキルアップしたければ、大型書店に行きネットワークの本を軽く立ち読みして、相性のよさそうな本をピックアップしてください。強化したい分野があれば、関連用語をタイトルやサブタイトルに含んだ本を選びます。初心者向けや中級者向けの枠にとらわれずに手に取ります。現状のスキルでは高度すぎると感じる本であっても、得られるものがあるはずです。乗り越えようとする強い意志を鍛え、実際に乗り越える力を身に付けるべきなのです。つまり、中級者以降のスキルアップでは、コンピュータに対する情熱、適正、素質が大きく影響してきます。

　何十年もコンピュータを触っているにもかかわらず中級者を脱せられない人はたくさんいます。その人が努力していないというわけではありません。業務内容にもよりますが、よほど専門的なことでなければ、中級者レベルでも支障がないのです。

　セキュリティに関心があれば、この時期からセキュリティの学習に本格的に取り組み始めます。CTFやハッキング体験学習システムに挑戦する時期でもあります。

　また、Raspberry Piに脆弱なサーバーを構築して攻撃と防衛を学ぶことは有効なスキルアップ法の1つです。Webサーバー、データベースサーバー、そして脆弱性のあるWordPressを稼働させます。システムが完成したら、Exploit-DBで公開されているエクスプロイトを用いて実際に脆弱性を攻撃します。攻撃が成功するだけでも楽しいですが、それで終わらせずに攻撃がなぜ成功したのかを追求してください。次に、サーバーに防御策を適用させた上で、再び攻撃して防衛できたことを検証するのです。以上の経験から、ゼロからシステムを構築するスキルが得られます。そして、わざと脆弱性を作ると同時に、脆弱性を見つけたり攻撃したりする手法を身に付けられます。

　他には、自作OSや自作CPUに挑戦することもスキルアップに有効です。本書では自作CPUに関するゲームとしてTuring Complete、Nandgame、nand2tetrisを紹介しました。どれでもよいので挑戦することをおすすめします。こうした経験は、低レベル（低級）なプログラミング言語の習得にも活きてきます。ここでいう低レベルとは簡単という意味ではなく、ハードウェアに近いという意味です。

📖 上級者以降のスキルアップ法

　CTFを通じて楽しくスキルアップできることをすでに述べました。自己成長を感じられ、刺激的な日々を過ごせて、その魅力にはまる人は多いでしょう。CTFに挑戦し始めてから最初の数年ぐらいはCTFに明け暮れる日々を過ごすかもしれませんが、それもいつか終わりが来ます。終わりが来るというより、終わらせなければならないというほうが正しいでしょう。

　本当の大目標はホワイトハッカーを目指すことでした。これを実現するためには、新しい技術を開発したり、誰もやらなかったことを成し遂げたりという成果をあげなければなりません。

　「正解のある問題を解くこと」と「正解があるかわからない問題を解くこと」はまったく別物です[24]。そして「問題を与えられること」と「問題を自ら見つけること」もまったく別物になります。

　CTFプレイヤー[25]は正解のある問題を与えられて解くことになります。一方、CTFの作問側であれば、問題を自ら見つけることに相当します。問題の難易度の調整、良問題（単純な知識問題ではない）であることが求められます。

---

[24]：CTFに限った話ではなく受験や資格試験でもそうです。試験問題を解くのが得意なことと、学問を作り上げることはまったく別物です。
[25]：特にJeopardy形式のCTFが該当します。

それに対して、バグバウンティーであれば正解があるかわからない問題（脆弱性を発見することに対応する）を解くことに相当します。問題を解決できれば名声だけでなく報奨金も得られます。また、セキュリティ研究者たちは、課題（研究テーマに対応する）を自ら定めて、正解があるかどうかわからない課題を世界の誰よりも早く解決し、論文としてまとめあげようとします。

上級者レベルであれば、自分の専門分野が定まっているはずです。積極的に情報収集に努めなければなりません。洋書や英語のWebサイトも積極的に読む必要があるでしょう。そして、国内外に研究成果を発信するのです。

セキュリティ業界で活躍の場はいろいろあります。表5-06の例はそのほんの一例にすぎません。

●表5-06　セキュリティ業界で活躍の場

活躍の場の例	説明
ペンテスターやバグハンター	本業・副業でセキュリティ業務にかかわる
セキュリティ専門家	大学の研究室、民間企業の研究部門、研究機関などで研究活動して論文発表する
セキュリティイベントへの協力	サイバー演習シナリオやCTFを作問する。セミナーの講義、イベント運営、研究発表などを通じてセキュリティコミュニティに貢献する
評価に値する大会の上位入賞	高校生であれば、国際数学オリンピックや国際情報オリンピックで金メダルを目指す
教育活動	講師（大学、専門学校、塾、オンライン講義[26]）として登壇する。セキュリティ本を執筆する
事業の成功	セキュリティに関するビジネスやサービスを興す。事業を売却する
その他	動画配信する。脆弱性を報告してCVE番号を取る

一般にはナンバーワンよりオンリーワンを目指した方が地位を確立しやすいでしょう。最終的には自分で選んだ道を突き進んでホワイトハッカーを目指してください。本書を通じてセキュリティ業界へ進むきっかけになり、1人でも多くのセキュリティ人材が誕生することを願っています。

[26]：たとえば、Udemy講師は自薦できますし、Udemy側から講師の誘いが来ることもあります（http://teach.udemy.com/ja/teaching-on-udemy/how-to-become-an-instructor-on-udemy/）。

おわりに

　本書を最後まで読んでいただき、本当にありがとうございます。

　本書では「ホワイトハッカーになるためにはどうしたらよいか」という問いに答えることを目的として、さまざまなスキルアップ法を紹介してきました。最終的に1つの答えを提示しましたが、これで答えが出尽くしたわけではありません。ホワイトハッカーに憧れている人全員が同じスキルアップ法に適しているわけではなく、100人いれば100個の答えがあってもおかしくありません。そして、すべてのスキルアップ法を紹介できたわけではなく、紹介したスキルアップ法についても改善の余地があります。

　今後は読者の皆さんの力が必要になります。ぜひ力を貸してください。実践しているスキルアップ法、学習法についてのアイデア、おすすめの教材の紹介など、広く意見を募集しております。また、本書の感想についても大歓迎です。「ホワイトハッカーの教科書」というキーワードや「#ホワイトハッカーの教科書」というハッシュタグを付けて、Twitterにツイートしてください。皆さんから提供していただいた情報については、Security Akademeia (https://akademeia.info/)において本書を補完する形で記事にまとめます。また、いつの日か本書の改訂版が出版されることになれば、提供していただいた情報を盛り込めるはずです。

　最後になりますが、本書の出版に際して、株式会社C&R研究所代表取締役の池田武人氏、ならびに編集担当の吉成明久氏には、出版まで辛抱強く見守っていただきました。ここに厚く御礼を申し上げ、感謝する次第です。

2022年4月

IPUSIRON

索引

■著者紹介

イプシロン
IPUSIRON

1979年福島県相馬市生まれ。相馬市在住。2001年に『ハッカーの教科書』(データハウス)を上梓。情報セキュリティと物理的セキュリティを総合的な観点から研究しつつ、執筆を中心に活動中。

主な書著に『ハッキング・ラボのつくりかた』『暗号技術のすべて』(翔泳社)、『ハッカーの学校』『ハッカーの学校 個人情報調査の教科書』『ハッカーの学校 鍵開けの教科書』(データハウス)がある。

近年は執筆の幅を広げ、同人誌に『ハッキング・ラボのそだてかた ミジンコでもわかるBadUSB』『1日で自作するポータブル・ハッキング・ラボ』、共著に『Wizard Bible事件から考えるサイバーセキュリティ』(PEAKS)、翻訳に『Pythonでいかにして暗号を破るか 古典暗号解読プログラムを自作する本』(ソシム)、監訳に『暗号技術実践活用ガイド』(マイナビ)がある。

◆Twitter：@ipusiron

◆Webサイト：Security Akademeia(https://akademeia.info/)

編集担当 ： 吉成明久 / カバーデザイン ： 秋田勘助(オフィス・エドモント)
写真 ： ©zsolti1234 - stock.foto

ホワイトハッカーの教科書

2022年5月20日　第1刷発行
2024年6月 5日　第6刷発行

著　者　IPUSIRON

発行者　池田武人

発行所　株式会社 シーアンドアール研究所
　　　　新潟県新潟市北区西名目所 4083-6(〒950-3122)
　　　　電話　025-259-4293　FAX　025-258-2801

印刷所　株式会社 ルナテック

ISBN978-4-86354-383-6　C3055
©IPUSIRON, 2022

Printed in Japan